LENKE, WAS dein Unternehmen LENKT

Dr. Marius Klauser, Jahrgang 1976, studierte Wirtschaftswissenschaften an der Universität St. Gallen (HSG), war als Präsident des Rhetorik Center der HSG tätig und leitete die selbst gegründete ECom Effective Communications GmbH. Seit 2002 arbeitet Marius Klauser beim Malik Management Zentrum St. Gallen. Dort leitet er als Partner und Mitglied der Geschäftsleitung unter anderem das Kompetenzzentrum Managementprozesse. Als Berater und Trainer unterstützt Marius Klauser unternehmerisch geführte Unternehmen (UGUs) in sämtlichen Aspekten einer kundenorientierten Unternehmens- und Mitarbeiterführung und ermöglicht ihnen die Verbesserung und Zertifizierung von Managementprozessen.

Marius Klauser

LENKE, WAS dein Unternehmen LENKT

Management-Prozess-Architektur (MPA) als Quantensprung in der Unternehmens- und Mitarbeiterführung

Campus Verlag
Frankfurt/New York

Bibliografische Information der Deutschen Nationalbibliothek:
Die Deutsche Nationalbibliothek verzeichnet diese Publikation in der Deutschen Nationalbibliografie. Detaillierte bibliografische Daten sind im Internet unter http://dnb.d-nb.de abrufbar.
ISBN 978-3-593-39206-6

Umschlaggestaltung: Guido Klütsch, Köln
Satz: Fotosatz L. Huhn, Linsengericht
Druck und Bindung: Beltz Druckpartner, Hemsbach
Gedruckt auf Papier aus zertifizierten Rohstoffen (FSC/PEFC).
Printed in Germany

Besuchen Sie uns im Internet: www.campus.de

Inhalt

Geleitwort zur editionMALIK

Die alte Welt vergeht,
weil eine neue Welt entsteht.

Wirtschaft und Gesellschaft gehen durch eine der tiefgreifendsten Umwandlungen, die es geschichtlich je gab. Als Begriff wählte ich 1997 dafür »Die Große Transformation«, denn bereits damals war das Ausmaß des heraufziehenden epochalen Wandels deutlich zu sehen. Was heute lediglich als eine finanzielle und ökonomische Krise zu eng gesehen wird, kann weit besser als die Geburtswehen der neuen Welt des 21. Jahrhunderts verstanden werden.

In dieser neuen Welt werden Organisationen eine höhere Ebene des Funktionierens erreichen. Sie werden doppelt so gut wie bisher funktionieren, aber nur die Hälfte des Geldes dafür benötigen. Die universelle Herausforderung wird für sie das Meistern von bisher noch nie erfahrener Komplexität durch neues Management sein.

Geld ist dafür aber weit weniger wichtig als Intelligenz, Vorstellungskraft, Information, Kommunikation und Gestaltungswille. Das neue Wissen hierfür und darauf gestützt neue, biokybernetische Lösungen sind bereits da. Deren Kern sind die ®Evolutionären Naturgesetze aus Kybernetik und Bionik für das Selbstorganisieren und Selbstregulieren. Diese Gesetze zu verstehen und sie zu nutzen ist das neue Kapital der neuen Welt und die Grundlage für Leadership von Personen und Organisationen.

Die editionMALIK ist die Plattform für das zuverlässige Funktionieren von Organisationen in der hochkomplexen Umwelt des 21. Jahrhunderts. Sie ist die systemische Orientierungs- und Navigationshilfe für Leader, die den Wandel vorausdenken und -lenken.

Fredmund Malik
St. Gallen, Januar 2010

Über Malik sagt der Doyen des Managements, Peter F. Drucker:

> »Fredmund Malik has become the leading analyst of, and expert on, management in Europe as it has emerged in the last thirty years – and a powerful force in shaping it … . He is a commanding figure – in theory as well as in the practice of management.«

Vorwort von Prof. Dr. Fredmund Malik

Was wir aktuell erleben, ist mehr als eine Finanz- und Wirtschaftskrise. Es ist eine Krise des gesellschaftlichen, politischen und wirtschaftlichen Gesamtsystems – eine Krise des Funktionierens. Exemplarisch genannt seien etwa das Bildungswesen und das Steuersystem. Viele Verwaltungen und Unternehmen funktionieren nicht mehr zuverlässig. Sie haben unter den Bedingungen immer höherer Komplexität schon seit längerem nicht mehr einwandfrei funktioniert, aber die aktuelle Situation bringt die Schwächen nun gnadenlos zum Vorschein, und es kommt zum Kollabieren von (Teil-) Systemen.

Die Symptome für Funktionsdefizite können zahlreich und vielgestaltig sein: Es sind dies zum Beispiel strategische Fehlentscheidungen, unzureichende Umsetzungsstärke, unprofessionelle Mitarbeiter und fehlende Steuerungsinformation. Eine der wichtigsten Ursachen der Defizite sind die Managementprozesse. Falsche und schlechte Managementprozesse haben in Unternehmen unter anderem zu riskanten Strategien, behindernden Organisationsstrukturen, fehlleitenden Anreizsystemen und einseitigen finanzwirtschaftlichen Controllingsystemen geführt.

Mit diesem Buch ist Marius Klauser ein echter Durchbruch gelungen. Sein MPA-Konzept zeigt, wie man wirksame Managementprozesse gestalten muss und wie diese in eine Architektur von Managementprozessen einzubetten sind, damit Unternehmen zuverlässig funktionieren und dadurch unter allen Operationsbedingungen lebensfähig bleiben.

Das Buch ist eminent praxisrelevant und praxisorientiert. Es besticht durch leicht lesbare Sprache, durchgehend schlüssige Logik, klare Argumentation, innovative Erkenntnisse und durch Abbildungen, die auch komplexe Zusammenhänge anschaulich darstellen. Marius Klauser leistet mit seinem MPA-Konzept einen konstitutiven Beitrag zur Praxis des zuverlässigen Funktionierens im Sinne von richtigem und gutem Management. Das Buch enthält alle relevanten konzeptionellen Bausteine sowie die praxisorientierten Handlungsempfehlungen zur Gestaltung, Lenkung und

Entwicklung einer wirksamen Management-Prozess-Architektur (MPA). Darüber hinaus zeigt der Autor auf, wie der Bauplan der Management-Prozess-Architektur sich in der Praxis bewährt hat.

Dieses Buch ist Pflichtlektüre für Leiter von ergebnisverantwortlichen Einheiten und für alle Personen mit Verantwortung für unternehmerisch geführte Unternehmen, die zu den wichtigsten Organisationen einer funktionierenden Gesellschaft zählen.

Fredmund Malik
St. Gallen, Januar 2010

Vorwort des Autors

Meine Eltern haben mir Werte vermittelt und Rahmenbedingungen geboten, die mir bereits in meiner Jugend ein unternehmerisches Denken und Handeln ermöglichten. Nach meinem Universitätsstudium arbeitete ich zunächst als selbstständiger Unternehmer, bevor ich Anfang 2002 zum Malik Management Zentrum St. Gallen wechselte. Dort konnte ich durch interne Aus- und Weiterbildungen mein Managementwissen laufend vertiefen und dieses im Rahmen von Kundenprojekten anwenden und weitervermitteln. Im Lauf der Jahre erhielt ich so Einblick in Unternehmen verschiedenster Größen und Branchen. Für mich war es interessant festzustellen, wie unterschiedlich Unternehmen geführt werden und wie groß teilweise die Diskrepanz ist zwischen dem Wissen, was richtiges und gutes Management ausmacht, und dem beobachtbaren Managementhandeln. Das gab mir den Anstoß, darüber nachzudenken, wie Managementprozesse wirksamer ablaufen könnten.

Das vorliegende Buch beantwortet die Frage, wie die *Management-Prozess-Architektur (MPA)* von Unternehmen gestaltet werden muss, damit die Unternehmen in ihrer komplexen Umwelt nachhaltig erfolgreich sind. Erfolgreiche Unternehmen stiften, im Vergleich zur Konkurrenz, einen überlegenen *Kundennutzen*. Langfristig ist ein überlegener Kundennutzen nur aufrechtzuerhalten, wenn das Unternehmen über einen Vorteil in der *Transformation von Ressourcen in Resultate* verfügt. Dieser Transformationsprozess heißt *Management*. Nachhaltige Wettbewerbsvorteile gründen somit auf *Managementvorteilen*. Um erfolgreich zu werden und zu bleiben, ist folglich die *Managementqualität* zu verbessern. Im heutigen *Komplexitätszeitalter* hat die Verbesserung der Managementqualität primär bei der *indirekten Lenkung* anzusetzen, um entsprechende Selbstorganisationskräfte etablieren und nutzen zu können.

Die in dieser Arbeit entwickelte MPA ermöglicht eine fundamentale *Verbesserung der indirekten Lenkung* und unterstützt die Manager von heute, die Herausforderungen von morgen zu bewältigen. Ein mit der MPA *vergleichbarer Ansatz fehlte* bisher in Wissenschaft und Praxis. Bisherige Ansätze hatten Defizite in ihrer Ganzheitlichkeit oder Praktikabilität. Diese Lücke konnte ich mit meiner Dissertation »Management-Prozess-Architektur (MPA) als Voraussetzung für Unternehmenserfolg: Grundlagen, Theoriemodell und Anwendungskonzept« schließen. Die Erkenntnisse der Dissertation wurden inzwischen bereits mehrfach und mit Erfolg in der Praxis angewandt. Aufbauend auf wissenschaftlichen Erkenntnissen und praktischen Erfahrungen werden im vorliegenden Fachbuch die wesentlichen Eckpfeiler der MPA-Theorie und des MPA-Konzepts vorgestellt und mit Anwendungsbeispielen illustriert.

Die MPA-Theorie erlaubt es, ein Unternehmen in *bestmöglich führbare ergebnisverantwortliche Einheiten* aufzuteilen und diese mit *durchdachten Managementprozessen* auszustatten. Dabei führt die MPA-Theorie zu einem neuen Verständnis auf drei Ebenen: Erstens wird der Erfolg von Unternehmen respektive ergebnisverantwortlichen Einheiten als *Total System Performance* interpretiert, zweitens werden *Managementprozesse als zirkuläre Problemlösungsprozesse* zum Meistern von Komplexität genutzt und drittens wird dem *Management der Managementprozesse* aufgrund seiner Vorsteuerungskraft höchste Aufmerksamkeit geschenkt.

Das MPA-Konzept integriert in einem Rahmenkonzept die Eckpfeiler der MPA-Theorie und umfasst folgende sieben Konzeptmodule für das Management der Managementprozesse in den ergebnisverantwortlichen Einheiten: MPA-Zwecksetzung, MPA-Strategie, MPA-Organisation, MPA-Jahreszielprozess, MPA-Arbeitsmethodik, MPA-Education und MPA-Evaluation. Die Umsetzung dieser Konzeptmodule bringt mit dem MPA-Beauftragten ein neues Funktions- und Berufsbild hervor, zeigt mit der MPA-Syntegration eine äußerst wirksame Arbeitsweise im Umgang mit Managementprozessen auf und macht mit dem MPA-Assessment die Managementqualität konkret beurteilbar. Das MPA-Konzept bewirkt somit, dass die MPA-Theorie nicht nur einen Beitrag zur Wissenschaft leistet, sondern dass sie auch zur erfolgreichen Anwendung gelangen kann.

Aufbauend auf den Erkenntnissen der vorgenannten Dissertation entwickelte das Malik Management Zentrum St. Gallen in Zusammenarbeit mit TÜV SÜD Management Service einen Zertifizierungsstandard für Managementprozesse. Dieser sogenannte Malik Management Excellence (MME) Standard bietet die einzigartige Möglichkeit, Managementprozesse konkret zu beurteilen und gestützt darauf zielgenau weiterzuentwickeln. MME-zertifizierte Unternehmen sind funktionsfähig und langfristig erfolgreich und daher attraktiv für Kunden, Mitarbeiter, Lieferanten, Kooperationspartner und die Gesellschaft insgesamt.

Vom Malik Management Zentrum St. Gallen wird eine Vielzahl von überbetrieblichen und innerbetrieblichen Seminaren sowie Beratungsleistungen angeboten, welche Institutionen und Personen helfen, richtig und gut mit der Thematik Managementprozesse umzugehen und eine wirksame Management-Prozess-Architektur aufzubauen.

An dieser Stelle richte ich ein herzliches Dankeschön an Familie und Freunde, an Arbeitskollegen und -kolleginnen sowie an Fredmund Malik, der mir als erfolgreicher Managementlehrer und Unternehmer über all die Jahre wertvolle Einsichten und Erkenntnisse ermöglichte.

Marius Klauser
Zürich/Zollikerberg, Dezember 2009

1. Die Zukunft ist nicht gratis

Die Erkenntnis ist so alt wie richtig: Die zunehmende Vernetzung und Dynamik in Wirtschaft und Gesellschaft stellen ständig neue Anforderungen an heutige Unternehmen. Kein Unternehmen hat von vornherein eine gesicherte Zukunft. Mehr denn je ist es dem Zwang ausgesetzt, Chancen und Risiken frühzeitig zu erkennen und wirksam zu behandeln. Schnelligkeit spielt dabei eine immer größere Rolle. Gerade in Zeiten zunehmender Globalisierung und erhöhter Transparenz ist es schwierig, sich im Wettbewerb nachhaltig zu behaupten. Manche Unternehmen sind in Branchen erfolgreich, in denen andere scheitern.[1] Haben – beispielhaft gesprochen – zwei Unternehmen Zugang zu den gleichen Ressourcen und zu den gleichen Kunden, dann schwingt am Ende jenes obenauf, dem es effektiver und effizienter gelingt, Ressourcen durch Wissen in Kundennutzen zu transformieren. Somit ist das Management eines Unternehmens *der* entscheidende Wettbewerbsfaktor: *Management ist die Transformation von Ressourcen in Nutzen.*[2]

Nicht nur die Komplexität des Umfelds hat sich erhöht, auch die Unternehmen selbst wurden notwendigerweise komplexere Gebilde, um in ihrem Umfeld zu bestehen. Entscheidend für die Komplexität eines Unternehmens ist nicht primär dessen Größe. Als wesentliche Komplexitätstreiber seien hier die zunehmende über- und innerbetriebliche Arbeitsteilung, hochtechnologische Fertigungsprozesse und vergrößerte Sortimente angeführt. Die dadurch entstehende Komplexität lässt sich nicht allein durch *interaktives Management* (direkte Führung) bewältigen, sondern erfordert vermehrt auch *strukturelles Management* (indirekte Führung).[3, 4]

Direkte Führung zeichnet sich dadurch aus, dass die Präsenz von Vorgesetzten, also ein interaktives Vorgehen, gefordert ist, indem zum Beispiel mündlich Weisungen erteilt, Anordnungen gegeben und Handlungen kontrolliert werden. *Indirekte Führung* orientiert sich nicht am Einzelfall, sondern ist auf die Gestaltung von Rahmenbedingungen angelegt, die im Normalfall kein punktuelles Eingreifen mehr notwendig macht. Es handelt sich dabei also um ordnende, strukturelle Aspekte, die auch dann ihre Kraft entfalten, wenn der Vorgesetzte nicht gerade an Ort und Stelle ist.[5] Dieses *indirekte Einwirken* ist für die heutige Zeit wesentlich geeigneter und wirkungsvoller als die direkte Einflussnahme.[6, 7] »Indirekte Systemlenkung durch allgemeine Regeln und Grundsätze erhöht den Lenkungseinfluss weit über die Kapazität des menschlichen Verstandes und der persönlichen Präsenz hinaus.«[8]

Die Aktivitäten des indirekten Einwirkens lassen sich anhand von Managementprozessen charakterisieren. Managementprozesse sind also unumgänglich für nachhaltig erfolgreiche Organisationen. Der Erfolg eines Unternehmens hängt maßgeblich vom Zusammenspiel dieser Managementprozesse ab. Damit deren Zusammenspiel unabhängig von der Unternehmensart und -größe möglichst reibungslos funktioniert, ist eine Management-Prozess-Architektur (MPA) zu etablieren.

Wirksame Management-Prozess-Architekturen helfen, Strategien festzulegen und in konkrete Resultate umzusetzen. Gerade damit aber tun sich viele Unternehmen schwer. Nach einer Studie von Kaplan/Norton ist die Tatsache, dass rund 60 Prozent der Unternehmen ihre Budgets nicht mit der Strategie abstimmen und dass circa 70 Prozent der Manager auf mittlerer Führungsstufe Incentives bekommen, die zur Strategieumsetzung keinen Bezug haben, ein Hauptgrund für die Schwierigkeiten bei der Umsetzung der Strategie.[9] In vielen Unternehmen scheint das Verständnis für richtiges und gutes Management zu fehlen, und/oder Abteilungsgrenzen verunmöglichen ein Handeln im Sinne des Ganzen. Die Management-Prozess-Architektur soll helfen, eben dieses Problem zu lösen, etwa indem es gelingt, von der Strategie hergeleitete Assignments[10] und Ziele zu vereinbaren, Mitarbeiter auf diese Assignments und Ziele auszurichten, die Ziele effizient zu erreichen und Mitarbeitern die dazu notwendigen Fähigkeiten zu vermitteln.

Die Gestaltung, Lenkung und Entwicklung der Management-Prozess-Architektur ist eine sehr herausfordernde Aufgabe für jedes Unternehmen, da unterschiedlichste Fachbereiche und -abteilungen einbezogen werden müssen. Heutzutage wird zum Beispiel die Strategieerarbeitung oft von der Strategie- und Planungsabteilung unterstützt, Veränderungen im Bereich des Human Resources Management werden von der Personalabteilung vorangetrieben, und eine Vielzahl von Controllingtätigkeiten[11] findet sich in der Controllingabteilung wieder. Diese Abteilungen sind – je nach Organisation – besser oder schlechter aufeinander abgestimmt. In der Folge erarbeiten und nutzen zwar einzelne Abteilungen Instrumente der strukturellen Führung, streben dabei jedoch – bewusst oder unbewusst – häufig ein Einzeloptimum statt ein Gesamtoptimum an. Gerade bei größeren Unternehmen kommt neben der »horizontalen Abstimmung« auch noch die »vertikale Abstimmung« über Unternehmens- und Führungsebenen hinzu. So hat zum Beispiel eine Strategie nicht nur konsistent, in sich schlüssig zu sein mit der nachgelagerten Prozessoptimierung, sondern es ist auch sicherzustellen, dass die Strategie des Gesamtunternehmens konsistent ist mit den Strategien zum Beispiel der Divisionen sowie der Tochtergesellschaften. Dieses einfache Beispiel veranschaulicht bereits, wie komplex eine Management-Prozess-Architektur ist, ja sein muss, um das Realsystem »Unternehmen« gestalten, lenken und entwickeln zu können.

Damit die Management-Prozess-Architektur ihre Wirksamkeit vollständig entfalten kann, sind also eine horizontale und eine vertikale Abstimmung der einzelnen Managementprozesse äußerst wichtig. Im Gegensatz zu Informationstechnologiesystemen bewirken bei Managementprozessen fehlende Kompatibilität und Abstimmung einzelner Teile keinen offensichtlichen »Systemstillstand«. Vordergründig mag dies als Vorteil empfunden werden – in Wirklichkeit birgt dieser Umstand große Gefahren, weil Inkompatibilität und schlecht gemanagte Nahtstellen nicht offen zum Vorschein kommen, aber die Leistungsfähigkeit des Unternehmens mittel- bis langfristig stark beeinträchtigen.

1.1 Heute den Unternehmenserfolg von morgen gestalten

Die Gestaltung, Lenkung und Entwicklung einer wirksamen Management-Prozess-Architektur ist nicht einfach: Gerade die Orientierung an einem Gesamtoptimum im Interesse des Unternehmens und die dazu notwendige horizontale und vertikale Abstimmung von einzelnen Managementprozessen machen das Ganze zu einer *äußerst herausfordernden Aufgabe.* Entsprechend bedient sich die Praxis einiger Anhaltspunkte aus der Theorie. Doch manche Systeme, Modelle und Konzepte, die mit »Management« bezeichnet werden, sind gar nicht wirklich Managementsysteme, -modelle respektive -konzepte. So fokussieren zum Beispiel viele der theoretischen Arbeiten zum Thema Managementsysteme nicht auf *Management*bereiche, sondern auf *Sach*bereiche (wie zum Beispiel Qualitätssicherung, Umweltschutz, Arbeitssicherheit)[12] und beziehen sich damit nicht primär auf zweckorientierte soziale Ganzheiten. Außerdem sind Begriffe der Informationstechnologie wie Content und Document Management Systems aus dem praktischen Alltag kaum mehr wegzudenken. Wenn man Management als die Gestaltung, Lenkung und Entwicklung von sozialen Systemen versteht[13], dann handelt es sich bei den erwähnten Systemen nicht um wirkliche Managementsysteme. Nicht zuletzt um Missverständnisse mit dem weitverbreiteten und sehr schwammigen Verständnis von Managementsystemen zu vermeiden, verwende ich daher den Begriff der Management-Prozess-Architektur.

Um der Dynamik von Unternehmensinnenwelt und -umwelt gerecht zu werden, ist eine ausgeprägte Dynamisierung und Flexibilisierung der Organisation notwendig. Die Ablauforganisation (Prozessorientierung) gewinnt gegenüber der Aufbauorganisation (Strukturorientierung) an Bedeutung. Eine an Kunden ausgerichtete Prozesslandschaft kann dabei unter Qualitäts-, Zeit- und Kostenaspekten bessere Resultate hervorbringen als ein primär an Aufbaustrukturen orientiertes Unternehmen. Allerdings gilt es zu beachten, dass »Prozesse sich schnell verändernde Strukturen sind und Strukturen langsam ablaufende Prozesse«.[14] Sowohl Prozesse als auch Strukturen haben eine ordnende, organisierende Komponente, weshalb oft auch von *Ablauforganisation* (Prozesse) und *Aufbauorganisation* (Strukturen) gesprochen wird. Österle beschreibt einen Prozess in diesem Zusammenhang als

»Menge von Aufgaben, die in einer vorgegebenen Ablauffolge zu erledigen sind [...]. Seine Wertschöpfung besteht aus Leistungen an Prozesskunden. Der Prozess besitzt eine eigene Führung, die den Prozess im Sinne der Geschäftsstrategie anhand der daraus abgeleiteten Führungsgrößen lenkt und gestaltet. Ein Unternehmen konzentriert sich auf die wenigen Prozesse, die über seine Wettbewerbsfähigkeit entscheiden.«[15]

Haben – als Möglichkeit gedacht – Unternehmen Zugang zu den gleichen Ressourcen und zu den gleichen Kunden, entscheiden die Managementprozesse über Erfolg oder Misserfolg des einen oder des andern. Deshalb müssen insbesondere die Managementprozesse auch unter dem Gesichtspunkt des Prozessmanagements hinterfragt werden. Analog den Überlegungen von Österle zum Thema Prozessarchitektur für operative Prozesse und deren Führung[16] wäre demnach eine Prozessarchitektur für Managementprozesse und deren »Meta-Führung« – das *Management der Managementprozesse* – zu thematisieren. Dies nach dem Motto »lenke, was lenkt«.

Um auf Basis eines kybernetischen Verständnisses[17] Unternehmen wirksam gestalten, lenken und entwickeln zu können, sind Managementprozesse als *Problemlösungsprozesse* zu verstehen. Dies bedeutet, dass Managementprozesse nicht primär als materielle, sondern insbesondere als immaterielle Prozesse und Strukturen zu verstehen sind. Die vorliegende Arbeit bezweckt nicht, in großer Tiefe auf die soziologisch und psychologisch geprägten immateriellen Prozesse im Allgemeinen einzugehen. Vielmehr ist beabsichtigt, das zirkuläre Abhängigkeits- und Beeinflussungsverhältnis von materiellen und immateriellen Prozessen zu thematisieren und zu nutzen. Vor diesem Hintergrund ist eine Management-Prozess-Architektur nur so gut, wie sie die relevanten Personen zur richtigen Zeit zu einem erfolgskritischen Thema wirksam interagieren lässt.

Die Forschungsfrage meiner Dissertation lautete:

Wie muss die Management-Prozess-Architektur von Unternehmen konfiguriert werden, damit diese in ihrer komplexen Umwelt nachhaltig erfolgreich sind?[18]

Aus dieser Forschungsfrage lassen sich acht spezifische Kernfragen ableiten:

1. Wie müssen ergebnisverantwortliche Einheiten eines Unternehmens grundsätzlich gestaltet werden?
2. Welche Prozesse sind notwendig, um die ergebnisverantwortlichen Einheiten zu führen?
3. Wie spielen diese Managementprozesse in einer ergebnisverantwortlichen Einheit zusammen?
4. Wie kann in einer ergebnisverantwortlichen Einheit die Wirksamkeit des Zusammenspiels der Managementprozesse und somit die Prozessqualität sichergestellt werden?
5. Wie ist eine Architektur der Managementprozesse zu gestalten, damit ergebnisverantwortliche Einheiten unterschiedlicher Ebenen auf einen gemeinsamen Zweck hin funktionieren?
6. Wie lassen sich formelle Kompetenzen[19] für die Management-Prozess-Architektur organisatorisch verankern?
7. Wie lassen sich materielle Kompetenzen[20] für die Management-Prozess-Architektur dauerhaft in Unternehmen institutionalisieren?
8. Wie lässt sich anhand der Management-Prozess-Architektur der Erfolg eines Unternehmens ganzheitlich beurteilen und vorsteuern?

1.2 Am Ende des Menschenverstands

Die Beantwortung der genannten Fragen bedarf fundierter Recherchen. Diese habe ich über Jahre hinweg durchgeführt und in meiner Dissertation zur Management-Prozess-Architektur dokumentiert.[21] Im vorliegenden Fachbuch werden die wesentlichen wissenschaftlichen Erkenntnisse praxisgerecht dargelegt. Für den theoretisch interessierten Leser finden sich entsprechende Verweise auf die Dissertation.

Management ist mit herkömmlichen Theorien und Methoden im Komplexitätszeitalter nicht mehr erfolgreich möglich. Oder wie Malik schreibt: Es braucht ein neues Management (nämlich kybernetisches Management) für das erfolgreiche Bestehen in einer neuen Zeit (dem Komplexitätszeitalter).[22] Dies ist deshalb notwendig, weil der bisherige Erfolg sein eigenes Scheitern programmiert hat:

»Noch nie war eine Erfolgsepoche von Dauer. Jeder Erfolg hat es in sich, dass er sich systematisch selbst überholt, weil er die Bedingungen seines eigenen Scheiterns selbst erzeugt. Das ist eine der vielen scheinbaren Paradoxien komplexer Systeme. Nur wenige sind fähig, den bisherigen Erfolg als Ursache von aktuellen Problemen zu erkennen. Nur wenigen gelingt es zu verstehen, dass neue Lösungen gefordert sind, weil die bisherigen Erfolgsmethoden aufgrund ihres Erfolgs verpuffen, kontraproduktiv geworden sind und mit sich gebrachte Schwierigkeiten nur verstärken.«[23]

Die Theorie der Management-Prozess-Architektur bietet strukturelle Ordnungsparameter, die wirksames Management entstehen lassen. Wirksames Management ist kybernetisches Management, und Kybernetik ist die Wissenschaft des Funktionierens.[24] Etwas, das funktioniert, funktioniert wegen der Kybernetik. Bei etwas, das nicht funktioniert, ist das Nicht-Funktionieren ebenfalls kybernetisch bedingt (zum Beispiel keine ausreichende Feedbackinformationen).

Der *forschungsmethodische Ansatz* der Dissertation *kombinierte* aufgrund wissenschaftstheoretischer und forschungsmethodischer Überlegungen eine *theoriebasierte Exploration* mit einer *empirisch-qualitativen Exploration.*[25] Der für die empirisch-qualitative Exploration gewählte Ansatz der Aktionsforschung erforderte ein enges Zusammenarbeiten von Forscher und Betroffenen – von der Phase der Definition der Problemstellung über das Erarbeiten von Theorien und Lösungsansätzen bis hin zu deren Umsetzung und Evaluation.[26] »Anwendungsorientierte Forschung generiert ihre Forschungsthemen aus der Praxis und gelangt in deren Rahmen zu praktischen Problemlösungen.«[27] Dabei verfolgt die Anwendungsforschung

(Aktionsforschung, Handlungsforschung) eine *doppelte Zielsetzung:* Einerseits soll durch die *reale Problemlösung* ein *Beitrag zur Praxis* und anderseits ein *Beitrag zur Theorie* geleistet werden.[28]

Im Rahmen meiner Dissertation stand ich als Wissenschaftler selbst vor einem nicht trivialen Problem der Komplexitätsbewältigung, das nach den Grundsätzen der optimalen Vereinfachung verständlich zu lösen war.[29] An dieser Stelle sei darauf hingewiesen, dass verschiedene Erkenntnisse aus Systemtheorie und Kybernetik der weiteren Konkretisierung bedürfen, um sie für die Praxis nutzbar zu machen. Nur in der Praxis auch angewendete theoretische Erkenntnisse führen zu einer *realen* Verbesserung der Managementqualität. Im Interesse der Anwendbarkeit sind gewisse Kompromisse hinsichtlich Begriffswahl, Wahl von Beispielen sowie mit Bezug auf konkrete Empfehlungen nicht vermeidbar. Jedes Beispiel hat seine Grenzen, nicht jede Formulierung kann semantischen Analysen standhalten, und nicht jede Empfehlung kann bis ins Detail begründet werden.[30]

Ereignisse der letzten Jahre und Monate – wie zum Beispiel die weltweite Finanz- und Wirtschaftskrise – haben einmal mehr gezeigt, dass Situationen aufgrund ihrer Komplexität oft nicht ausreichend verstanden werden und die Folgen davon an verschiedenen Stellen zu spüren sind. Die Notwendigkeit eines radikalen Umdenkens erhärtet sich zunehmend, hat sich aber eigentlich schon seit längerem abgezeichnet. So formulierte Ulrich bereits 1988 diese Notwendigkeit:

> »Misserfolge bei der Lösung schwieriger Probleme sind heute vorprogrammiert dadurch, dass wir eine Problemlösungsmethodik anwenden, die zwar in der Vergangenheit lange Zeit erfolgreich war, den heutigen Problemsituationen aber nicht mehr angemessen ist. Die Welt, in der wir heute leben und handeln, ist nicht mehr dieselbe wie vor hundert und mehr Jahren, sondern in weiten Teilen eine von Menschen gemachte Welt. Unsere Kultur hat die Erde in einer Art und Weise umgeformt, dass auch die Schwierigkeiten, mit denen wir heute zu kämpfen haben, Ergebnisse dieses menschlichen Denkens und Handelns sind, aber nicht mit den Denk- und Handlungsweisen, die sie bewirkt haben, bewältigt werden können.«[31]

Diese Feststellung von Ulrich hat Malik weiter konkretisiert, indem er die Erfolgsmethoden der westlichen Industriestaaten – freier Markt und technokratisches Management – studierte und beide in ihrer herkömmlichen Form für die zukünftigen Herausforderungen als nicht mehr geeignet bezeichnete. Zwar hat die Synthese dieser beiden Erfolgsmethoden zu einem stetig effizienteren Nutzen von Ressourcen und Verteilen von Ergebnissen geführt, parallel dazu wurde aber eine *fortschreitende Verflechtung von immer mehr Systemen* und dadurch eine gigantische Komplexitätssteigerung in Kauf genommen. Beide Erfolgsmethoden basieren noch auf dem Wissen eines Zeitalters, in dem Materie und Energie und nicht diese enorme Komplexität zu meistern waren.[32] Die heutigen Herausforderungen sind kaum vergleichbar mit denen aus dem Industrie- und Dienstleistungszeitalter und nur teilweise identisch mit denen des Informations- und Wissenszeitalters. Im Vergleich zu früher steht nun im unmittelbaren Vordergrund der *Umgang mit Komplexität* – wir sind im Komplexitätszeitalter angelangt.[33]

In der heutigen Welt sind insbesondere aufgrund der *Spezialisierung* im Arbeitsprozess, der *Globalisierung* – im Sinne einer globalen Arbeitsteilung – und der *Informationstechnologie* Menschen, Märkte und Informationen vieldimensional miteinander vernetzt und in ihren Entwicklungen kaum vorhersehbar. Die rasant erhöhte Komplexität wird uns auch dank der Fortschritte in der Wissenschaft zunehmend bewusst.

1.3 Umdenken mit Systemdenken

Um Komplexität nicht nur zu erkennen, sondern auch *wirksam meistern* zu können, sind neue Denkweisen zur *Welt* (respektive zur Situation), zu den *Institutionen* (respektive Unternehmen), zum *Management* sowie zu den *Menschen* notwendig. Die Veränderung von Denkweisen indessen *braucht Zeit*. Dies hat damit zu tun, dass große Systeme, wie zum Beispiel die Bildungssysteme, eine gewisse Trägheit haben und es somit einige Zeit dauert, bis sich auf allen Ebenen eine neue Denkweise durchsetzt. Der gesunde Menschenverstand reicht maximal für das erfolgreiche Agieren in Kleinsystemen aus. Für die Gestaltung, Lenkung und Entwicklung von großen sozialen Systemen muss der gesunde Menschenverstand ergänzt werden um die nachfolgend vorgestellten lehr- und lernbaren Bausteine des Systemdenkens. In der *herkömmlichen Denkweise* lässt sich alles auf lineare Ursachen-Wirkungs-Beziehungen zurückführen, entsprechend scheint auch alles direkt machbar respektive veränderbar zu sein. Im Gegensatz dazu bedeutet *systemisches Denken* keineswegs, dass nichts mehr machbar ist. Die Kenntnis der Gesetzmäßigkeiten komplexer Systeme führt zu einem besseren Verständnis dafür, was nicht funktioniert und was funktionieren wird.[34] Die Transformation von Ressourcen in Nutzen kann nur durch aktives Handeln erfolgen. Somit sind der Aufbau von neuen Denkweisen und deren gezieltes Umsetzen in adäquates Handeln Aufgaben, die von einer Management-Prozess-Architektur unterstützt werden müssen.

Die Welt als Flechtwerk

Um die Herausforderungen der heutigen Zeit erkennen, einschätzen und bewältigen zu können, muss die Welt als System aus vernetzten Subsystemen verstanden werden. Durch diese Betrachtung lässt sich der Grundstoff der heutigen Zeit – die Komplexität – erfassbar machen.

Das Ganze und die Teile: Ein System kann nach Ulrich/Probst als aus Teilen bestehendes Ganzes bezeichnet werden. Was wir als Systemganzheit und -teile betrachten, hängt ab von der Wahrnehmung des Beobachters und dessen Untersuchungsinteresse. Auch die Grenzen des Systems gegenüber seiner Umwelt sind gedankliche Konstrukte.[35] Das Erkennen der Welt als System mit entsprechenden Teilsystemen erfordert eine neue Denkweise – systemisches Denken. Systemisches Denken bedeutet *sowohl Analyse als auch Synthese* auf unterschiedlichen Betrachtungsebenen.[36] Um ein System zu verstehen, muss man mittels Mustererkennung dessen Teile in ihrem Zusammenhang erkennen. Dadurch lässt sich auch erkennen, dass das Ganze etwas anderes ist als die Summe seiner Einzelteile.[37]

Vernetztheit: Da das Ganze aus dem Zusammenwirken seiner Einzelteile entsteht, sind statt Details zu den Elementen vielmehr die Beziehungen zwischen den Elementen von Interesse. Im noch weitverbreiteten technomorphen Denken wird auf lineare Kausalketten fokussiert. Aus eigener Erfahrung wissen wir, dass lineare Kausalketten keine geeigneten Lösungsansätze für Probleme in vernetzten Systemen sind, da infolge zirkulärer Verknüpfungen Teile auf sich selbst zurückwirken. Vielmehr ist in solchen Situationen die Vorstellung eines Kreises respektive eines Netzwerks passend, das aus Teilen besteht, die durch zirkuläre Beziehungen verbunden sind. In diesem Zusammenhang kann auch von einem System aus ineinander verflochtenen Regelkreisen gesprochen werden.

Komplexität: Ulrich unterscheidet zwischen den Begriffen *Kompliziertheit*, als Art der Zusammensetzung eines Systems, und *Komplexität*, als Veränderlichkeit im Zeitablauf. Demnach ist Kompliziertheit abhängig von der Anzahl und Verschiedenheit der Elemente sowie der Beziehungen zwischen den Elementen. Komplexität aber ist abhängig von der Vielfalt der Verhaltensmöglichkeiten der Elemente sowie von der Veränderlichkeit der Wirkungsverläufe zwischen den Elementen.[38]

»Komplexität ist die Fähigkeit eines Systems, in kurzen Zeiträumen eine große Zahl von verschiedenen Zuständen annehmen zu können. Maschinen sind nichtkomplexe, ›triviale‹ Systeme, deren Verhalten vorausbestimmt und voraussagbar ist. Ökologische und soziale Systeme sind komplexe, ›nichttriviale‹ Systeme, deren konkretes Verhalten zu bestimmten Zeitpunkten nicht voraussagbar ist.«[39]

Die Maßeinheit von Komplexität ist demnach Varietät, und Varietät ist die Anzahl möglicher Zustände eines Systems. Von großer Bedeutung im Zusammenhang mit Komplexität und deren Bewältigung ist das sogenannte Ashby's Law of Requisite Variety: »*Only variety can destroy variety.*«[40] Oder wie Beer es sagte: »Only variety absorbs variety.«[41] Varietät (eines zu lenkenden Realsystems) kann demnach nur mit ebenso viel Varietät (des Lenkungssystems) bewältigt werden.

Das Unternehmen als System

Betrachtet man die Welt als System, so kann ein Unternehmen als Teil dieses Systems »Welt« bezeichnet werden. Wir können aber auch den Fokus auf das Unternehmen richten. Dann wäre die Welt respektive relevante Bereiche davon die Umwelt des Unternehmens. Das Unternehmen selbst lässt sich wiederum durch die zuvor dargestellten Punkte »Das Ganze und die Teile«, »Vernetztheit« und »Komplexität« charakterisieren. Des Weiteren werden mit Fokus auf das System Unternehmen drei weitere wichtige Bausteine des Systemdenkens vorgestellt. Es sind dies »Das System und seine Umwelt«, »Ereignisse« und »Ordnung«.

Das System und seine Umwelt: Systeme können immer in ein nächst-»höheres«, umfassenderes System integriert werden. Auch sind die Grenzen der Systeme nicht per se gegeben, sondern eine Konstruktion der Wahrnehmung durch den Betrachter. Wo es – wenn auch konstruierte – Grenzen gibt, da gibt es entsprechend auch ein »Außen«, eine Umwelt[42] des Systems. Das Verhalten eines Systems lässt sich nach Ulrich nur verstehen, wenn das System gedanklich in Verbindung mit seiner Umwelt, als Teil eines umfassenderen Systems, gesehen wird. Oft – auch im weiteren Verlauf der vorliegenden Arbeit – wird vom Unternehmen als System gesprochen[43], implizit ist damit aber das Unternehmen in seiner Umwelt gemeint. Management kann als Komplexitätsbewältigung bezeichnet werden, indem durch Komplexitätserhöhung und/oder -reduktion ein Fließgleichgewicht zwischen den Subsystemen Umwelt und Unternehmen hergestellt wird.[44]

Ereignisse: Unternehmen sind soziale dynamische Systeme, die durch *irreversible Ereignisse* geprägt sind. Dies führt dazu, dass jedes System eine *Vergangenheit* hat im Sinne der *Summe aller bisherigen Ereignisse.* Ereignisse in sozialen Systemen werden durch »menschliches« *Verhalten* hervorgebracht und durch *Beobachten* als solche erkannt. Die Verbindung zwischen Verhalten und Beobachten wird durch einzelne irreversible Ereignisse hergestellt, die zusammen als *Ereignisstrom* bezeichnet werden können.[45] Die Ereignissysteme, die das System »Unternehmen« konstituieren, sind untereinander gekoppelt und erlangen ihre Geordnetheit durch die Bildung von *materiellen Strukturen* (personenunabhängige, zeitüberdauernde Materialisierungen wie zum Beispiel Gebäude, Anlagen und Dokumente) und *immateriellen Strukturen* (gedankliche Landkarten in Form von wechselseitig geteilten Werten, Erfahrungen, Ideen und Erwartungen).[46] Die immateriellen Strukturen verkörpern die vorherrschende *Wirklichkeitsordnung,* die als *Gesamtheit aller Verhaltens- und Beobachtungsmuster* zu verstehen ist.

Ordnung: Wenn alle Systeme und deren Teile ihr gesamtes *potenzielles* Verhaltensrepertoire ausspielen würden, dann könnten wir uns überhaupt nicht mehr zurechtfinden. Die *tatsächlichen* Verhaltensweisen der Teile eines Systems sind aber zum Glück weit geringer als die *potenziell* möglichen. Dies deshalb, weil Regeln (geschriebene und ungeschriebene) das Verhaltensrepertoire einschränken.[47] Solche Regeln sind wichtig, damit eine Organisation effektiv und effizient *funktionieren* kann. Nach Ulrich bedeutet Ordnung, dass Ganzheiten ein Muster aufweisen, das wahrgenommen und interpretiert werden kann.

»Ordnung manifestiert sich aus statischer Sicht durch eine bestimmte Art der Verknüpfung der Teile zu einem Netzwerk oder durch die Struktur, aus dynamischer Sicht durch ein bestimmtes Verhaltensmuster des Ganzen. Strukturen und Verhaltensmuster dynamischer Ganzheiten sind nicht unabhängig voneinander, sondern stehen zueinander in Wechselwirkung.«[48]

Gestalten, Lenken, Entwickeln

Management ist nach Ulrich die Gestaltung, Lenkung und Entwicklung von komplexen, sozialen, zweckorientierten Systemen.[49] Gestaltung, Lenkung und Entwicklung entsprechen einer *funktionellen Dimension* von Management. Management kann auch als Summe der Organe einer Institution (*institutionelle Dimension*) oder als die Personen der entsprechenden Organe (*personelle Dimension*) verstanden werden.[50] Die Ausführungen in diesem Buch fokussieren primär auf die funktionelle Dimension von Management, weshalb die nachfolgenden Begriffe von größter Bedeutung sind.

Gestaltung: Bei der Gestaltung geht es um die »Gestaltung eines institutionellen Rahmens, der es ermöglicht, eine handlungsfähige Ganzheit über ihre Zweckerfüllung überlebens- und entwicklungsfähig zu halten«[51, 52]. Gestaltungsarbeit sollte wenn immer möglich darauf ausgerichtet sein, *(Selbst-) Lenkung und (Selbst-)Entwicklung zu ermöglichen*. Gestaltungsmaßnahmen sind immer dann zu ergreifen, wenn Lenkungs- und Entwicklungsmaßnahmen nicht ausreichend sind, um *zeitgerecht das System an die Umweltanforderungen anzupassen*. Auch wenn wir komplexe Systeme nicht vollständig beherrschen können, so lassen sie sich doch in eine von uns gewünschte Richtung gestaltend beeinflussen. »Wir können [...] versuchen, solche Mechanismen, die wir für gut befinden, zu verstärken, und andere außer Funktion zu setzen. Und wir können zusätzliche Regeln einführen, die das Verhalten des Systems in der von uns bevorzugten Weise einschränken [...].«[53]

Lenkung (Steuerung und Regulierung): »[...] Ganzheiten sind in der Lage, sich selbst unter Kontrolle zu halten. *Die Fähigkeit, sich selbst unter Kontrolle zu halten, bezeichnen wir als Lenkung.*«[54, 55] In Ergänzung zu dieser Umschreibung von Ulrich konkretisiert Bleicher den Begriff der Lenkung als »Bestimmen von Zielen und das Festlegen, Auslösen und Kontrollieren von zielgerichteten Aktivitäten des Systems und seiner Elemente«[56]. Die Kybernetik versteht Lenkung als Steuerung und Regelung, *wobei sich Steuerung und Regelung ergänzen können*.[57] Nach Ulrich lassen sich die beiden Begriffe wie folgt umschreiben:

»Steuerung ist darauf gerichtet, durch konkrete Anweisungen zukünftige Prozesse genau auf gegebene Ziele auszurichten. Sie erfolgt durch ein Steuerelement und setzt vollständiges Vorauswissen über Einflussfaktoren auf den Prozess voraus. [...] Regelung ist auf die Erreichung eines bestimmten zukünftigen Systemverhaltens innerhalb von Toleranzgrenzen gerichtet und erfolgt durch Rückkoppelungen, die bewirken, dass sich die Prozesse selbst unter Kontrolle halten.«[58]

Soziale Systeme werden (im Gegensatz zu technischen Systemen) nicht durch eine übergeordnete Lenkungseinheit oder gar eine einzelne Person unter Kontrolle gehalten. Vielmehr ist Lenkung als Eigenschaft des Ganzen selbst ein vernetztes System, das heißt Lenkung ist über das System hinweg verteilt.[59]

Entwicklung: »Entwicklung ist teils das Ergebnis von Gestaltungs- und Lenkungsprozessen im Zeitablauf, teils erfolgt sie über sich selbst generierende Prozesse durch die Veränderung von Einstellungen, Wissen und Können in kollektiven Lernprozessen.«[60] Nach dieser Umschreibung von Bleicher haben soziale Systeme die Möglichkeit, sich nicht nur quantitativ, sondern insbesondere auch *qualitativ* zu entwickeln.

»Bei der Entwicklung geht es nicht einfach nur um die Auswahl von Verhaltensmöglichkeiten aus einem bestehenden Verhaltensrepertoire. Entwicklung umfasst ein bewusstes oder unbewusstes Erweitern des Verhaltenspotenzials und eine Neugestaltung oder Neuwahl von Zielen und Zwecken. Die eigenen Möglichkeiten können aus freiem Willen heraus erweitert und verbessert werden.«[61, 62]

Entwicklung spielt sich als Lernprozesse ab und beruht somit maßgeblich auf Reflexionsfähigkeit.

Der Mensch als System im System

Wir haben gesehen, dass durch Gestalten, Lenken und Entwickeln ein Unternehmen in seiner Umwelt erfolgreich gemacht und erfolgreich gehalten werden kann. Gestalten, Lenken und Entwickeln sind Managementfunktionen, die in sozialen Systemen immer durch das Zusammenspiel von Menschen hervorgebracht werden. Nachfolgend soll deshalb der Mensch unter systemischen Gesichtspunkten betrachtet werden.

Relationale Konstitution: Der Mensch kann einerseits als Mitglied von umfassenderen Systemen wie Unternehmen, Familie, Sportverein et cetera verstanden werden. Anderseits ist der Mensch selbst auch ein System. Das System Mensch kann je nach Kategorisierungsart als lebendes System oder als psychisches System bezeichnet werden.[63] Psychische Systeme verfolgen wie soziale Systeme einen Zweck respektive haben einen Sinn. Dieser Sinn muss durch den Menschen selbst erkannt und verfolgt werden.[64] Mit dem Begriff relationale Konstitution wird die Tatsache umschrieben, dass der Mensch sich in Relation zu seiner Umwelt konstituiert respektive definiert. Der Mensch wird in Relation zu seiner Umwelt zu dem, was er ist.[65, 66] Der Mensch ist Dreh- und Angelpunkt des systemorientierten Denkens, indem er Systeme als solche wahrnimmt und sie mit seinem Handeln beeinflusst. Um soziale Systeme zu verstehen, muss man insbesondere die Relationen zwischen den Menschen verstehen. Aus relationaler Sicht ist Führung das Entwickeln von gemeinsamen Wirklichkeiten.

Multifunktionalität: Personen können durch ihr Verhalten zu Ereignissen in unterschiedlichen Systemen beitragen. Gemäß ihren Aufgaben, Kompetenzen und Verantwortlichkeiten kommen ihnen in den einzelnen Systemen unterschiedliche Funktionen zu. Jeder Mensch ist somit ein *»Multi-Funktions-Mensch«*, er trägt durch unterschiedliche Funktionen, die er in *Personalunion* wahrnimmt, zur Funktionsfähigkeit von mehreren sozialen Systemen bei. Die Wahrnehmung dieser *Multifunktionalität* erfordert ein *wirksames Selbstmanagement.* Es ist dabei wichtig, dass die Funktionswahrnehmung am jeweiligen Systeminteresse orientiert ist (im Unternehmen am Unternehmensinteresse, in der Familie am Familieninteresse usw.), gleichzeitig aber auch die eigene Identität und das Eigeninteresse eines ausbalancierten Lebens gewahrt bleiben.

Information und Kommunikation: Ein System verdankt seine Struktur der Information, die ihm zugrunde liegt. Information ist gewissermaßen das »in Form bringen«. Impulse aus der Umwelt führen dazu, dass das System über neue, zusätzliche Informationen verfügt und dadurch auch neue materielle und immaterielle Strukturen hervorbringen kann, die wiederum zukünftiges Verhalten und damit zusammenhängende Ereignisse beeinflussen. Bateson definierte Information wie folgt: »Information is a difference that makes a difference in some later event.«[67] Diese Definition zielt in die gleiche Richtung wie die Aussage »information is what changes us« von Beer.[68] Entscheidend ist also die *Veränderung des Systemzustands* aufgrund der neuen Information. Erst die Verbindung von *Daten* und die Wahrnehmung derselben führen zu *Information.* Und Information wird erst zu *Wissen,* wenn sie in Bezug zu bisherigen Informationen und bisherigem Wissen gesetzt wird. Zur Entstehung von *individuellem Wissen* ist der Interpretationsvorgang im Bewusstsein des Menschen notwendig. Für das Entstehen von *kollektivem Wissen* sind Interpretationsprozesse in Form von Interaktions- respektive Kommunikationsprozessen zwischen Menschen erforderlich. *Kommunikation* kann man somit als den Austausch von Information zum Erzielen eines gemeinsamen Verständnisses definieren.[69]

Konzept des Systemdenkens

Systemisches Denken basiert auf klaren Begriffen und damit verbundenen Vorstellungen. Diese Begriffe stammen insbesondere aus der Systemtheorie und aus der Kybernetik. Die hier vorgestellten Begriffe werden im wei-

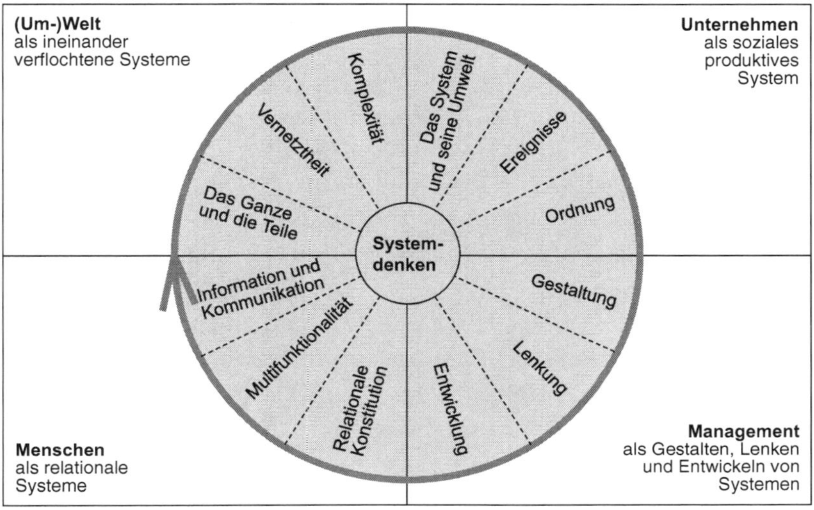

Abbildung 1: Die zwölf Bausteine im Konzept des Systemdenkens

teren Verlauf der Arbeit immer wieder verwendet – es sind *Bausteine* des nachfolgenden *Bauwerks*. Mit Bezug auf das Thema dieses Buches war es wichtig zu zeigen, in welcher *Welt* (Komplexitätszeitalter) sich *Unternehmen* (als soziale Systeme) heutzutage befinden und wie *Menschen* (als relationale Systeme) einen Beitrag zum *Management* von Unternehmen leisten können. Abbildung 1 fasst diese ganzheitliche Betrachtungsweise zusammen.

Der lineare Aufbau eines Buches zwingt dazu, die Überlegungen sequenziell darzulegen, obwohl sie miteinander vernetzt und ineinander eingebettet sind. Wie oben erläutert, sind die vier Quadranten vier Perspektiven auf das Gleiche. In der Mitte ist das Systemdenken, welches alle einzeln aufgeführten Bausteine »synthetisiert«. Dies ist deshalb notwendig, weil Menschen Auslöser von Management (-denken und -handeln) sind und dieses wiederum Bestandteil des Unternehmens ist, welches seinerseits in die Umwelt eingebettet ist.[70] Umwelt, Unternehmen, Management und Mensch sind als vier Subsysteme des gleichen Systems zu sehen. Bildlich gesprochen muss das Rad des Systemdenkens in Schwung gebracht werden, damit die einzelnen Speichen nicht mehr ersichtlich sind und alles in einem Ganzen aufgeht.

1.4 Ganzheitliches Managementverständnis

Management, wie schon gesagt, ist die Gestaltung, Lenkung und Entwicklung einer Institution in ihrer Umwelt. Diese Grundlogik entspricht jener der systemorientierten Managementlehre respektive des St. Galler Management-Modells. Gestalten, Lenken und Entwickeln werden von Ulrich/Probst als *Managementfunktionen oder Managementprozesse* bezeichnet, auf deren Erfüllung das *Denken und Handeln* von Führungskräften auszurichten ist.[71]

Da die Zukunft nicht vorhersehbar ist, kann ein System *nicht im Detail gestaltet* werden. Jedoch können Institutionen so gestaltet werden, dass sie innerhalb von bestimmten Verhaltensfeldern kurzfristig agieren können. Das konkrete Handeln innerhalb dieser Verhaltensfelder muss dann durch die Systemlenkung bewirkt werden. Lenkung ist dabei nur zu einem geringen Teil durch die interaktive Mitarbeiterführung gekennzeichnet, sondern erfolgt insbesondere durch *Lenkungssysteme*, welche eine Vielzahl von Handlungen bestimmen, in Gang setzen und überwachen.[72] Um in der dynamischen Umwelt bestehen und den gesellschaftlichen Zweck erfüllen zu können, muss sich ein Unternehmen auch *weiterentwickeln* können im Sinne einer qualitativen Verbesserung.

Das St. Galler Management-Modell bietet einen mehrdimensionalen Bezugsrahmen, um die originären Managementfunktionen – Gestalten, Lenken, Entwickeln – konkret zu erfüllen. Dabei werden Unternehmen charakterisiert als komplexe, soziale, zweckorientierte und produktive Systeme, welche aus den drei Komponenten *Umwelt*, *Unternehmen* und *Management* bestehen. Die Umwelt besteht dabei aus unterschiedlichen sozialen Systemen und *Gruppierungen* (insbesondere Arbeitnehmer, Lieferanten, Kunden, Kapitalgeber, Konkurrenten, staatliche und nichtstaatliche Institutionen). Auf einer höheren Abstraktionsebene kann man auch von *Umweltsphären* sprechen (soziale, ökonomische, technologische und die allumfassende ökologische Sphäre).[73] Das Unternehmen selbst lässt sich in den *Vollzugsbereich* (Forschung & Entwicklung, Produktion, Absatz), *Versorgungsbereich* (Personal-, Anlagen-, Material-, Finanz- und Informationswesen) sowie den *Führungsbereich* untergliedern. Dies entspricht in einer dynamisch prozessualen Perspektive der Aufteilung in Geschäftsprozesse, Unterstützungsprozesse und Managementprozesse, wobei die Managementprozesse die Geschäfts- und Unterstützungsprozesse überlagern und durchdringen respektive sich auf sie beziehen.[74]

Unternehmensführung wird im St. Galler Management-Modell als *informationsverarbeitendes Lenkungssystem* verstanden. Der Begriff Lenkung ist hier in einem umfassenden Sinne zu verstehen als Sammelbegriff für Gestaltung, Lenkung und Entwicklung. Um mögliche Missverständnisse zu vermeiden, werde ich in der Folge anstelle von Lenkungssystemen von *Führungssystemen* sprechen, welche ihrerseits ein Zusammenspiel aus Managementprozessen darstellen. Das Führungssystem hat vor dem Hintergrund von Wertvorstellungen und auf der Basis von Unternehmens- und Umweltinformationen Entscheidungen im Sinne von Führungsvorgaben an Vollzugs- und Versorgungssysteme hervorzubringen.[75]

Das St. Galler Management-Modell gibt auch Hinweise zur Konzeption von Organisationsstrukturen. Ulrich schlägt vor, sich bei den theoretisch unendlich vielen Strukturierungsdimensionen aus praktischen Gründen auf *vier Strukturdimensionen* zu beschränken.[76] Die *primäre Struktur* unterteilt dabei das Unternehmen in möglichst *selbstständige Einheiten*. Idealerweise sind dies operationelle Einheiten, die ihre eigene relevante Umwelt haben.[77] Im Zusammenhang mit dieser ersten Strukturierung muss auch festgelegt werden, welche zentralen Dienste das Unternehmen haben soll und wie die zentrale Unternehmensleitung gestaltet sein soll, damit sie die operationellen Einheiten und die zentralen Dienste bestmöglich führen kann.[78] Die primäre Strukturierung ist jeweils jene, die sich in Organisationsdarstellungen (Organigrammen) niederschlägt. Sie gilt immer dann, wenn nicht eine der anderen überlagernden Strukturen vorübergehend in Kraft tritt.[79]

Eindimensionale Strukturen sind nach dem Varietätsgesetz von Ashby wenig geeignet, um in komplexen Umwelten bestehen zu können. Die primäre Strukturierung ist denn auch immer eine Kompromisslösung. Deshalb sollen mit einer *sekundären Strukturierung* die größten Nachteile der primären Strukturierung aufgehoben werden. Bei einer funktionalen Primärstruktur ist insbesondere der Ablauf des Leistungsprozesses über die sekundäre Struktur einzuführen. Umgekehrt kann bei einer divisionalen Primärstrukturierung eine Ergänzung um eine funktionale Sekundärstruktur sinnvoll sein. In beiden Fällen können auch Mitarbeiter zentraler Dienste in die Sekundärstruktur mit eingebunden werden. Um Probleme der klassischen Matrixorganisation zu vermeiden, bleibt das *»Vorfahrtsrecht«* immer bei der primären Strukturierung, verbunden mit einer Eskalationsmöglichkeit zur Unternehmensleitung.[80]

Als *tertiäre Struktur* schlägt Ulrich die Ebene der Projektorganisation vor, um auch dem Charakter von innovativen (im Vergleich zu repetitiven) Aufgaben ausreichend gerecht zu werden. Diese Struktur wird nur insofern konkret ausgebildet, als jeweils ein oder mehrere Projekte für eine bestimmte Zeitdauer am Laufen sind. Die Projekte können mit Mitarbeitern aus den unterschiedlichsten Primär- und/oder Sekundärbereichen besetzt werden. Innovative Aufgaben können aber auch in den Primär- und Sekundärstrukturen wahrgenommen werden. Zum Beispiel kann über das Organisationskonzept definiert werden, dass wiederkehrende innovative Aufgaben im Bereich der Forschung und Entwicklung in einer relativ selbstständigen Organisationseinheit erledigt werden.[81]

Jeder Mitarbeiter ist im Normalfall einer Einheit der Primärstruktur zugeordnet, kann jedoch gleichzeitig auch Mitarbeiter in Einheiten anderer Strukturierungsdimensionen sein. Dies gilt insbesondere auch für Beiträge zur quartären Struktur. Die *quartäre Struktur* ist insofern eine unerlässliche Strukturierung, als sie auf die *führungsmäßige Integration* aller Organisationselemente gerichtet ist und in diesem Zusammenhang den unternehmensweiten Führungsprozess regelt. Dass dieser Führungsprozess nicht lediglich entlang den Befehlswegen der Primärstruktur ablaufen kann, wurde unter anderem von Beer nachgewiesen.[82] Ziel der quartären Struktur ist es, das *Führungssystem und die damit verbundenen Führungsprozesse zu institutionalisieren*. Die quartäre Struktur muss dazu auch ein adäquates Informationsversorgungs- und Kontrollsystem enthalten.[83] Die in diesem Buch vorgestellte Management-Prozess-Architektur ist nichts anderes als die ganzheitliche Ausgestaltung dieser quartären Struktur.

Die Wichtigkeit einer quartären Struktur fasst Ulrich wie folgt zusammen:

»Die hier vertretene Vorstellung, dass die koordinierende Gesamtführung des Unternehmens als eine eigene Struktur betrachtet werden kann, ist nicht üblich, obwohl vielerorts für Teile der hier gemeinten, übergreifenden Führungsprozesse wie etwa die Budgetierung oder Gebiete des ›internen Berichtswesens‹ sogenannte Ablaufvorschriften bestehen. Meines Erachtens ist dies ein Grund dafür, dass die Koordination zwischen den organisatorischen Bereichen oft nur mühsam gelingt und die zentrale Unternehmensleitung, entgegen den von ihr selbst proklamierten Prinzipien der Dezentralisation und Delegation, häufig disponierend in die Aktivitäten der einzelnen operativen Einheiten eingreifen muss.«[84]

Es sind Feststellungen wie diese von Ulrich, welche den Bedarf einer Management-Prozess-Architektur unterstreichen. Managementprozesse können und müssen somit zu einer wesentlichen Strukturierungsdimension von Unternehmen werden. Managementprozesse werden dabei am besten als Verbindung von struktureller und interaktiver Führung verstanden. Abbildung 2 fasst die wesentlichen Vorteile dieses Verständnisses zusammen.

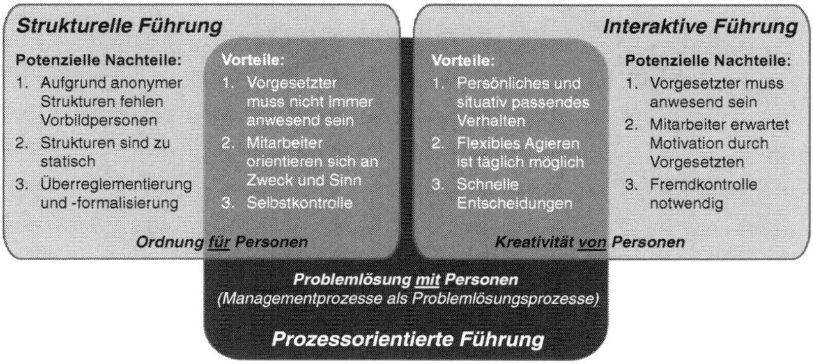

Abbildung 2: Managementprozesse verbinden die Vorteile von struktureller und interaktiver Führung

Richtiges und gutes Management

Die konsequenteste Weiterentwicklung des ursprünglichen St. Galler Management-Modells ist mit dem malik management system® gelungen.[85] In Ergänzung zum ursprünglichen St. Galler Management-Modell von Ulrich/ Krieg ist das malik management system® neben einem »Leerstellengerüst für Sinnvolles« auch verstärkt ein normativer Orientierungsraster. Dies aus der Erkenntnis heraus, dass eine anwendungsorientierte Wissenschaft wie die Managementlehre nicht wertfrei sein kann und darf.[86] Nach Malik muss sich die Managementlehre in den Dienst der Frage stellen, was richtiges und gutes Management ist.

Aufbauend auf dem St. Galler Management-Modell sind Malik und sein Unternehmen, das Malik Management Zentrum St. Gallen, seit über 30 Jahren in der Weiterentwicklung, Vermittlung und Anwendung von richtigem und gutem Managementwissen tätig. Nach Malik ist Management die *Schlüsselfunktion einer modernen Gesellschaft*: »Von Management hängt fast alles ab, was für eine Gesellschaft wichtig ist. Weder die Gesellschaft als Ganzes noch ihre Institutionen kommen ohne Management aus. Immer mehr Menschen benötigen Managementwissen und Managementkönnen.«[87]

Die Unterscheidung in *richtiges und gutes* Management wurde erstmals von Malik vorgenommen. Er orientierte sich dabei an Überlegungen der Wirksamkeit und der zweckorientierten Funktionsfähigkeit von sozialen Systemen und unterschied hinsichtlich der Effektivität zwischen richtig und falsch – und bezüglich der Effizienz zwischen gut und schlecht.[88] Zusammengeführt ergeben diese zwei Dimensionen vier Felder: Das richtige Management gut betrieben ist die wirksamste Art, gefolgt von richtigem Management schlecht betrieben. Falsches Management schlecht betrieben kann nur noch unterboten werden durch ein falsches Management, das gut betrieben wird und somit schnellstmöglich ins Desaster führt.[89, 90]

In der erwähnten Vielfalt von Managementkonzepten, -methoden, -empfehlungen et cetera ist es unerlässlich, das Falsche zu erkennen und zu eliminieren respektive zu ersetzen durch bessere Theorien und Konzepte. Diese müssen sich selbstverständlich ebenfalls wieder der Bewährung stellen. Es ist nicht so, dass man für jede Fragestellung schon im Voraus weiß, was richtig ist. Richtiges kann sich zum Beispiel auch über »Trial and Error« herausstellen. Dort, wo aber aufgrund der Historie Falsches aufgedeckt wurde und sich vielversprechende richtige Ansätze etabliert haben, wäre es fahrlässig, weiter mit »Trial and Error« nach dem Richtigen suchen zu wollen.

Managementwissen ist der *invariante Wissenskern*.[91] Je nach Sachaufgabe, Situation, Institution und Umwelt ist das *Managementhandeln* – im Sinne einer Erscheinungsform – unterschiedlich. Richtiges und gutes Management berücksichtigt die invarianten Prinzipien und ist der Sachaufgabe, der Situation und der Umwelt *angepasst*. Was richtiges und gutes Management ist, basiert auf Überlegungen der Systemtheorie und der Kybernetik. Das *»Was«* ist dabei *invariant*, das heißt es muss zum Beispiel in Institutionen unabhängig von der jeweiligen Landeskultur für Ziele gesorgt werden. Das *»Wie«* hat *angepasst* an den Kontext zu erfolgen. Diesem Umstand wird Malik gerecht, indem er sein General Management Modell einbettet in die anwendungsbezogenen *Kontextsphären* der *Sachaufgabe*, der *Situation*, der *Institution* und der *Umwelt*.[92] Malik fokussiert in seinen Ausführungen zu Management primär auf das Verallgemeinerbare von Management. Erst bei der Anwendung von Managementwissen kommt die Information über den Kontext zum Tragen.

Systemisch statt technomorph

Als ehemaliger Schüler von Ulrich versteht Malik Management ebenfalls als die Gestaltung, Lenkung und Entwicklung von komplexen, sozialen, zweckorientierten, produktiven Systemen. Des Weiteren bezeichnet Malik Management als Transformation von Wissen in Nutzen.[93] Die Betrachtung eines Unternehmens als System ist eine Absage an simplifizierende Ursachen-Wirkungs-Beziehungen und basiert somit nicht auf einer technomorphen, sondern auf einer systemischen Managementtheorie.[94] Malik fasst die Prämissen dieser beiden Theorien – wie nachfolgend dargestellt – als dichotomische Behauptungen zusammen. Dabei weist er darauf hin, dass bei dieser Darstellung Differenzierung verloren geht, jedoch Eindeutigkeit gewonnen wird.[95]

Technomorphes Managementverständnis	**Systemisches Managementverständnis**
Management…	Management…
… ist Menschenführung	… ist Gestaltung und Lenkung ganzer Institutionen in ihrer Umwelt
… ist Führung weniger	… ist Führung vieler
… ist Aufgabe weniger	… ist Aufgabe vieler
… ist direktes Einwirken	… ist indirektes Einwirken
… ist auf Optimierung ausgerichtet	… ist auf Lenkbarkeit ausgerichtet[96]
… hat im Großen und Ganzen ausreichende Information	… hat nie ausreichende Information
… hat das Ziel der Gewinnmaximierung	… hat das Ziel der Maximierung der Lebensfähigkeit

Abbildung 3: Vergleich des technomorphen und systemischen Managementverständnisses nach Malik[97]

Malik versteht Management nicht nur als Menschenführung (»to manage people«), sondern insbesondere auch als Unternehmensführung (»to manage a business«). Es handelt sich dabei um eine Aufgabe, die in der heutigen Wirtschaft und Gesellschaft von vielen wahrgenommen werden muss. Ziel des Managements ist es – trotz nie ausreichender Information –, ein System »under control« zu halten und seine Lebensfähigkeit zu maximieren. Das Englische »control« ist dabei im Deutschen weniger als Kontrolle als vielmehr im Sinne von Lenken (= Steuern und Regulieren), also dem »Unter-Kontrolle-Halten«, zu verstehen. Malik formuliert dies wie folgt: »Control ist weniger etwas, was man tut, sondern etwas, was das System hat oder ist.«[98]

Management ist nicht nur Aufgabe der obersten Führungsorgane, sondern verteilt sich über die gesamte Institution und die entsprechenden Führungsebenen. Mit Bezug auf Selbstmanagement sowie Management von Vorgesetzten und Kollegen[99] wird Management zu einer Funktion, die von allen

Mitarbeitern wahrgenommen wird. Führungskräfte[100] haben ihren Beitrag zum Gestalten, Lenken und Entwickeln von sozialen Systemen zu leisten. Oft fehlt ihnen dazu aber die geeignete Qualifikation. Viele Führungskräfte haben *einiges aus der Betriebswirtschaftslehre*, aber nur *weniges von der Managementlehre* gelernt. Versteht man Unternehmen in ihrer Umwelt aber als Systeme, die als Zweck das Schaffen von Kundennutzen haben und deren Lebensfähigkeit zu maximieren ist, dann kommt man mit den klassischen Betriebswirtschaftskenntnissen nicht weit. Viel eher geht es darum, auf Basis von Systemtheorie und Kybernetik Management als Komplexitätsbewältigung zu verstehen.

Dabei ist Management keineswegs eine nur wenigen Leuten vorbehaltene Kunst, sondern ein lernbarer Beruf.[101] »Die in diesem Zusammenhang erforderlichen Kenntnisse können von den meisten Menschen mit gewöhnlicher Intelligenz erworben werden.«[102] Malik weist aber auch darauf hin, dass man für die kompetente Erfüllung der allerschwierigsten Managementtätigkeiten mehr benötigt, als sich im Rahmen einer Aus-/Weiterbildung erlernen lässt. Zur Erfüllung der allerschwierigsten Managementtätigkeiten »sind auch noch Talent, Begabung, wahrscheinlich auch etwas Glück und vor allem Erfahrung erforderlich«[103]. Wie jeder andere Beruf ist auch Management im Wesentlichen durch die vier Elemente Aufgaben, Werkzeuge, Grundsätze und Verantwortung gekennzeichnet. Aufgaben, Werkzeuge und Grundsätze können gelehrt und gelernt werden. Anders verhält es sich mit dem vierten Berufselement, der Verantwortung. Zur Verantwortung, zum Einstehen für ihr Tun und Lassen, muss sich eine Führungskraft bewusst entscheiden.[104]

Das malik management system®

Aufbauend auf seinem Buch *Management. Das A und O des Handwerks* publizierte Malik in seinem Werk *Unternehmenspolitik und Corporate Governance* in umfassender Form das *malik management system®*, das aus Modellen und Teilmodellen der *Malik Managementlehre* besteht. Die Modelle dienen dem Manager als Relevanzfilter für sein Denken und Handeln zum Meistern der Komplexität. Meistern der Komplexität kann je nach Situation Erhöhen, Reduzieren oder Nutzen der Komplexität bedeuten. Das malik management system® verbindet erstmalig und umfassend Systemik, Inhalt und Form von richtigem und gutem Management. Während *Systemik* sich auf die Struktur respektive Architektur eines Modells bezieht, hängt die

Richtigkeit von den *Inhalten* ab. Die *Form* im Sinne der grafischen Darstellung kann situationsabhängig variiert werden, solange Systemik und Inhalt unverändert bleiben.[105] Hinsichtlich einer einfach zugänglichen Form der Modelle hat sich insbesondere die Webtechnologie mit ihrer Hyperlink-Logik bewährt.[106]

Zu den drei Subsystemen Umwelt, Unternehmen und Management gibt es im malik management system® entsprechende Modelle und Teilmodelle. Im Rahmen der Überlegungen zu Unternehmenspolitik und Corporate Governance leitet Malik vom Umweltmodell Master Controls für das *Umweltkonzept*, vom Unternehmensmodell Master Controls für das *Unternehmenskonzept* und vom Management-Modell Master Controls für das *Führungskonzept* ab. Umwelt-, Unternehmens- und Führungskonzept sind jeweils *spezifisch* für das konkrete Unternehmen auszuarbeiten.

Von den drei Modellen – Umwelt-, Unternehmens- und Management-Modell – ist hier insbesondere das Management-Modell von Interesse. Dieses umfasst drei wesentliche Teilmodelle. Die Grundbasis aus *institutionaler* Perspektive bildet das »*Corporate* Management Model«[107], welches eingebettet in die Unternehmenspolitik und Corporate Governance die drei Ordnungselement Strategie, Struktur und Kultur darstellt. In der Mitte dieses Modells sind die Führungskräfte erwähnt. Diese Führungskräfte verfolgen aus *personaler* Perspektive das »*People* Management Model«[108]. Das People Management Model zeigt die Grundsätze[109], Aufgaben und Werkzeuge von wirksamen Führungskräften.[110, 111] Die institutionale und die personale Perspektive werden in einem dritten Teilmodell als »*Integriertes* Management System®«[112] zusammengeführt.

Das Integrierte Management System® nenne ich nachfolgend *Integrated Management Model*. Dies einerseits, um Verwechslungen mit dem Integrierten Management System der International Organization for Standardization (ISO)[113] zu vermeiden, und anderseits, um darauf hinzuweisen, dass es ein integriertes Modell ist, das sich aus dem Corporate Management Model und dem People Management Model *konfigurieren* lässt. Diese Konfiguration erfolgt im Hinblick auf die Frage, welche Elemente respektive Managementprozesse notwendig und hinreichend sind, um ein Geschäft, also eine ergebnisverantwortliche Einheit, integriert zu führen. Es geht dabei um eine *integrierte Unternehmens- und Mitarbeiterführung*. Wichtig ist anzumerken, dass es sich nicht um eine deduktive Herleitung aus den zuvor genannten Modellen handelt. Vielmehr geht es darum, die wesentlichen unternehmens- und mitarbeiterbezogenen Aspekte in integrierter Weise darzustellen, damit das Modell als Denk- und Handlungswerkzeug dienen kann. Die Ordnungselemente Strategie und Struktur, welche eher direkt beeinflussbar sind, finden sich beispielsweise im Integrated Management Model explizit wieder, während *Kultur bewusst kein explizites Element* ist, sondern als *systememergentes Phänomen* verstanden wird. Oder anders gesagt: Durch die Art der inhaltlichen Gestaltung und das Zusammenspiel der Elemente entsteht eine Kultur.[114]

Die Management-Prozess-Architektur baut auf dem Integrated Management Model auf und dient somit der Systematisierung des Subsystems »Management« im malik management system®.

1.5 Erstes Zwischenfazit

Unternehmen sind *komplexe, zweckorientierte, produktive, soziale* Systeme. *»Sozial«* sind sie, da stets Menschen die wesentlichen Akteure sind und Ereignisse durch ihr Verhalten auslösen und durch ihr Beobachten wahrnehmen. *»Produktiv«* sind sie, weil sie Wissen in Nutzen transformieren und somit Kundennutzen produzieren. Dies geschieht im Hinblick auf die Erfüllung des Zwecks eines Systems; daher sind Unternehmen *»zweckorientiert«*. *»Komplex«* sind Unternehmen, weil sie aus einer Vielzahl von untereinander dynamisch verbundenen Komponenten bestehen. Im systemorientierten Denken werden Menschen ebenfalls als System verstanden, das sich in Beziehung zu seiner Umwelt definiert und *sowohl* von der Umwelt beeinflusst wird *als auch* die Umwelt beeinflusst. Durch sein Verhalten nimmt der Mensch als Manager Einfluss auf die Gestaltung, Lenkung und Entwicklung von Unternehmen in dessen Umwelt.

Die systemorientierte Managementlehre basiert auf den Überlegungen des systemorientierten Denkens und hat dieses Denken auf die Frage des Managements von *Institutionen jeglicher Art* angewandt. Das daraus entstandene *St. Galler Management-Modell* stellt einen Bezugsrahmen dar für das Erkennen und Lösen von Führungsproblemen der Praxis sowie für die Aus- und Weiterbildung von angehenden und derzeitigen Führungskräften. Das systemorientierte Management betrachtet Unternehmen und deren Management zunächst wesentlich abstrakter. *Führungssysteme* werden demnach auf Basis von Modellen entwickelt und nicht mehr bloß durch Systematisierung von Praxiserfahrungen hervorgebracht.[115]

Richtiges und gutes Management orientiert sich konsequent an der Lebensfähigkeit von Institutionen und der Wirksamkeit von Personen; es wird als lern- und lehrbarer Beruf verstanden. Basis dieses Berufs des Managers bildet das *malik management system*®. Dieses umfasst ein Umwelt-, ein Unternehmens- und ein Management-Modell. Das Management-Modell besteht seinerseits aus drei wesentlichen Teilmodellen: Das *Corporate* Management Model, das *People* Management Model und das aus diesen beiden Modellen konfigurierte *Integrated* Management Model. Letzteres bildet einen grundlegenden Baustein der Management-Prozess-Architektur.

2. Wozu?, Wo?, Was? und Wie? – Bausteine der MPA-Theorie

Um einen dauerhaften Unternehmenserfolg sicherzustellen, ist eine entsprechende »Vorsteuerung« notwendig. Der Begriff »Vorsteuerung« (als Mittel zur Selbstlenkung) meint, dass es im Management Aspekte gibt, welche im Sinne von Stellhebeln frühzeitig gesteuert werden können. Dabei wird allerdings nicht unterstellt, dass man zu einem frühen Zeitpunkt alle Weichen stellen kann und dann nur noch zuschauen muss, wie der Zug von A nach B gelangt beziehungsweise bestimmte Prozesse automatisch ablaufen. Vielmehr geht es darum, die richtigen Vorkehrungen so früh wie möglich zu treffen und die damit verbundenen Auswirkungen im Blick zu behalten, um zur rechten Zeit gegebenenfalls zusätzliche Lenkungsmaßnahmen einzuleiten. Dennoch sollte es Ziel der Vorsteuerung sein, Prozesse von vornherein so zu beeinflussen, dass nur geringfügig nachjustiert werden muss. Vorsteuerung ist der Kern einer jeden Management-Prozess-Architektur (MPA), die wiederum Voraussetzung für umfassenden Unternehmenserfolg ist. Es geht also um den vorgesteuerten Erfolg. Im Englischen würde man wohl am treffendsten von *»pre-controlled success«* sprechen.

2.1 **Wozu?** Performance eines Systems

Erfolgswirksame Vorsteuerung ist der innere Grund respektive das *»Wozu«* einer Management-Prozess-Architektur. Um zur Vorsteuerung zu gelangen, ist es unumgänglich sich zu überlegen, *welchen* Erfolg man vorsteuern und realisieren möchte. Das Erfolgsverständnis ist somit Bestandteil der Management-Prozess-Architektur. Um den Erfolg eines Systems beurteilen zu können, muss man dessen Zweck kennen. Deshalb lohnt es sich, vorab einige Gedanken zum Zweck eines Systems anzustellen.

Ein System hat einen Zweck und reproduziert durch zweckerfüllendes Verhalten permanent diesen Zweck (»emerging purpose«).[116]»The purpose of a system is what it does«[117], bringt es Beer, der Begründer der Managementkybernetik, auf den Punkt. Angenommen also, das System macht aus Sicht des Beobachters immer den gleichen Fehler; dann sollte der Zweck des Systems dahin entwickelt werden, dass es den Fehler nicht mehr macht. Es ist daher sinnvoll, sich zu überlegen, was der Zweck sein sollte (»intended purpose«). Danach lässt sich der tatsächliche Zweck (das, was das System derzeit *tut*) schrittweise zu diesem neuen Zweck (das, was das System *tun sollte*) hin entwickeln.[118]

Lebensfähigkeit ist die oberste Zweck- respektive Zielsetzung eines Systems. In Kurzform kann Lebensfähigkeit als die Fähigkeit der *Aufrechterhaltung einer unabhängigen Existenz in einer spezifischen Umwelt* bezeichnet werden. Ein System kann stets nur in seiner relevanten Umwelt als System verstanden werden; erst das Zusammenspiel von Umwelt und System im engeren Sinne macht das Gesamtsystem aus. Beer umschreibt dies so: »Human beings are perfect examples of viable systems – *but* suck all the air out of the room, and then see how viable they are.«[119]

Lebensfähigkeit setzt das *Ausbalancieren* von kurzfristigen und langfristigen sowie von außen- und innenorientierten Aspekten voraus. Systeme müssen in der Lage sein, sich Umweltveränderungen frühzeitig anzupassen. Dazu sind Weitsicht und Außenorientierung notwendig. Gleichzeitig müssen sie aber auch in der Lage sein, im Hier und Jetzt erfolgreich und gegenüber Fehlern robust zu sein, damit sie überhaupt ein Morgen erleben. Die Gewinnorientierung und die alleinige Ausrichtung des Unternehmens an den Interessen der Shareholder hatten in den letzten Jahren bei vielen Unternehmen dazu geführt, dass Umweltveränderungen nicht frühzeitig wahrgenommen und bewältigt wurden und die langfristige Existenz des Unternehmens in große Gefahr geriet.

Die Balance zwischen *heute und morgen* sowie *innen und außen* ist etwas, das nicht durch kurzfristig denkende Anleger respektive Shareholder, sondern durch unternehmerisch denkende Manager erreicht werden kann. Dieser doppelte Spagat (heute/morgen, innen/außen) zeigt zudem auf, dass Lebensfähigkeit nicht nur heutiges Überleben meint, sondern auch Aspekte der zeitlichen Entwicklung und der Entwicklungsfähigkeit umfasst. Schwaninger spricht in diesem Zusammenhang von einer *»Viability beyond survival«*, also einer Lebensfähigkeit, die über die kurzfristige Aufrechterhaltung einer bestimmten Identität hinausgeht.[120] Lebensfähigkeit spielt sich in Interaktion mit der Umwelt ab. Letztere umfasst gemäß dem St. Galler Management-Modell neben der ökologischen, technologischen und ökonomischen auch eine soziale respektive gesellschaftliche Sphäre, welche ein ethisch-normatives Regulativ[121] bildet.

Die oberste respektive umfassendste Erfolgsbeschreibung ist nach dem Gesagten eine *zweckorientierte Lebensfähigkeit als Beitrag zu einem größeren Ganzen*. Ein Mitarbeiter erbringt Resultate für den Erfolg einer Geschäftseinheit, diese für den Erfolg eines Unternehmensbereichs, dieser für den Erfolg des Gesamtunternehmens, jenes für den Erfolg einer Gesellschaft. Nachfolgend sollen Ansätze der Erfolgsbeurteilung vorgestellt werden, welche in der Lage sind, einen Beitrag zum Verständnis von Erfolg als gesteigerter Lebensfähigkeit zu leisten.

In der Literatur lassen sich verschiedene Ansätze zum Thema Performance eines Systems respektive Erfolg eines Unternehmens finden, welche auch kybernetischen Ansprüchen gerecht werden. Diese Ansätze sind untereinander zumeist nicht konkurierend, sondern ergänzen sich, indem sie unterschiedliche Aspekte beleuchten.

Der Ansatz der Essential Variables von Ashby besagt, dass man ein soziales System »under control« halten kann, indem man *wenige, aber wesentliche* Größen in gewissen Bandbreiten hält. Beers Ansatz der Performance eines Systems zeigt auf, dass zur Beurteilung der Gesamtperformance eines Systems nicht nur operative Vergleiche von Aktualität und Kapabilität auf Basis bestehender Rahmenbedingungen angestellt werden dürfen. Stattdessen ist auch die Kapabilität (im Sinne von bestehenden Möglichkeiten) mit der Potenzialität (im Sinne von neuen Möglichkeiten) zu betrachten. Dieser zukunftsgerichtete strategische Aspekt findet sich auch bei Gälweilers Navigationssystem, indem Gälweiler grundsätzlich zwischen *operativem und strategischem* Management unterscheidet und hinsichtlich Letzterem bestehende und neue Erfolgspotenziale als wesentliche Steuerungsgrößen nennt. Im Forschungsprojekt »Profit Impact of Market Strategies« (PIMS)[122] wurden universelle, das heißt branchen-, orts- und zeitunabhängige strategische Prinzipien und Kernfaktoren ermittelt, die bestehende und neue Erfolgspotenziale gleichzeitig begründen und operationalisieren.[1123] Danach definieren rund ein Dutzend Kernfaktoren hinsichtlich der Wettbewerbsposition, der Kapital- und Kostenstruktur sowie der Marktattraktivität 75 Prozent des Erfolgs, gemessen am Return on Investment. Im Gegensatz zur weitverbreiteten Meinung, dass die Marktattraktivität das Wichtigste sei, haben die Faktoren bezüglich *Wettbewerbsposition*[124] und die Faktoren bezüglich der *Kapital- und Kostenstruktur*[125] je eine Erklärungskraft von 30 Prozent, die Faktoren bezüglich *Marktattraktivität*[126] jedoch lediglich eine Erklärungskraft von 15 Prozent der erwähnten 75 Prozent.[127] Malik verdichtete die Erkenntnisse aus diesen verschiedenen Ansätzen zum *Komplex des Central Performance Control*. Die sechs Central Performance Controls sind: Marktstellung, Innovationsleistung, Produktivitäten, Attraktivität für richtige und gute Leute, Liquidität (Cashflow) und Gewinn (respektive Gewinnerfordernis und Profitabilität).[128]

All diesen Ansätzen ist gemein, dass sie einen wesentlichen Beitrag leisten zur *Vorsteuerung* eines sozialen Systems und dass sie sich dabei an der obersten respektive umfassendsten Erfolgsgröße, der Lebensfähigkeit, orientieren. Offen bleibt jedoch die Frage, wie in sozialen Systemen *Managementprozesse* aussehen müssen, um Kerngrößen wie die Central Performance Controls in gewünschter Weise zu beeinflussen. Wissen und Können hinsichtlich dieser Managementprozesse wären eine noch ausgeprägtere Form der Vorsteuerung. Diesem Gedanken soll nachfolgend nachgegangen werden. Es geht dabei nicht um eine noch detailliertere Darlegung eines der vorgestellten Ansätze, sondern um die Herleitung eines neuen Ansatzes auf Basis von Erkenntnissen der vorgestellten Ansätze. Der daraus resultierende Theoriebaustein beantwortet die Fragen nach dem *»Wozu«* der Management-Prozess-Architektur. Ich nenne diesen Theoriebaustein *»Model of Pre-controlled Success«*. Das »Model of Pre-controlled Success« begründet die Gesamtperformance eines Systems (Total System Performance).

2.2 Komponenten einer ganzheitlichen Lenkung

Wir haben als *Basissystem* eines Unternehmens die Komponenten respektive Subsysteme *Umwelt*, *Unternehmen* (die eigentliche »Operation«) und *Management* kennen gelernt. Diese drei Subsysteme bilden *»Verankerungspunkte«* für Kernelemente des »Model of Pre-controlled Success«. Zu betonen ist, dass diese drei Komponenten lediglich gedankliche Unterscheidungen darstellen und in Tat und Wahrheit das Management eingebettet ist im Unternehmen und dieses in seiner relevanten Umwelt. Entsprechend verhält es sich auch mit den Elementen des »Model of Pre-controlled Success«. Sie sind einem dieser drei Komponenten zugeordnet, jedoch systemisch mit den anderen vernetzt.

Customer Value Controlling

Bezugspunkt des Customer Value Controlling ist die *Umwelt* des Basissystems eines Unternehmens. Die Resultate eines Unternehmens zeigen sich erst in der Umwelt, nämlich beim Kunden. Oder wie es Drucker formulierte: »[...] there are no results inside the firm. Up to the point where the customer reorders, there are only costs.«[129] Selbstverständlich könnte man in der Umwelt unterschiedlichste Dinge beurteilen, das Wichtigste ist jedoch der geschaffene *Kundennutzen*. Dies ergibt sich aus dem einzig richtigen Corporate-Governance-Ansatz, der das Interesse des Unternehmens an oberste Stelle setzt und sich als Unternehmenszweck das Schaffen von Kundennutzen respektive zufriedener Kunden setzt. Andere Aspekte, wie zum Beispiel neue technologische Entwicklungen oder neue Wettbewerber, sind indirekt und/oder direkt Bestandteil einer umfassenden Analyse des Kundennutzens.

Kundennutzen ist mittels einer *Kundennutzenanalyse* auch tatsächlich messbar. Entscheidend ist, dass ein *Customer Value Controlling* im Unternehmen institutionalisiert ist. Neben klassischen Kundennutzenanalysen mit Eigenbild- und Fremdbilderhebungen mittels mündlicher Befragung können auch weitere Informationsquellen genutzt werden. So können zum Beispiel erhobene Gründe für nicht erhaltene Aufträge oder systematisch eingeholte Feedbacks bei abgeschlossenen Aufträgen ein Mittel sein, um Kundennutzenanalysen nicht nur periodisch, sondern laufend durchzuführen.

Business System Controlling

Das Business System Controlling bezieht sich auf die *Operation* des Basissystems eines Unternehmens. Während beim Customer Value Controlling die Resultate, das heißt der Kundennutzen, im Vordergrund stehen, geht es beim Business System Controlling um die *Funktionsfähigkeit* der Operation. Ziel ist es, durch ein fortlaufendes Funktionieren der Operation auch entsprechend fortlaufend einen überlegenen Kundennutzen zu stiften. Die Funktionsfähigkeit lässt sich auf Basis der sechs Central Performance Controls beurteilen (Markstellung, Innovationsleistung, Produktivitäten, Attraktivität für richtige und gute Leute, Liquidität sowie Gewinn).

Der *Kundennutzen* ist gewissermaßen das explizite *systemische Bindeglied* zwischen Customer Value Controlling und Business System Controlling (»Marktstellung«). Darüber hinaus gibt es noch diverse implizite Verbindungen. Zum Beispiel hat die Innovationsleistung maßgeblichen Einfluss auf die Erschließung von neuen Marktsegmenten oder aber auf eine fundamentale Verbesserung der Qualitätsposition in bestehenden Marktsegmenten. Von den Produktivitäten hängt es darüber hinaus ab, zu welchem Preis man langfristig profitabel eine Leistung am Markt anbieten kann.

So wie es diverse Verbindungen vom Business System Controlling zum Customer Value Controlling gibt, so gibt es auch Verbindungen zwischen dem Business System Controlling und dem Management Process Controlling. Auffälligstes *Bindeglied* ist dabei die *Attraktivität des Unternehmens für richtige und gute Leute*, welche sich im Navigationssystem von Gälweiler auf bestehende und neue Erfolgspotenziale bezieht. Die richtige und gute Durchführung von Managementprozessen hält bestehende Erfolgspotenziale aufrecht und schafft neue Erfolgspotenziale.

Management Process Controlling

Der Kundennutzen ist gewissermaßen Output eines funktionierenden Business System Controlling. Letzteres hat somit eine *vorsteuernde* Wirkung. Noch weiter reichend ist die *vorsteuernde* Wirkung der Managementprozesse. Als Output der Managementprozesse kann die Business System Performance hinsichtlich der sechs Central Performance Controls interpretiert werden.

In Anbetracht dieser vorsteuernden Kraft erstaunt es, dass Managementprozesse und ein darauf aufbauendes *Management Process Controlling* bisher nicht in der hier beschriebenen Form Eingang in die Literatur gefunden haben. Beim Management Process Controlling ist sowohl institutionalen als auch personalen Aspekten Rechnung zu tragen. Das Controlling hat sich somit auf *Managementprozesse der Unternehmens- und der Mitarbeiterführung* zu beziehen.

Bezugspunkt des Management Process Controlling ist das *Management* als Subsystem eines Unternehmens. Die Managementprozesse müssen zweck- und zielsetzende Kraft haben und für ein Fließgleichgewicht zwischen den anderen zwei Subsystemen, der Operation und der Umwelt, sorgen. Im Gegensatz zum Customer Value Controlling und dem Business System Controlling gibt es hinsichtlich dem Management Process Controlling in Theorie und Praxis keine weitverbreiteten Methoden und Instrumente zur Beurteilung des Erfolgs. In diesem Buch ist daher zu erörtern, was genau unter Managementprozessen zu verstehen ist und wie diese charakterisiert und letztlich auch beurteilt werden können.

2.3 Vorsteuerung bringt Erfolg

In der nachfolgenden Darstellung werden die drei Komponenten des »Model of Pre-controlled Success« – das Customer Value Controlling, das Business System Controlling und das Management Process Controlling – schematisch dargestellt. Zu den drei Komponenten wird jeweils auch das betroffene Subsystem (Umwelt, Unternehmen oder Management) grafisch angedeutet (Freihandform, Kreis oder Quadrat). Aus der Darstellung ist ersichtlich, dass das Management Process Controlling stark zwecksetzenden und vorsteuernden Charakter hat, während das Customer Value Controlling am anderen Ende des Kontinuums anzusiedeln ist und somit zweckerfüllenden und resultierenden Charakter aufweist.

Die *Einbettung* des Customer Value Controlling ins Business System Controlling und die Einbettung von Letzterem ins Management Process Controlling verdeutlichen grafisch, dass alle drei Komponenten, für sich genommen, auch *Managementprozesse* sind und zudem über *inhaltliche Bindeglieder* miteinander vernetzt sind. Darüber hinaus kennzeichnen die gestrichelten Linien wichtige Informationsflüsse im Sinne des Feedforward und Feedback.

Der *umfassende Erfolg* eines Unternehmens besteht aus der Customer Value Performance, der Business System Performance und der Management Process Performance, welche in Summe die *Total System Performance* ergeben. Diese umfasst auch die drei wesentlichen Fähigkeiten einer Unternehmens: Die *Wettbewerbsfähigkeit* (basierend auf der Customer Value Performance), die *Funktionsfähigkeit* (basierend auf der Business System Performance) und die *Entwicklungsfähigkeit* (basierend auf der Management Process Performance).

Der Management-Prozess-Architektur liegt, wie gesagt, ein Erfolgsverständnis zugrunde, das sich an der *Lebensfähigkeit* des Unternehmens orientiert. Corporate-Governance-Aktivitäten haben somit immer im Interesse des Unternehmens zu stehen (und nicht im einseitigen Interesse der Shareholder und auch nicht in den widersprüchlichen Interessen der Stakeholder). Der Zweck des Unternehmens ist generell das *Schaffen von Kundennutzen*. Um die Zweckerfüllung, also das konkrete Schaffen von Kundennutzen in der Umwelt des Unternehmens, beurteilen zu können, bildet das *Customer Value Controlling* eine erste wesentliche Komponente des »Model of Pre-controlled Success«.

Das Schaffen von Kundennutzen sichert aber noch keine Lebensfähigkeit, denn der überlegene Kundennutzen könnte zum Beispiel aus einem

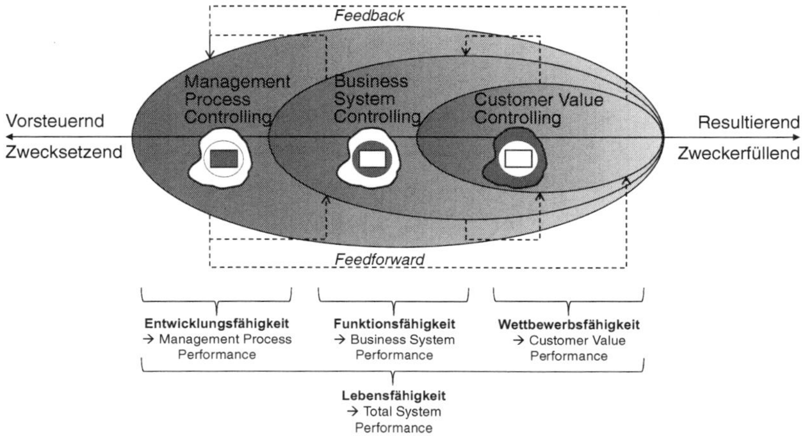

Abbildung 4: Das »Model of Pre-controlled Success«

viel zu tiefen Pricing resultieren, welches nicht langfristig aufrechterhalten werden kann, da mit jedem verkauften Produkt der Verlust steigt. Es stellt sich somit die Frage, ob das Unternehmen *funktionsfähig* ist, um über längere Zeit immer wieder seine Zweckerfüllung zu bewerkstelligen. Nur wenn dies gewährleistet ist, kann von einem gesunden Unternehmen gesprochen werden. Die Beurteilung des Unternehmens erfolgt diesbezüglich durch das *Business System Controlling* als zweiter Komponente des »Model of Pre-controlled Success«.

Im Sinne einer *möglichst weitgehenden Vorsteuerung* ist es wichtig, dass die sechs Central Performance Controls des Business System Controlling langfristig in gewünschten, die Lebensfähigkeit maximierenden Bandbreiten gehalten werden können. Dies sicherzustellen ist die Aufgabe von richtig und gut durchgeführten Managementprozessen. Das *Management Process Controlling* als dritte Komponente des »Model of Pre-controlled Success« fasst diese Vorsteuerungsüberlegung zusammen.

Im Rahmen der Management-Prozess-Architektur geht es darum, geeignete Managementprozesse zu *institutionalisieren* und zu *nutzen*, um die erwähnte Vorsteuerung bestmöglich zu unterstützen. Wozu dies gemacht wird, dürfte nun klar geworden sein: Es geht um das Schaffen der Voraussetzungen für einen umfassenden Erfolg von Unternehmen (Total System Performance) im heutigen Komplexitätszeitalter.

2.4 **Wo?** Zwei Seiten der Medaille

Nach Gomez/Zimmermann gibt es drei Sichtweisen organisatorischer Zusammenhänge: eine institutionale, eine instrumentale und eine funktionale.[130] Die *institutionale* Betrachtungsweise versteht eine Organisation als Institution im Sinne eines Systems, eingebettet in seiner Umwelt. Der Fokus liegt auf der Gesamtführung mit dem Ziel der Sinnvermittlung. Die *instrumentale* Perspektive legt den Fokus auf die Organisation als Mittel respektive Führungsinstrument zur Zielerreichung. Sie umfasst somit alle Regeln, welche das Verhalten der Organisationsmitglieder auf die Zielerreichung und Wirtschaftlichkeit ausrichten. Unter einem *funktionalen* Organisationsverständnis ist Organisation eine Funktion der Organisationsgestaltung, die Arbeitsteilung (Differenzierung) und Koordination (Integration) unter Berücksichtigung von Komplexitätsgesichtspunkten in Übereinstimmung bringt.[131] Im Sinne einer systemischen Betrachtungsweise erachte ich die Kombination dieser drei Betrachtungsweisen als zielführend.

Auch die Management-Prozess-Architektur (MPA) kann aus diesen drei Perspektiven betrachtet werden. Entsprechend kann man sagen, dass ein Unternehmen eine Management-Prozess-Architektur *ist (institutional),* eine Management-Prozess-Architektur *hat (instrumental)* oder dass ein Unternehmen »management-prozess-architekturisiert« *wird (funktional).* Bei der institutionalen Betrachtung steht der Aspekt im Vordergrund, dass eine Institution als Ganzes durch die MPA gegliedert und auch als MPA grafisch dargestellt werden kann. Die instrumentale Perspektive legt den Fokus auf die vorsteuernde Kraft der MPA. Das Augenmerk der funktionalen Betrachtung liegt auf tiefgreifenden Transformationen der MPA und nachfolgenden Prozessen der Selbstgestaltung, -lenkung und -entwicklung. Mit anderen Worten: *Wenn die MPA erst einmal richtig in Schwung ist, hält sie sich von selbst in Schwung.* Eine richtige und gute Management-Prozess-Architektur wird so zu einem *Programm,* welches nach vordefinierten »Algorithmen« für eine stetige Entwicklung der Management-Prozess-Architektur sorgt.

Neben den dargelegten *grundlegenden Sichtweisen* (institutional, instrumental, funktional) gibt es auch *fachliche Perspektiven* der Organisation. Zu diesen fachlichen Perspektiven gehören unter anderem die umweltrechtliche, die steuerrechtliche und die managerielle Perspektive. Die managerielle Organisationsperspektive hat als oberstes Ziel die *Lebensfähigkeit* von Organisationen. Dabei geht es um die Organisation als *funktionierende Ganzheit.* Demgegenüber verfolgen die anderen fachlichen Perspektiven nur Teilziele der Organisation (wenig Steuern zahlen, gute Ökobilanz haben).

Die hier vertretene und empfohlene *Priorität der manageriellen Organisationsperspektive* besagt nicht, dass zum Beispiel im Rahmen einer Reorganisation andere Organisationsperspektiven nicht auch Berücksichtigung finden sollen. Sie haben jedoch im Vergleich zur manageriellen Organisationsperspektive immer nachrangig behandelt zu werden. Eine manageriell gute Organisation lässt sich immer auch steuerlich noch optimieren. Eine nur unter steuerlichen Gesichtspunkten erstellte Organisation (zum Beispiel ein übertrieben verschachtelter Konzern) lässt sich jedoch oft kaum mehr führen, und der originäre Zweck des Unternehmens wird gefährdet. Die Ausführungen in diesem Buch beziehen sich deshalb auf die managerielle Perspektive von Organisationen.

Die Organisation muss gemanagt werden, und das Management muss organisiert werden. Oder anders formuliert: Eine wirksame Organisation sorgt auch für ein wirksames Management, und ein wirksames Management sorgt auch für eine wirksame Organisation.[132] Die Management-Prozess-Architektur ist das *Syntegrat*[133] *von Management und Organisation.* Sie ist die Medaille, und Organisation und Management sind je eine Seite dieser gleichen Medaille. Somit erstaunt auch nicht, dass vermeintliche Re-Organisationsprojekte auch MPA-Projekte sind und umgekehrt vermeintliche MPA-Projekte auch Re-Organisationsprojekte. Die Architekturpinzipien für die MPA müssen also *Prinzipien sowohl der Organisations- als auch der Management-Architektur* sein.

Entscheidend für die Wahl der geeigneten Organisationsform ist die Frage nach der *Komplexität der Umwelt* und davon abgeleitet der notwendigen *Komplexität des Unternehmens.*[134] Diese Komplexität ist maßgeblich für die Beurteilung einer geeigneten Organisationsform und des notwendigen Managements. Dabei sind nicht nur das Alter oder die Größe des Unternehmens *Komplexitätstreiber*, sondern insbesondere Aspekte wie Internationalisierung, Technologisierung, Diversifikation, Anteil Wissensarbeiter et cetera. Unter Berücksichtigung der steigenden Komplexität hat das Management für ein dynamisches *Fließgleichgewicht zwischen Umwelt und Unternehmen* zu sorgen.[135]

Eine wirksame Management-Prozess-Architektur verbindet Management- und Organisationsanforderungen im Hinblick auf eine erfolgreiche Komplexitätsbewältigung. Entsprechend ist die Lebensfähigkeit eines Unternehmens maßgeblich von der Wirksamkeit der Management-Prozess-Architektur abhängig. In Abbildung 5 wird der vertikalen Achse der *»Umwelt/Unternehmens«-Komplexität* eine horizontale Achse gegenübergestellt. Diese steht für die *Wirksamkeit der Management-Prozess-Architektur.* Die

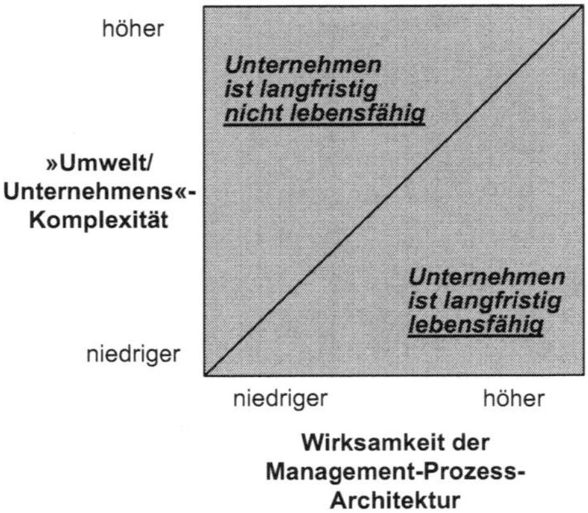

Abbildung 5: Lebensfähigkeit durch Wirksamkeit der Management-Prozess-Architektur

Diagonale zeigt, abgeleitet von der »Umwelt/Unternehmens«-Komplexität, die minimal erforderliche Wirksamkeit der Management-Prozess-Architektur. Unternehmen, die in der Fläche rechts von der Diagonale positioniert werden können, sind lebensfähig, diejenigen links von der Diagonale nicht.

Die Wirksamkeit der Management-Prozess-Architektur hängt von deren *Fähigkeit zur Komplexitätsmeisterung* ab. Diese wiederum ist abhängig von der Grundgliederung des Unternehmens in möglichst eigenständige Einheiten und der Qualität der Managementprozesse zur metasystemischen Lenkung dieser Einheiten. Generell sprechen wir in der Abbildung *links von der Diagonale* von reduktionistischen, eindimensionalen Organisationsformen auf Basis einer *Positions-Hierarchie-Denkweise.* Diese können nur Unternehmen lebensfähig halten, welche sich durch eine tiefe »Umwelt/Unternehmens«-Komplexität auszeichnen. Demgegenüber sprechen wir auf der *rechten Seite der Diagonale* von kybernetischen, mehrdimensionalen Organisationsformen auf Basis von *Funktions-Heterarchie.* Diese halten Unternehmen auch dann lebensfähig, wenn eine hohe »Umwelt/Unternehmens«-Komplexität vorherrscht.

Welcher Organisationsansatz ist nun für Unternehmen des Komplexitätszeitalters besonders geeignet? Zur Klärung dieser Frage wird das Ganze (das Unternehmen) in möglichst selbstlenkende Einheiten unterteilt, welche intern und extern mit anderen Einheiten interagieren.[136] Besonders geeignet erscheinen Formen der netzwerkartigen modularen Organisation.[137] Das für die Management-Prozess-Architektur notwendige Architekturmodell hat somit aus *individueller Sicht* statt auf Positionen auf Funktionen und aus *institutioneller Sicht* statt auf Hierarchie auf Heterarchie aufzubauen.

Organisationstheorie und -praxis haben eine Vielzahl von Ansätzen hervorgebracht, von denen allerdings die meisten für das aktuelle Komplexitätszeitalter wenig geeignet sind. Im Rahmen meiner Dissertation hatte ich für die Untersuchung drei Ansätze ausgewählt, welche Komplexität meistern helfen, indem das *Ganze* (Unternehmen) in *möglichst selbstlenkende Einheiten* unterteilt wird. Es sind dies das Viable System Model, das fraktale Unternehmen und die Profit-Center-Organisation. Der Ansatz des »Viable System Model« beschreibt als Organisations- und Management-Modell die notwendigen Systemfunktionen von lebensfähigen Einheiten.[138] Der Ansatz »Fraktales Unternehmen« basiert auf dem Grundsatz von möglichst selbstorganisierenden, selbstähnlichen Einheiten und hebt die Bedeutung der Kommunikation auf der horizontalen Leistungsebene hervor (anstelle vertikaler Weisungen).[139] Der Ansatz der »Profit-Center-Organisation« steht für Einheiten, welche Abrechnungs- und Verantwortungsaspekte kombinieren, wobei der Gewinn die entscheidende Steuerungsgröße darstellt.[140]

Die genannten drei Ansätze untersuchte ich mit Blick auf ihre Eignung zur Beschreibung einer Management-Prozess-Architektur.[141] Die Beurteilung der drei Ansätze erfolgte anhand von Kriterien, die für eine richtige und gute Management-Prozess-Architektur relevant sind. [142] Diese kriterienbasierte Beurteilung findet sich in Abbildung 6 zusammenfassend dargestellt.

Das Viable System Model ist für die Entwicklung der Management-Prozess-Architektur der bestgeeignete Ansatz. Auf Basis einer fundierten wissenschaftlichen Herleitung verbindet der Ansatz in einem einzigen Modell

	Profit-Center-Organisation	Fraktales Unternehmen	Viable System Model
1. Orientierung an Lebensfähigkeit und Customer Value	◔	◑	●
2. Verbindung von Organisations- und Managementaspekten	◑	◕	●
3. Rekursivität als wesentlicher Bestandteil	◑	◕	●
4. Anwendbarkeit für Praktiker	●	◕	◑
5. Verständlichkeit für Praktiker	●	◕	◑
6. Wissenschaftliche Herleitung	◑	◕	●
Gesamtbeurteilung	◑	◕	◕

Abbildung 6: Zusammenfassende Beurteilung von Organisationsansätzen

Organisations- und Managementaspekte auf verschiedenen Rekursionsebenen und mit einer Orientierung an Lebensfähigkeit und Kundennutzen. Das Viable System Model ist auch der umfassendste Ansatz. Sowohl eine Profit-Center-Organisation als auch ein fraktales Unternehmen können anhand des Viable System Model dargestellt werden. Umgekehrt lässt sich das Viable System Model aber nicht durch die beiden anderen Ansätze darstellen. Schlechter als die beiden anderen Ansätze schneidet das Viable System Model hinsichtlich Verständlichkeit und Anwendbarkeit ab.[143] Hier sei daran erinnert, dass komplexe Probleme nur mit ebenso komplexen Problemlösungen bewältigt werden können.[144] Um das Viable System Model für die Entwicklung der Management-Prozess-Architektur sinnvoll nutzen zu können, wird es nachfolgend im Detail dargelegt.

2.5 Von der Maschine zum Organismus

Das Viable System Model (VSM) von Beer ist ein Management-Modell im Sinne einer invarianten Funktionsstruktur von lebensfähigen Systemen. Im Gegensatz zu technomorphen Vorstellungen der Gewinnmaximierung steht beim systemisch-kybernetischen Ansatz die *Lebensfähigkeit* eines Systems im Vordergrund. Die Kybernetik als Wissenschaft der Steuerung und die mit ihr verwandte Systemwissenschaft sowie die Informationstheorie erlauben es, Information neben Materie und Energie als dritte Grundgröße der Natur zu verstehen.[145] In seinen Überlegungen hält Beer fest: »The degree of control [...] is proportional to the [...] amount of effective information available to the system.«[146] Das *Maß an Information* in einer Organisation bestimmt somit das *Maß an Steuerung und Kontrolle* sowie die Leistungsfähigkeit der Struktur respektive die Funktionsweise der Organisation.

Nach Beer geht es um einen Paradigmenwechsel weg vom »Modell der Maschine« hin zum »Modell des Organismus«.[147] Während nach dem »Mechanistischen Modell« Organisation als Organisieren von Tätigkeiten, als Kraftverstärker und als Organisieren im Detail verstanden wird, stehen im »Organismischen Modell«[148] das *Organisieren von Informationsflüssen und Wissen*, die Organisation zwecks Intelligenzverstärkung sowie das Schaffen von günstigen Rahmenbedingungen für Selbstorganisation im Vordergrund.

Das Viable System Model wird dem Umstand gerecht, dass *Organisation und Management* untrennbare Aspekte sind und gemeinsam die Management-Prozess-Architektur begründen. Die Grundgliederung einer

Organisation sollte demnach so sein, dass Lenkungsprozesse bestmöglich ablaufen können. Die Natur hat mit dem menschlichen *Zentralnervensystem* weltweit die derzeit *beste Steuerung und Regelung* entwickelt. Zur Entwicklung des Viable System Model übertrug deshalb Beer den Aufbau und die Funktionsweise von Zentralnervensystemen auf ein allgemeines Modell zur Steuerung und Regelung von Systemen.[149]

Im Viable System Model (VSM) treten anstelle von fachlichen Funktionen (Finanzen, Human Resources, Marketing, Vertrieb et cetera) *systemische Funktionen* (Operieren, Koordinieren, Optimieren, Aufklären und Werte setzen). Abbildung 7 gibt einen Überblick über die fünf VSM-Systemfunktionen.

VSM-Grafik	**VSM-Systemfunktionen**		**Analogie beim Menschen**
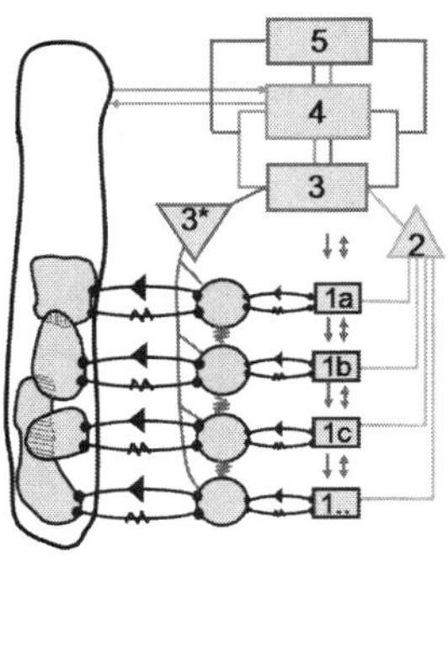	5	Normative Corporate Management (u. a. Identität/Werte und letzte Autorität bei Konflikten System3/4)	Der Cortex (Hirnrinde), welcher für Bewusstsein, Identität und Moral sorgt.
	4	Strategic Corporate Management; Fokus auf »außen und morgen« (u. a. Strategie, Aufklärung)	Das Zwischenhirn, welches für Wahrnehmung und Anpassung an die Umwelt sorgt.
	3	Operative Corporate Management; Fokus auf »innen und heute« (u. a. Ressourcenallokation, Optimierung)	Das Kleinhirn und das vegetative Nervensystem, welche für die Stabilisierung und Optimierung des Gesamtkörpers sorgen.
	2	Koordination der operativen Einheiten (durch Spielregeln, Planungs-/Kontrollsysteme etc.)	Das Rückenmark, welches für Koordination der autonomen Organe sorgt.
	1a – 1...	Operative Einheiten/Divisionen (stehen in direkter Verbindung mit Umwelt/Kunde)	Die Organe, welche für Aktionen, Handeln, Bewegen, Tun sorgen.

Abbildung 7: Übersicht über die Systemfunktionen des Viable System Model (in Anlehnung an Beer)[150]

Ein Unternehmen besteht nach dem Viable System Model somit aus mehreren *1er-Systemen* respektive »Operations« (Divisionen, ergebnisverantwortliche Einheiten), welche über *System 2* koordiniert und unterstützt werden (Support Functions). *Systeme 3–5* sind metasystemisch für das operative, das strategische und das normative Management zuständig. Die Systemstruktur *3*–4–5, also das Metasystem, beschäftigt sich mit dem »outside-and-then«. Die Systemstruktur *3*–2–1 beschäftigt sich demgegenüber mit dem »inside-and-now«. *System 3* wird somit zum eigentlichen *Drehpunkt* des »system in focus«.

»Das Modell des lebensfähigen Systems darf [...] keineswegs so verstanden werden, dass die entsprechenden Systemfunktionen durch jeweils gigantische Abteilungen in der Unternehmung ausgeübt würden, und dass die zwischen ihnen bestehenden Verbindungen durch formalisierte Kommunikationskanäle zu gestalten wären.«[151]

Das Viable System Model (VSM) ist *kein Organigramm*. Entsprechend lässt sich eine Person auch nicht *einem* VSM-Kästchen zuordnen, sondern übernimmt oft *mehrere* Systemfunktionen. Organigramme manifestieren eine eindimensionale oberflächliche Sicht auf SOLL-Führungsstrukturen von Organisationen, sind jedoch untauglich, wenn es um die *tatsächliche Funktionsweise* und das Verhalten von Systemen geht. Das Viable System Model legt die *Tiefenstrukturen der Organisation* offen, die hinter dem Organigramm liegen.[152]

System 1: Varietätsausgleich zwischen Basiseinheiten

Die drei Einheiten *Umwelt-Operation-Management* bilden zusammen ein *lebensfähiges Basissystem* und stehen in einem stetigen *Varietätsausgleich* – auch als *Homöostase* bezeichnet. Dieser Varietätsausgleich wird in Abbildung 8 mit den Symbol-Konventionen nach Beer dargestellt.

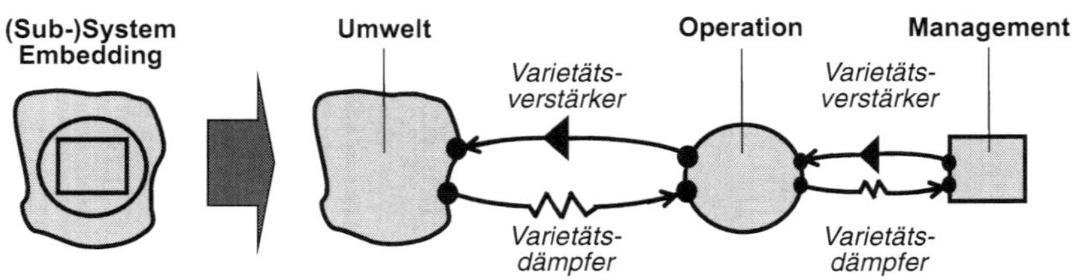

Abbildung 8: Basiseinheiten und deren Varietätsausgleich (in Anlehnung an Beer)[153]

Beer formuliert bezüglich dem »Variety Engineering« folgende Organisationsprinzipien:

1. »Managerial, operational and environmental varieties, diffusing trough an institutional system, tend to equate; they should be *designed* to do so with minimum damage to people and to cost.«[154]
2. »The four directional channels carrying information between the management unit, the operation, and the environment must each have a higher capacity to transmit a given amount of information relevant to variety selection in a given time than the originating subsystem has to generate it in that time.«[155]
3. »Wherever the information carried on a channel capable of distinguishing a given variety crosses a boundary, it undergoes transduction; the variety of the transducer must be at least equivalent to the variety of the channel.«[156]
4. »The operation of the first three principles must be cyclically maintained through time without hiatus or lag.«[157]

In der Logik des Viable System Model können wir nicht irgendeinen Teil eines Ganzen als Umwelt-Operation-Management skizzieren, sondern nur *lebensfähige Systeme*. Im Unternehmenskontext sind dies Einheiten wie zum Beispiel Geschäftsfelder oder Divisionen. Entscheidend ist, dass es *ergebnisverantwortliche Einheiten (EVE)*[158] mit entsprechender Verantwortung sowohl für ausführende Leistungsergebnisse als auch für lenkende Führungsergebnisse sind. Eine EVE muss ein *wirtschaftliches Resultat* erzielen, prinzipiell selbstständig *bilanzieren* können und die eigene *Lebensfähigkeit* aufrechterhalten.

Für EVEs ist der *direkte Marktzugang* (als Interaktion zur Umwelt und zu Preis-/Mengen-Mechanismen) entscheidend. Rein interne Funktions- respektive Sachbereiche sind demnach nicht EVEs, sondern Unterstützungsfunktionen *für* EVEs.[159] Wird aber zum Beispiel eine Personalabteilung zu einem Personaldienstleister transformiert, welcher für sein »Stammhaus«, aber auch für andere Unternehmen Personaldienstleistungen erbringt, wird aus einer ursprünglichen Unterstützungsfunktion eine ergebnisverantwortliche Einheit.

System 2: Mehrere Teile als Ganzes

Ein Unternehmen besteht in der Regel aus mehreren Teilen (1a, 1b, 1c, ...), die für sich genommen die drei zuvor erläuterten Basiseinheiten umfassen. Zusammen bilden die Teile eine Operation auf der übergeordneten Rekursionsebene.

In den gegenseitigen Beziehungen zwischen 1a, 1b, 1c, 1… liegen je nach Situation Synergie- und/oder Konfliktpotenziale. Meist gilt es eine *Balance* zu finden zwischen *Konkurrenz und Kooperation*, was zum Teil auch als *Coopetition* bezeichnet wird.

System 2 wirkt koordinierend, indem es die 1er-Systeme zu einem Ganzen zusammenfasst und übermäßige *Schwingungen anti-oszillatorisch zu regeln* weiß. Schwingungen oder eben Oszillation entsteht, wenn ein Ganzes nicht in ein homöostatisches Gleichgewicht kommt, sondern sich ständig »überkorrigiert«.

Dass das Ganze mehr respektive etwas anderes ist als die Summe der einzelnen autonomen Teile (1er-Systeme), wird durch das reine Zusammenwirken von Teilen nicht gewährleistet. Auch die Koordinationsmechanismen von System 2 können diese Aufgabe nicht vollständig erfüllen. Es bedarf also einer Funktion, welche *in Kenntnis und im Interesse des Ganzen* gewisse steuernde Funktionen wahrnimmt. Dies wird von System 3 geleistet.

System 3: Operative Gesamtleitung

Die Funktion System 3 wird im Unternehmenskontext oft als *»Operative Corporate Management«* bezeichnet.[160] Sie umfasst alle *operativen Leitungsfunktionen.* Diese lassen sich charakterisieren durch *»Interventionen« (Durchsetzung von Befehlen) und »Resource Bargain«* (mit Ressourcenallokation und Verantwortung). Solche Eingriffe über die *vertikale Befehlsachse* sind indessen überlegt und nicht im Übermaß zu vollziehen, denn die Aktionen werden von den nach Unabhängigkeit strebenden 1er-Systemen oft als unzulässige Eingriffe in ihre Autonomie interpretiert.

Bisher haben wir folgende fünf vertikale Varietätskanäle kennen gelernt, welche *routinemäßig* stattfinden:[161]

I. Umweltüberschneidungen (der 1er-Systeme)
II. Beziehungen zwischen Operationen (der 1er-Systeme)
III. Anti-Oszillation durch System 2
IV. Intervention durch System 3 (auf zentraler Befehlsachse)
V. Ressourcenaushandlung durch System 3 (auf zentraler Befehlsachse)

Darüber hinaus ist *System 3* als sechster vertikaler Kanal* notwendig, welcher nur *sporadisch* zum Einsatz kommt. System 3* kann als *Auditierungskanal* bezeichnet werden und füllt die Lücke für das *erste Management-Axiom* nach Beer: »The sum of horizontal variety disposed by n operational elements equals the sum of vertical variety disposed on the six vertical components of corporate cohesion.«[162] Davon lässt sich die erforderliche Varietät des Auditierungskanals wie folgt logisch herleiten: *Varietät des Auditierungskanals* = (Varietät generiert durch System 1) – (Varietäten von I. + II. + III. + IV. + V.)

Über die sechs vertikalen Kanäle soll ausreichend *Kohäsion* hervorgebracht werden, damit das Ganze mehr respektive etwas anderes ist als die Summe der Einzelteile und nicht in Einzelteile zerfällt. Unter Autonomie wird die verbleibende Freiheit bezeichnet, welche dem Management auf der horizontalen Achse zur Gestaltung, Lenkung und Entwicklung zur Verfügung steht. Organisationen unterscheiden sich aus einer kybernetischen Sicht insbesondere durch folgende zwei Aspekte:[163]

1. *Die Varietätsmenge, welche insgesamt vertikal zu lenken ist* (abhängig von der Anzahl der 1er-Systeme, von der Art der 1er-Systeme und von der Fähigkeit der 1er-Systeme, ihre eigene Varietät zu bewältigen).
2. *Die Verteilung der Lenkungsvarietät* über die oben beschriebenen sechs vertikalen Kanäle.[164]

System 4: Strategische Entwicklung

System 4 ist zuständig für das *»außen und morgen«*. Es steht in Kontakt zur Gesamtumwelt, um jene Informationen sammeln zu können, welche möglicherweise auch zu einer sehr grundsätzlichen Veränderung des Systems führen. Im Unternehmenskontext wird diese Funktion als *»Strategic Corporate Management«* bezeichnet. Zu diesem System tragen jene Personen bei, welche sich mit langfristigen Überlegungen auseinandersetzen und in diesem Zusammenhang zum Beispiel Marktforschung betreiben und neue Produkte entwickeln.

Die verschiedenen Sichtweisen und Schwerpunkte von System 3 und System 4 gilt es durch den *Drei-Vier-Homöostat* auszubalancieren.[165] Im ersten Management-Axiom von Beer ist verankert, dass die Summe der horizontalen Varietät in System 1 durch die Summe der vertikalen Varietät (in den sechs Kanälen) absorbiert werden muss und dass Letztere ein Maß für die Varietät in System 3 ist. Wenn nun also ein Drei-Vier-Homöostat erreicht werden muss, dann lässt sich das *zweite Management-Axiom* wie folgt ableiten: »The variety disposed by System Three resulting from the operation of the First Axiom equals the variety disposed by System Four.«[166]

Trotz der problemlösungsorientierten Interaktion von System 3 und 4 verbleibende grundsätzliche Konflikte (zwischen »innen und außen« oder »Gegenwart und Zukunft«) sind durch *System 5 als oberste Instanz* mittels Normen und Entscheidungen zu lösen.

System 5: Normative Grundlagen

Das System 5 ist die *logische Schließung* des Viable System Model und somit Zeichen der Selbstreferenz: Das System schließt sich in sich selbst. Diese Selbstreferenz stiftet einerseits Identität und macht klar, dass es nichts Weiteres gibt, also kein System 6 oder 7.[167] Ein logisch geschlossenes System ist ein logisch geschlossener Lenkungsmechanismus, der aber gegenüber Materie, Energie und Daten (als Basis für Informationen im System) sehr wohl offen ist. Die logische Schließung kommt auch im *dritten Management-Axiom* zum Ausdruck: »The variety disposed by System Five equals the residual variety generated by the operation of the Second Axiom.«[168] Die spezielle Funktion von System 5 umschreibt Beer wie folgt: »The metasystem of the viable system consists of Systems Three, Four, and Five. *Within* this metasystem, System Five is itself metasystemic (...).«[169]

Interventionen von System 5 in die Balancierung von System 4 und System 3 sind oft Entscheidungen, welche angesichts einer aktuellen Situation und vor dem Hintergrund von fast unendlich vielen Varianten getroffen werden müssen. Es ist dabei nicht möglich, alle Varianten im Sinne einer mathematisch-analytischen Entscheidungsfindung durchzuspielen oder gar real auszutesten. Es gilt auf Basis des *»Organisations-Ethos«* Muster zu erkennen und zu entscheiden. *Mustererkennung* ist deshalb wichtig, weil neben der Erfüllung des *Law of Requisite Variety* auch die Erfüllung des *Law of Requisite Knowledge* notwendig ist.[170] Es braucht Wissen darüber, welcher der Zustände nun als »Antwort« auf einen Umweltzustand gewählt werden soll. Je größer die Varietät und somit die Zahl an Zuständen, umso wichtiger wird das Wissen um die Wahl des passenden Zustands.[171]

System 5 erhält metasystemisch gefilterte Informationen von System 3 und System 4. Damit darüber hinaus auch *ungefilterte* Informationen zum System 5 gelangen können, gibt es den *algedonischen Kanal*[172], welcher *direkt aus System 1 Informationen zum System 5* übermittelt. Damit wird es der

Organisation möglich, bei Gefahr möglichst schnell Informationen an die »letzte Instanz« zu bringen.

2.6 Von der Filiale bis zur Zentrale

Lebensfähige Systeme bestehen ihrerseits wieder aus lebensfähigen Systemen. Das *Recursive System Theorem* von Beer besagt: »In a recursive organizational structure, any viable system contains, and is contained in, a viable system.«[173] Die Rekursivität des Viable System Model macht es möglich, zum Beispiel das Gesamtsystem von der einzelnen Filiale bis zur Zentrale eines Unternehmens mit allen Produkten, Kundengruppen und Regionen in einem einheitlichen Modell abzubilden, zu optimieren und zu steuern. »Die gegenseitigen Beziehungen von Systemen auf jeweils anschließenden Rekursionsebenen sind (...) nicht vorwiegend solche der Super- oder Subordination im Sinne der Möglichkeit, Macht auszuüben, sondern (...) metasystemischer Natur.«[174] Diese rekursive Logik mit den Prinzipien des *»Embedding«* und der *»Selbstähnlichkeit«* ist in Abbildung 9 schematisch mit Bezug auf die bekannten Babuschka-Puppen dargestellt.

Die Tragweite des rekursiven Prinzips bringt Beer wie folgt zum Ausdruck: »It is worth reflecting on the potency of this arrangement, and on the fact that recursions of the viable system can be extended upward to the terrestrial globe (within the Universe) and downward to the cell (containing molecules, containing ...).«[176] Im Unternehmenskontext sind die Rekursionsebenen Mitarbeiter, Team, Abteilung, Bereich, Unternehmen und Unternehmensgruppe ein Beispiel für eine *»Kette von Systemen«*. Das Rekur-

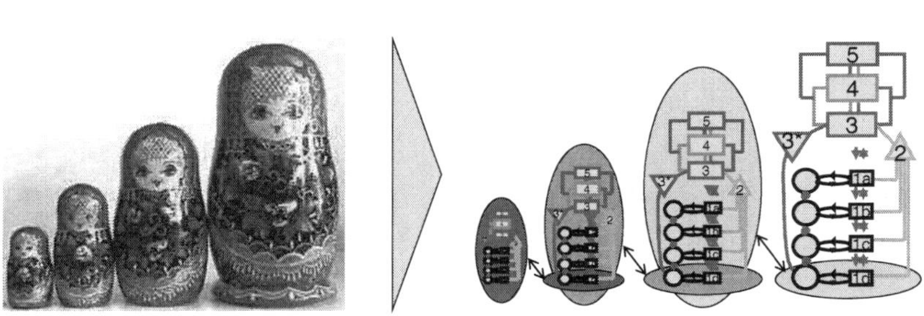

Abbildung 9: Schematische Darstellung des Rekursionsprinzips im Viable System Model (in Anlehnung an Beer)[175]

sionsprinzip ist allerdings *mehrdimensional*, das heißt ein System ist nicht nur in eine »Kette von Systemen« eingebunden.

»You belong to a family, which belongs to a village, and so on (...). But you also have a job – which embeds you in a firm or a service or whatever. The chain of systems is now a different one. You belong perhaps to a church, to a sports club, to an ›old school‹ – and so forth. Each of these chains of systems, which embed each other and ultimately you, we can call a *recursive dimension*.«[177]

Im Rahmen der Diagnose und Gestaltung von Systemen ist es wichtig, dass man abhängig vom Untersuchungsinteresse und dem *»system in focus«* sich für eine *primäre rekursive Dimension* entscheidet, welche dann auch im Sinne der Oberflächenstruktur dargestellt werden kann.

Jedes der Systeme 5, 4, 3, 3* und 2 einer Rekursionsebene ist mit dem jeweiligen System auf der nächsthöheren und -tieferen Rekursionsebene über die sogenannten *cross-recursion linkages* verbunden. Das Metasystem (5 – 4 – 3) ist nichts anderes als die Managementeinheit eines 1er-Systems auf der übergeordneten Rekursionsebene. Für multiple Rekursionen des Viable System Model gilt deshalb das *Law of Cohesion* von Beer: »The System One variety accessible to System Three of Recursion x equals the variety disposed by the sum of the metasystems of Recursion y [below x] for every recursive pair.«[178] Studiert man dieses Gesetz der Kohäsion, dann merkt man, dass wir hier indirekt wieder vom ersten Management-Axiom[179] sprechen, diesmal jedoch aus anderer Perspektive. Der Kreis hat sich geschlossen – nichts anderes wäre von einem kybernetisch-rekursiven Design zu erwarten gewesen.

Größere Unternehmen unterliegen oft Hierarchisierungstendenzen, indem bei zunehmender Größe auch die Anzahl der Hierarchiestufen und die Schwerfälligkeit von Informationsflüssen und Entscheidungswegen zunehmen. Entgegenwirken lässt sich dieser Tendenz durch einen bewussten Fokus auf *Funktions-Heterarchie statt Positions-Hierarchie*. Die Management-Prozess-Architektur ist ein *Syntegrat aus Management und Organisation* respektive wird dem Umstand gerecht, dass Management und Organisation zwei Seiten der gleichen Medaille, nämlich der Komplexitätsbewältigung, sind. Organisation schafft Komplexitätsbewältigung durch *Ordnung*, während Management dies durch *Problemlösung* erreicht. Im Zusammenhang mit der Frage, *wo* Managementprozesse stattfinden, ist primär die Frage nach der Organisation im Sinne der Grundarchitektur relevant.

Die Grundstrukturierung eines Unternehmens hat zu möglichst selbstlenkenden Einheiten zu führen. Von den Ansätzen »Profit-Center-Organisation«, »Fraktales Unternehmen« und »Viable System Model« hat sich Letzteres als am umfassendsten und geeignetsten für die Management-Prozess-Architektur herausgestellt.[180] Das *Viable System Model* von Beer unterstützt den Gedanken des »Pre-Controlled Success« am besten, indem es sich an der Lebensfähigkeit orientiert und durch die *Verbindung von Organisations- und Managementaspekten* anhand von fünf Systemfunktionen aufzeigt, wie *selbstlenkende (Teil-)Einheiten* entworfen (»designt«) und *metasystemisch gelenkt* werden müssen.[181] Das *Rekursivitätsprinzip* des Viable System Model besagt, dass jedes lebensfähige System wiederum aus lebensfähigen Teilsystemen besteht, und bringt mit sich, dass die Managementfunktionen über das gesamte Unternehmen hinweg wirksam verteilt werden können (und müssen). Somit laufen die Managementprozesse dort ab, wo auch das notwendige Wissen am ausgeprägtesten vorhanden ist. Eine Management-Prozess-Architektur verhilft dazu, *Management als verteilte Funktion* zu institutionalisieren und die Intelligenz des Gesamtsystems bestmöglich zu nutzen. Jede ergebnisverantwortliche Einheit verantwortet normative, strategische und operative Managementprozesse, um eigenständig ihre Lebensfähigkeit (Total System Performance) zu maximieren.

Das Viable System Model setzt sich umfassend mit den *Funktionen des Managements* einer Organisation *und* den damit zusammenhängenden *Grundfragen des Organisierens* auseinander. Die drei Grundfragen des Organisierens, welche auf Überlegungen von Drucker zurückgehen, umschreibt Malik wie folgt:

1. Wie müssen wir uns organisieren, damit das, wofür der Kunde uns bezahlt, im Zentrum der Aufmerksamkeit steht und von dort nicht wieder verschwinden kann?
2. Wie müssen wir uns organisieren, damit das, wofür wir unsere Mitarbeiter bezahlen, von diesen auch wirklich getan werde kann?
3. Wie müssen wir uns organisieren, damit das, wofür die Führungskräfte bezahlt werden, von diesen wirklich getan werden kann?[182]

Jede der drei Grundfragen bezieht sich auf ein Basis-Subsystem eines lebensfähigen Systems. *Grundfrage 1* bezieht sich auf die *Umwelt*, *Grundfrage 2* auf die *Operation* und *Grundfrage 3* auf das *Management*. In der ersten Grundfrage ist zudem auch ein Hinweis auf die Organisationsdynamik enthalten, indem gesagt wird, dass das, wofür der Kunde bezahlt, im Zentrum der Aufmerksamkeit stehen soll und von dort *nicht wieder verschwinden* darf.

Das Viable System Model und die entsprechende Diagnosemethodik[183] erlauben es, mittels Komplexitätsüberlegungen vom Kunden her ein System zu durchdenken. Dabei werden aus der Umwelt Rückschlüsse auf die Operation und das Management möglich. In diesem Zusammenhang kann auch die Gesamt-Operation in einzelne, für sich lebensfähige Teile gegliedert werden. Diese operationell unabhängigen Einheiten haben eigenen *Marktzugang* und *Verantwortung für ganzheitlichen Erfolg* im Sinne der »Total System Performance«. Die Gliederung in operationelle Einheiten sollte aufgrund des Autonomie- und Subsidiaritäts-Prinzips so erfolgen, dass sich *möglichst viel Selbstorganisation* entfalten kann und dadurch *möglichst wenig metasystemische Lenkung* notwendig wird. Zur Untergliederung des Gesamtunternehmens in operationell unabhängige Einheiten, das heißt in *ergebnisverantwortliche Einheiten*, eigenen sich Kriterien, welche zur Bestimmung von Geschäftsbereichen und strategischen Geschäftsfeldern verwendet werden. So gestaltete Sub-Einheiten sind kundenorientiert und bilden die organisatorische Voraussetzung für die erfolgreiche Umsetzung der Geschäftsstrategie.

2.7 **Was?** Systematisierung von Management

Oft werden Prozesse als Managementprozesse bezeichnet, die gar keine Managementprozesse im hier vertretenen Sinne sind. In Analogie zu Management als die Gestaltung, Lenkung und Entwicklung von sozialen Systemen spreche ich bei Managementprozessen von *Prozessen*, welche sich ebenfalls auf *soziale Systeme* beziehen. Dies heißt, dass es Prozesse sein müssen, die sich auf Aspekte des Systems als *Institution* und/oder auf Aspekte der *Menschen* als prägendes Element von sozialen Systemen beziehen.

Leider wird im Sprachgebrauch der Begriff »Managementsystem« nur selten als System aus tatsächlichen Managementprozessen verstanden. Viel häufiger werden sachbezogene Themen angesprochen, wie zum Beispiel »Warenmanagementsystem« oder in der Informationstechnologie sogenannte Document Management Systems und Content Management Systems. Neben sachbezogenen Themen stehen oft auch Einzelthemen im Vordergrund, wie zum Beispiel Qualität bei Qualitätsmanagementsystemen, Kosten bei Kostenmanagementsystemen, Zeit bei Zeitmanagementsystemen oder Risiko bei Risikomanagementsystemen. Dieser *Wildwuchs an Managementsystemen mit Bezug auf Sach- respektive Einzelthemen* soll uns hier nicht weiter beschäftigen. Vielmehr geht es im Folgenden darum, Managementprozesse zu finden, welche ein System der integrierten Institutions- und Menschenführung respektive (im Sprachgebrauch des Unternehmens) ein *System der integrierten Unternehmens- und Mitarbeiterführung* bilden.

Die grundlegendsten Kategorien von Managementprozessen sind jene der originären *Managementfunktionen* (Gestalten, Lenken und Entwickeln) und jene der logischen – nicht hierarchischen – *Managementebenen* (operatives, strategisches und normatives Management). Die drei Managementfunktionen finden sich in unterschiedlicher Intensität bei den Managementebenen wieder. In Abbildung 10 werden geringe und hohe Intensitäten mit entsprechender Kreisgröße angedeutet. Am stärksten korrespondiert somit *operatives Management mit Lenkung*, *strategisches Management mit Gestaltung* und *normatives Management mit Entwicklung*. Darüber hinaus wird mit dem Pfeil in der Abbildung die zunehmende *Vorsteuerung und Fristigkeit* angedeutet. Entsprechend finden Lenkungsaktivitäten des operativen Managements kurzfristig statt und haben kurzfristige Auswirkungen, während Entwicklungen durch normatives Management viel Zeit in Anspruch nehmen und längerfristig wirken. Der Pfeil steht neben der zunehmenden Fristigkeit auch noch für den zunehmenden *Abstraktionsgrad* von entsprechenden Zielen, Aufgaben und Beurteilungsgrößen. In umgekehrter Pfeilrichtung können wir somit von einem zunehmenden *Konkretisierungsgrad* sprechen.

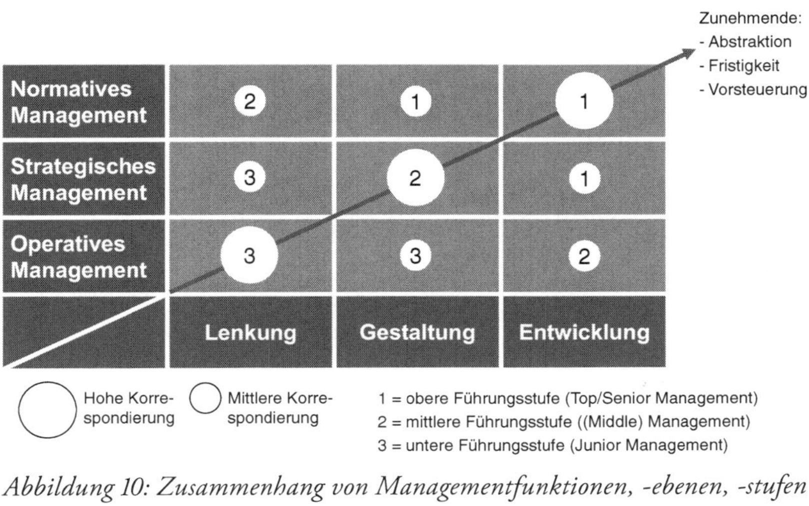

Abbildung 10: Zusammenhang von Managementfunktionen, -ebenen, -stufen

Bezieht sich *»Management«* bei operativem, strategischem und normativem *Management* auf das System als Ganzes, dann kommen entsprechend bei jeder Managementebene (operativ, strategisch, normativ) alle drei Managementfunktionen (Lenken, Gestalten, Entwickeln) zum Tragen. Bezieht man operatives Management insbesondere auf das Management von Prozessen, dann kommt der *Lenkung* eine besonders hohe Bedeutung zu. Demgegenüber kann strategisches Management stark mit *Gestaltung* im Sinne von Generierung neuer und Optimierung bisheriger Erfolgspotenziale in Verbindung gebracht werden. Bezieht sich normatives Management auf qualitatives Wachstum im Sinne einer Veränderung von materiellen und immateriellen Systemstrukturen, dann korrespondiert es stark mit *Entwicklung*.

Die hierarchischen Führungsstufen (obere, mittlere, untere Führungskräfte) sind nicht deckungsgleich mit den logischen Managementebenen (operatives, strategisches, normatives Management). In Abbildung 10 wird dies schematisch mit einer Nummerierung der »Intensitätskreise« angedeutet, wobei »1« für erste Führungsstufe respektive obere Führungskräfte, »2« für mittlere und »3« für untere Führungskräfte steht. Entsprechend befassen sich obere Führungskräfte insbesondere mit langfristigen abstrakten Aspekten, während sich untere Führungskräfte überwiegend mit kurzfristigen und konkreten Angelegenheiten beschäftigen. Wichtig ist der Hinweis, dass dies jeweils nur für die betrachtete Rekursionsebene (»System in focus«) gilt. Das heißt dass auf jeder Rekursionsebene im Normalfall untere, mittlere und obere Führungsstufen und -kräfte notwendig sind. Aufgrund der systemischen Multifunktionalität kann es jedoch sein, dass eine Führungskraft, welche auf einer Rekursionsebene Junior-Management-Aufgaben erfüllt, auf darunterliegenden Rekursionsebenen Senior-Management-Aufgaben verantwortet.

Management ist ein zu vielschichtiges Phänomen, als dass man zum Beispiel operatives Management als Synonym für Lenken und strategisches Management als Synonym für Gestalten verwenden könnte. Mit der in Abbildung 10 dargestellten Systematisierung ist es aber gelungen, die Kategorien *Managementfunktionen, -ebenen, -stufen* und die Fristigkeit von Denken und Veränderbarkeit in eine *gleichgerichtete Logik* zu bringen, in der hinsichtlich einer betrachteten Rekursionsebene für den Normalfall Aussagen nach der Logik »je mehr/höher …, desto mehr/höher« möglich sind. Also zum Beispiel je mehr eine Aufgabe dem strategischen Management zuzuordnen ist, desto mehr hat sie gestaltenden Charakter.

Managementprozesse sind untereinander vernetzt und bilden ein *Managementsystem*. Ein Managementsystem bezieht sich auf die gesamthafte

Gestaltung, Lenkung und Entwicklung eines Leistungssystems. Somit bietet sich bei der Suche nach Managementprozessen der Weg über *einzelne Prozesse* und Prinzipien[184] oder aber der Weg über ganzheitliche *Ansätze von Managementsystemen* an. Letzterer scheint wesentlich fruchtbarer, weil damit eine Vielzahl von inhaltlich-konkreten Managementprozessen in einem systemischen Gesamtzusammenhang genutzt werden kann. Managementsysteme bestehen aus *Komponenten*, welche nicht zwingend immer explizit *Managementprozesse* genannt werden müssen, aber als solche verstanden werden können.

Für die Wahl der Managementsystem-Ansätze ist darauf zu achten, dass sich diese nicht auf eine Sache (zum Beispiel Warenmanagementsystem) oder ein Spezialthema (zum Beispiel Qualitätsmanagementsystem) beziehen, sondern Komponenten für ein *integriertes Management* enthalten. Ergebnisverantwortliche Einheiten können ihre Total System Performance nur erfolgreich maximieren, wenn ihr Management über ausreichende Varietät verfügt. Management ist ein *vieldimensionales Phänomen*, welches im Zusammenhang mit der normativen, strategischen und operativen Dimension insbesondere auch außen- und innenorientierte, lang- und kurzfristige sowie unternehmens- und mitarbeiterbezogene Dimensionen zu berücksichtigen hat. Um herauszufinden, *was* für Managementprozesse für ein derartig integriertes Management notwendig und hinreichend sind, betrachtete ich die »Balanced Scorecard«, das »European Foundation for Quality Management Excellence Model« und das »Integrated Management Model« im Rahmen meiner Dissertation näher.[185] Um die *praktische Anschlussfähigkeit* zum anwendungsorientierten Konzept der Management-Prozess-Architektur herzustellen, wurden bewusst nur Ansätze gewählt, die nicht nur in der Wissenschaft thematisiert, sondern auch mehrfach mit Erfolg in der Praxis angewandt wurden.

Das Integrated Management Model umfasst alle notwendigen und hinreichenden Elemente für eine kundenorientierte integrierte Unternehmens- und Mitarbeiterführung.[186] Das European Foundation for Quality Management Excellence Model definiert Excellence als herausragende Art der Führung einer Organisation und des Erzielens von Resultaten für ihre Anspruchsgruppen.[187] Die Balanced Scorecard umfasst eine Finanz-, eine Kunden-, eine Geschäftsprozess- sowie eine Lern- und Entwicklungsperspektive und leistet über die Definition von Zielen, Kennzahlen, Vorgaben und Maßnahmen zu den vier Perspektiven einen Beitrag zur Umsetzung von Strategien.[188]

Die drei Ansätze Balanced Scorecard, European Foundation for Quality Management Excellence Model und Integrated Management Model beur-

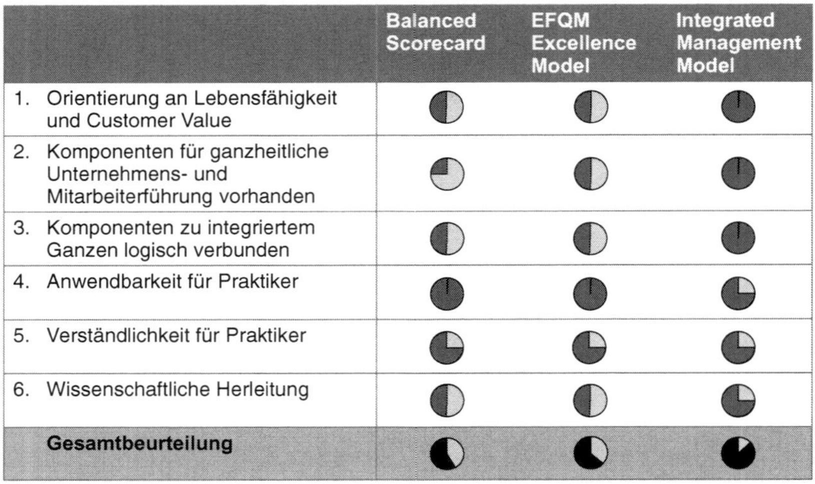

Abbildung 11: Zusammenfassende Beurteilung von Managementprozess-Ansätzen

teilte ich in meiner Dissertation hinsichtlich ihrer Eignung zur Beschreibung einer Management-Prozess-Architektur.[189] Diese Beurteilung erfolgte anhand von Kriterien, die für eine richtige und gute Management-Prozess-Architektur relevant sind. [190] Die kriterienbasierte Beurteilung ist in Abbildung 11 zusammenfassend dargestellt.

Die drei Ansätze sind alle pragmatischer Natur, wobei das Integrated Management Model wissenschaftlich gesehen fundierter erscheint als die beiden anderen Ansätze. Die Verständlichkeit ist bei den drei Ansätzen in ähnlicher Weise gegeben. Die Anwendbarkeit für den Praktiker ist bei der Balanced Scorecard und dem European Foundation for Quality Management Excellence Model insofern noch etwas höher einzustufen, als diese Modelle von ihrer Logik her einfacher sind. Dies geht jedoch einher mit einem geringeren Komplexitätsbewältigungs-Potenzial dieser beiden Ansätze. Bezüglich der inhaltlichen Kriterien 1–3 kommt die Überlegenheit des Integrated Management Model klar zum Ausdruck. Im Vergleich mit den anderen Ansätzen fokussiert es primär auf den Customer Value (und nicht wie die Balanced Scorecard primär auf Shareholder Value und das European Foundation for Quality Management Excellence Model auf Stakeholder Value) und enthält alle notwendigen und hinreichenden Komponenten für eine ganzheitliche Unternehmens- und Mitarbeiterführung. Trotz der hohen »Erklärungs- und Problemlösungspotenz« des Integrated

Management Model ist auch dessen Verständlichkeit und Anwendbarkeit für den Praktiker gegeben, was der logisch-verbundenen Darstellung der einzelnen Komponenten zu verdanken ist.

Im Vordergrund dieses Buches steht die Suche nach geeigneten Managementprozessen für die Management-Prozess-Architektur. Diesbezüglich ist das Integrated Management Model der ergiebigste Ansatz. Es lassen sich bei den anderen beiden Ansätzen keine Komponenten respektive Managementprozesse ausmachen, welche im Integrated Management Model nicht berücksichtigt wären. Daher wird der Management-Prozess-Architektur das Integrated Management Model zugrunde gelegt. Dabei wird nicht verkannt, dass die Balanced Scorecard und das European Foundation for Quality Management Excellence Model insbesondere zwei wichtige Überlegungen beinhalten, welche genutzt werden können:

1. Die Verbindung der Ergebniskennzahlen und Leistungstreiber (in der Balanced Scorecard) respektive der Ergebnis- und Befähiger-Kriterien (im European Foundation for Quality Management Excellence Model).
2. Die stringente Nutzung dieser Größen als Ziel- und Beurteilungsgrößen und somit als Bestandteil von Controlling und Reporting sowie von Selbst- und Fremdevaluationen.

Der erste Punkt wird durch eine Kombination des Model of Pre-controlled Success und des Integrated Management Model im Zuge der Entwicklung der Management-Prozess-Architektur aufgegriffen. Der zweite Punkt wird im Rahmen des MPA-Konzepts respektive genauer bei dessen Konzeptmodul »MPA-Assessment« weiterverfolgt.

2.8 Managementprozesse auf einen Blick

Wie bereits erwähnt, kann aus dem *Corporate Management Model* und dem *People Management Model* von Malik mit Bezug auf Managementfragen einer ergebnisverantwortlichen Einheit das *Integrated Management Model*[191] gebildet werden. Das Integrated Management Model ist im Basissystem Umwelt-Unternehmen-Management dem *Subsystem Management* zuzuordnen und unterstützt Führungskräfte bei der Gestaltung, Lenkung und Entwicklung des Unternehmens in seiner Umwelt. Der Fokus liegt somit auf *Managementprozessen* und nicht auf Leistungsprozessen des Unternehmens (Geschäfts- und Unterstützungsprozesse) oder auf der Umwelt. Umwelt und Unternehmen sind insofern aber wichtig für das Integrated Management Model, als im Rahmen von Managementprozessen Problemstellungen unter *Nutzung von Informationen aus der Umwelt und dem Unternehmen* gelöst werden.[192] Der in der Umwelt realisierte Systemzweck (Schaffen von Kundennutzen) ist dabei in Systemergebnisse (bezüglich der sechs Central Performance Controls) zu transformieren, welche ihrerseits im Sinne von Kontrollinformationen wiederum in die weitere Informationsverarbeitung des Managementsystems einfließen.

Das Integrated Management Model unterstützt diese aufgezeigte *Transformation* des Zwecks eines Unternehmens in die konkreten Führungs- und Leistungsergebnisse der Mitarbeiter.[193] Die dazu *notwendigen und hinreichenden Managementprozesse* werden im Integrated Management Model in ihrem *Wirkungszusammenhang* dargestellt. Für die Einordnung der Managementprozesse werden zwei Dimensionen der Integration unterschieden:[194]

1. Unterscheidung in unternehmensbezogen und mitarbeiterbezogen
2. Unterscheidung in langfristig (> 1 Jahr) und kurzfristig (< 1 Jahr)

Die erste Unterscheidung bezieht sich auf das System und seine Akteure. Die generellste Bezeichnung dafür wäre *»system- und menschenbezogen«*. Im Kontext des Unternehmens kann von *»unternehmens- und mitarbeiterbezogen«* gesprochen werden, wobei unter Mitarbeiter sowohl »normale« Mitarbeiter als auch Führungskräfte verstanden werden.[195] Je nachdem, was das Ganze ist, kann statt von unternehmensbezogen auch von institutionsbezogen, geschäftseinheitsbezogen et cetera gesprochen werden.

Die zweite Unterscheidung bezieht sich auf den *Zeithorizont*. Die Unterscheidung in die Fristigkeit ermöglicht es, normative, strategische und operative Managementprozesse als Bestandteile des Integrated Management Model darzustellen.

Die zwei vorgestellten Integrationsdimensionen bilden ein Fadenkreuz und somit vier Quadranten. Aufbauend auf diesem Ordnungsrahmen leitete Malik alle notwendigen und hinreichenden Elemente für die Führung einer ergebnisverantwortlichen Einheit her und publizierte das so entstandene Modell erstmals 1981.[196] Alle Elemente wurden seither auf Basis langjähriger Anwendungserfahrung mit bewährten Inhalten und Instrumenten hinterlegt.[197] Nachfolgend wird ein Überblick über die Kernpunkte der vier Quadranten des Integrated Management Model gegeben. Abbildung 12 dient dabei als Orientierung.

»Unternehmenszweck und -politik« bilden das langfristigste unternehmensbezogene Element des Integrated Management Model. Davon abgelei-

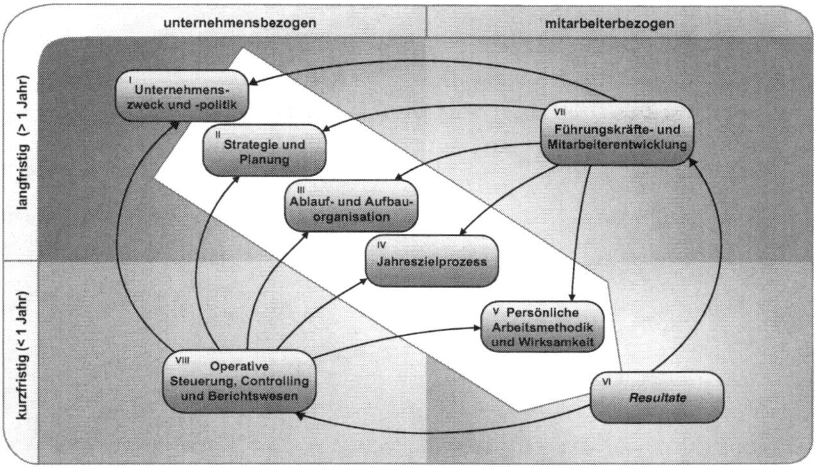

Abbildung 12: Übersichtsversion des Integrated Management Model nach Malik[198]

tet ist die »Strategie und Planung« zu gestalten und deren Umsetzung durch eine strategiegerechte »Ablauf- und Aufbauorganisation« zu unterstützen. Die Individualisierung von Strategie und Organisation erfolgt über entsprechende Assignments und Zielvorgaben im Rahmen des Jahreszielprozesses.

Der *»Jahreszielprozess«* ist zentraler Transformationsmechanismus von den langfristig-unternehmensbezogenen Aspekten hin zu den kurzfristig-mitarbeiterbezogenen Aspekten. Die Jahresziele werden durch den einzelnen Mitarbeiter auf Monats-, Wochen- und Tagesziele heruntergebrochen und durch die *»Persönliche Arbeitsmethodik und Wirksamkeit«* in *»Resultate«* umgesetzt. Die persönliche Arbeitsmethodik und Wirksamkeit umfasst auch eine Selbstkontrolle der Ergebnisse, um zeitnah entsprechende Korrekturmaßnahmen einzuleiten und umzusetzen.

Periodische Bewertungen der *»Resultate«* durch den Vorgesetzten und die Ableitung von Entwicklungsmaßnahmen in Übereinstimmung mit dem von der Strategie abgeleiteten quantitativen und qualitativen Führungskräftebedarf bilden einen wesentlichen Bestandteil der *»Führungskräfte- und Mitarbeiterentwicklung«*.[199] Zu diesem langfristig-mitarbeiterbezogenen Aspekt gehören auch die Personalhonorierung und der Personaleinsatz (Stellengestaltung und -besetzung).

Die *»Resultate«* sind als individueller Beitrag an das Ganze zu verstehen. Um die gesamte Wirksamkeit des individuellen Handelns mit Bezug auf die unternehmensbezogenen Absichten (Zweck und Strategie) beurteilen und für weiteres Handeln nutzen zu können, sind *»Operative Steuerung, Controlling und Berichtswesen«* notwendig. Die Controlling-Informationen fließen einerseits zu den langfristig-unternehmensbezogenen Managementprozessen zurück und sind anderseits wesentlicher Input für die operative mitarbeiterbezogene Steuerung.

2.9 Zusammenspiel erzeugt Kultur

Das Integrated Management Model ist kybernetisch begründet und orientiert sich an der *Maximierung der Lebensfähigkeit* eines Unternehmens. Unternehmenspolitisch wird daher das *Interesse des Unternehmens* vor das Interesse verschiedenster Anspruchsgruppen oder das isolierte Interesse der Shareholder gestellt. Das *Erzielen von Kundennutzen* ist in der Zwecksetzung verankert und wird bei den Ergebnissen über die Beurteilungsgröße »Markstellung« (als wichtigste der sechs Central Performance Controls) beurteilt. Jedes Element des Integrated Management Model, das heißt jeder Managementprozess, richtet sich nach dieser obersten Maxime des Kundennutzens.

Der logische Grundrahmen mit den zwei Dimensionen ermöglicht, *alle relevanten normativen, strategischen und operativen Managementprozesse* von sozialen Systemen in einem einzigen Bezugsrahmen abzubilden und eine *integrierte Unternehmens- und Mitarbeiterführung* sicherzustellen. Diese Integration ist kybernetisch herausgearbeitet, wobei das Zusammenspiel der Managementprozesse über entsprechende Verbindungspfeile dargestellt wird. Das *organisierte Zusammenspiel der Managementprozesse* ist wesentlich wichtiger als deren dokumentierte Detailtiefe.[200, 201] Das Zusammenspiel der Managementprozesse bringt neue Eigenschaften des Systems hervor, welche in den einzelnen Managementprozessen nicht vorhanden sind. Diese Eigenschaften werden als *system-emergente Eigenschaften* bezeichnet. Klassisches Beispiel dafür ist die Kultur eines Unternehmens. Die Kultur ist kein eigener Managementprozess, sondern das Resultat des Zusammenspiels der aufgezeigten Managementprozesse. Gleich verhält es sich mit »Change Management«. Dies ist ebenfalls nicht ein separater Managementprozess; jedoch führt das Zusammenspiel der dargelegten Managementprozesse zu Veränderungen bei Personen und Institutionen.

Da sich das Integrated Management Model konsequent als Management-Modell (und nicht etwa als Unternehmensmodell) versteht, können die relevanten Managementprozesse in hoher Detaillierung definiert werden und haben *Gültigkeit für alle* Arten von Institutionen, Organisationen und Unternehmen. Diese *hohe Konkretisierung mit normativem Anspruch* ist deshalb möglich, weil die – sehr wohl unternehmensspezifischen – Sachaufgaben (wie Einkauf, Produktion, Vertrieb) bewusst keine Berücksichtigung finden im Modell. Stattdessen wird das Integrated Management Model dem Umstand gerecht, dass *Komplexitätsbewältigung* durch Managementprozesse erfolgt (verstanden als *Problemlösungsprozesse*) und dass die *Qualität der Managementprozesse* und der damit verbundenen Komplexitätsbewältigung maßgeblich von den *problemlösenden Menschen* abhängt. Der Förderung des Wissens- und Informationsstands der Führungskräfte und Mitarbeiter kommt daher im Integrated Management Model eine hohe Bedeutung zu. Dabei wird nicht isoliert auf die Institution *oder* auf das Individuum fokussiert, sondern es werden Individuen *in* Institutionen als Bezugspunkt genommen.

2.10 **Wie?** Managementprozesse sind Problemlösungsprozesse

Die systemorientierte Managementlehre begreift Unternehmen als komplexe, zweckorientierte, produktive, *soziale Systeme.* In Anlehnung daran können Managementprozesse als *soziale Prozesse* respektive *Problemlösungsprozesse* bezeichnet werden. Auch das Unternehmen als Ganzes kann durchaus als Prozess interpretiert werden.[202] Schwaninger umschreibt den *Zusammenhang von Systemen und Prozessen* wie folgt: »Der Begriff ›Prozess‹ ist ein Ausdruck für ein System, das sich in der Zeit verändert.«[203] Systeme sind Strukturen aus Elementen und deren Beziehungen, während Prozesse solche Systeme bilden respektive umbilden. Systeme sind somit das Resultat von Prozessen.[204]

Management als eine Vielzahl von Prozessen zu betrachten ist keinesfalls neu. Allerdings bewegten sich bisherige Ansätze auf einem hohen Abstraktionsniveau und sind nur schwer in Verbindung zu bringen mit klassischen Prozessdefinitionen, wie zum Beispiel der von Österle: »Ein Prozess ist eine Menge von Aufgaben, die in einer vorgegebenen Ablauffolge zu erledigen sind.«[205] Dies hat zu einem großen Teil mit dem Wesen von Management als *vieldimensionales soziales Phänomen* zu tun. Der primär *lineare* Gedanke von

Prozessen als Abfolge von Aufgaben ist mit dem vieldimensionalen und oft *zirkulären* Aspekt, wie er im Management zumeist vorkommt, in Einklang zu bringen. Dabei wird relativ schnell klar, dass – aufgrund ihrer hohen Komplexität – Managementprozesse *nicht im gleichen Maße strukturierbar und planbar* sind wie operative Routineprozesse. Nichtsdestotrotz können auch im Rahmen von Managementprozessen wiederkehrende Muster erkannt, formalisiert und genutzt werden.

Das Unternehmen als Gesamt-Prozess kann aufgeteilt werden in *Managementprozesse* und in die durch diese gestalteten, gelenkten und entwickelten *Leistungsprozesse*. Die Leistungsprozesse ihrerseits lassen sich nochmals unterteilen in *Geschäftsprozesse*, welche direkte Auswirkung auf den Kundennutzen haben, und in *Unterstützungsprozesse*, welche im Rahmen des Leistungsprozesses unterstützen.[206] Die Unterscheidung in Management-, Geschäfts- und Unterstützungsprozesse lässt sich auch mit den Subsystemen des Viable System Model in Verbindung bringen. Während sich *Geschäftsprozesse* auf *1er-Systeme* beziehen, haben *Unterstützungsprozesse* eine *System 2-Funktion*. *Managementprozesse* hingegen beziehen sich auf die *Systeme 3–5*. Nachfolgende Ausführungen beziehen sich ausschließlich auf Managementprozesse, wobei sich gewisse Erkenntnisse auch auf Geschäfts- und Unterstützungsprozesse übertragen lassen.

Die zunehmende Dynamik in der Umwelt und im Unternehmen bringt es mit sich, dass dynamische Organisationskomponenten wie Projekte, Assignments und Prozesse im Gegensatz zu eher statischen Elementen wie der Aufbauorganisation an Bedeutung gewinnen. Die Literatur wird diesem Umstand nur teilweise gerecht. Zwar gibt es unzählige Publikationen zur Optimierung von Geschäftsprozessen, nicht jedoch zur Charakteristik und zum systematischen Verbessern von Managementprozessen. Grundsätzlich lässt sich festhalten, dass das Verständnis von Management als Prozesse hilft, *Management organisatorisch zu verankern, Vorsteuerung zu ermöglichen und die Managementqualität zu beurteilen.* Deshalb ist die nachfolgende Prozessperspektive wichtig für die Komplettierung der Theoriebausteine zur Management-Prozess-Architektur.

Input, Throughput und Output von Managementprozessen

»Während Leistungen die Ein- und Ausgangsgrößen des Leistungssystems bilden, ist Information Input wie Output des Managementsystems. So wie sich das Leistungssystem aus Prozessen der Leistungserbringung zusammensetzt, wird das Manage-

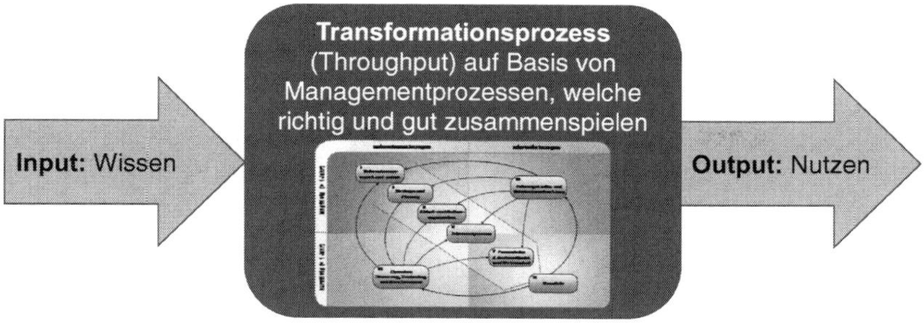

Abbildung 13: Input – Throughput – Output

mentsystem aus Prozessen der Informationsverarbeitung gebildet. Sie transformieren Information aus dem Umwelt- respektive dem Leistungssystem zu Entscheidungen.«[207]

Ein Managementsystem bewirkt über die erwähnte Informationsverarbeitung, dass Ressourcen in Resultate transformiert werden (bzw. Wissen in Nutzen). Dieser Transformationsprozess lässt sich mittels der Erkenntnisse aus dem Integrated Management Model in mehrere Managementprozesse detaillieren. Er bleibt somit, wie in Abbildung 13 dargestellt, nicht länger eine »Black Box«.

Managementprozesse haben im Gegensatz zu Geschäfts- und Unterstützungsprozessen ein sehr limitiertes Potenzial zur *Standardisierung* und somit zur *Wiederholbarkeit* mit gleichartigen Input/Output-Relationen. Managementprozesse sind bezüglich der Organisierbarkeit von Prozessen gemäß Schulte-Zurhausen wie folgt zu sehen:

»Die Einschränkung der Wiederholbarkeit hat zur Folge, dass *Managementprozesse* [von der Organisierbarkeit von Prozessen] ausgeschlossen werden können. Sie finden zudem hauptsächlich in den Köpfen der Manager statt und entziehen sich somit der organisatorischen Gestaltung. Managementprozesse sind in erster Linie Problemlösungs- und Entscheidungsprozesse; der Ablauf derartiger Entscheidungsprozesse wird in der Literatur meist idealtypisch in *Phasen* dargestellt. Eine allgemeine Effizienzsteigerung der Managementprozesse kann vor allem dadurch erreicht werden, dass die Kommunikationsfähigkeiten und das Führungsverhalten der Manager durch Schulung verbessert werden.«[208]

Beizustimmen ist der Feststellung, dass *Managementprozesse primär Problemlösungsprozesse* sind und dass eine *Effizienzsteigerung insbesondere durch Schulung* erzielt werden kann.[209] Dass sich Managementprozesse jedoch der Organisierbarkeit entziehen, halte ich für eine fragwürdige These. Im

Gegenteil, mit einer Management-Prozess-Architektur lassen sich Managementprozesse *in wesentlichen Dimensionen organisieren,* und zwar bewusst ohne den Anspruch, dass damit die Prozesse perfekt wiederholbar würden (mit dem gleichen Output bei gleichem Input). Mit den sehr eingeschränkten Möglichkeiten der Wiederholbarkeit und Standardisierung von Managementprozessen einher geht die fehlende Möglichkeit, Managementprozesse technokratisch zu *automatisieren*. Bei Managementprozessen können technische Instrumente die Denk- und Handlungsarbeit von Managern bestenfalls unterstützen, niemals jedoch ersetzen.

Eine weitere Besonderheit von Managementprozessen ist die weitaus geringere Möglichkeit und Notwendigkeit der *Formalisierung und Dokumentierung*. Dies hängt mit den zuvor genannten Besonderheiten hinsichtlich Standardisierung, Wiederholbarkeit und Automatisierung zusammen. Der Grad der Formalisierung und Dokumentierung ist stark abhängig vom jeweiligen Managementprozess sowie vom jeweiligen Unternehmen.

Managementprozesse haben andere Anforderungen an *notwendige Informationen und Beteiligung von Personen*, als dies für Geschäfts- und Unterstützungsprozesse der Fall ist. Einfache Probleme lassen sich mit wenigen Informationen und mit »durchschnittlichen« Personen lösen, komplexe Probleme jedoch nicht.[210] Managementprobleme sind meistens äußerst komplexe Probleme.

Eine Management-Prozess-Architektur kann als ein *Geflecht von sozialen Problemlösungsprozessen* betrachtet werden. Nachfolgend sollen Ansätze vorgestellt werden, welche diesen Besonderheiten von Managementprozessen gerecht werden und das Potenzial haben, Bestandteil der Management-Prozess-Architektur zu werden.

Sach-Logik, Chrono-Logik, Psycho-Logik

Unternehmen im Allgemeinen und Managementprozesse im Speziellen können verstanden werden als eine *Aneinanderreihung von Problemlösungsprozessen*. Der Mensch selbst kann dabei als *Problemlöser* bezeichnet werden, indem er mit Bezug auf eine bestimmte *Problemsituation* laufend zwischen verschiedenen Varianten entscheiden muss.

Das wiederholte Auftreten von zu lösenden Problemen sowie die Schwierigkeit des Umsetzens systemischen Denkens in Handeln haben zum Erfordernis einer *ganzheitlichen Problemlösungsmethodik* geführt.[211]

Eine derartige Methodik mit sechs zirkulär ablaufenden Schritten wurde von Ulrich/Probst beschrieben:[212]

1. Zielsetzung und Problemsituation
2. Analyse Wirkungsverläufe
3. Veränderungsmöglichkeiten der Situation
4. Abklären der Lenkungsmöglichkeiten
5. Strategien und Maßnahmen
6. Verwirklichung der Problemlösung

Für den fünften Schritt (Strategien und Maßnahmen) gibt es nach Ulrich/Probst die nachfolgenden sieben Systemregeln zu beachten:

»1. Passe deine Lenkungseingriffe der Komplexität der Problemsituation an.
2. Berücksichtige die unterschiedlichen Rollen der Elemente im System.
3. Vermeide unkontrollierbare Entwicklungen mithilfe stabilisierender Rückkoppelungen.
4. Nutze die Eigendynamik des Systems zur Erzielung von Synergieeffekten.
5. Finde ein harmonisches Gleichgewicht zwischen Bewahrung und Wandel.
6. Fördere die Autonomie kleiner Einheiten.
7. Erhöhe mit jeder Problemlösung die Lern- und Entwicklungsfähigkeiten des Systems.«[213]

Wie erwähnt sind Managementprozesse im Vergleich zu Geschäfts- und Unterstützungsprozessen weniger formalisiert. Dennoch gibt es neben den bereits vorgestellten Problemlösungsphasen noch weitere Beschreibungsdimensionen von Managementprozessen. Soziale Systeme, deren Wandel und – damit einhergehend – auch Prozesse können nach Malik in verschiedenen Logik-Dimensionen beschrieben werden. Es sind dies die *Sach-Logik*, die *Chrono-Logik* und die *Psycho-Logik*.[214] Diese Unterscheidung ist deshalb wichtig, weil in Betriebswirtschaftslehre und Praxis häufig reduktionistisch die Sach-Logik dominiert, soziale Systeme und damit verbundene Prozesse aber nur unter Berücksichtigung aller drei Logik-Dimensionen ausreichend verstanden werden können. Die Sach-Logik berücksichtigt sachlich-inhaltliche Grundsätze, während die Chrono-Logik zeitliche Gesetzmäßigkeiten einbezieht und die Psycho-Logik auf die Psychologie der Beteiligten achtet.[215] Etwas, das sachlogisch richtig ist, kann in der Umsetzung erfolglos bleiben, weil entweder das Timing (Chrono-Logik) oder aber das Involvieren von Personen (Psycho-Logik) unzureichend war.

Im Rahmen der Sach-Logik geht es darum, Managementprozesse *inhaltlich zu definieren,* inklusive einer Festlegung der Teilprozesse und der entsprechenden Prozesskunden. Darüber hinaus sind *sachlogische Verbin-*

dungen zu anderen Prozessen herauszuarbeiten. Diese sachlogischen Interaktionspunkte verbinden den »process in focus« mit anderen Prozessen der gleichen Rekursionsebene (horizontales Alignment) und mit Prozessen der über- oder untergeordneten Rekursionsebenen (vertikales Alignment).[216] Die Sach-Logik der Managementprozesse wird maßgeblich durch das vorgestellte Integrated Management Model und dessen inhaltliche Grundsätze definiert.

Die Managementprozesse und deren Teilprozesse folgen einer gewissen Chrono-Logik. Diese kann sich kennzeichnen durch die Dauer und die *Abfolge* der Teilprozesse, die *Frequenz* der Prozessdurchführung und zudem durch die *zeitliche Abstimmung* mit anderen Prozessen (horizontales und vertikales Alignment). Frühzeitigkeit respektive Rechtzeitigkeit sowie Echtzeitlichkeit sind in diesem Zusammenhang wichtige Aspekte, gerade auch was die Informationsflüsse zwischen den Prozessen anbelangt. Eine wichtige Unterscheidung hinsichtlich der Chrono-Logik ist jene in *Echtzeit* (real time)[217] und *Periodizität*[218]. Wie meistens bei kybernetischen Betrachtungen ist hier nicht entweder Periodizität oder Echtzeit gefragt, sondern sowohl als auch. Es handelt sich um zwei sich ergänzende Aspekte. Während Echtzeit für *Agilität und Flexibilität* sorgt, stehen bei Periodizität *Rhythmus und Routinisierung* im Vordergrund.

Managementprozesse sollen dazu verhelfen, dass Menschen *in* Organisationen wirksam agieren können, und zwar im Dienste der Zweckerfüllung der Organisation. Im Rahmen der Dimension der Psycho-Logik ist daher zu überlegen, welche Personen an den einzelnen Prozessen respektive Teilprozessen zu beteiligen sind und welche materiellen und formellen Kompetenzen sie benötigen, um einen wirksamen Beitrag leisten zu können. Neben individualpsychologischen Prinzipien kognitiver Prozesse[219] gibt es noch einige wichtige Aspekte mit Blick auf die sozialpsychologische Seite von Managementprozessen.[220] Hier geht es nachfolgend insbesondere um eine »gemeinsame Managementsprache«[221], um das »zur Sprache kommen«[222] und um das »Verantwortung übernehmen für Gesprochenes«. Diese drei Punkte beeinflussen maßgeblich die langfristige Wirksamkeit von Gruppenprozessen.

Reflexion und Aktion

Zwischen Reflexion und Aktion besteht eine sich *gegenseitig befruchtende Beziehung*. Aktion ohne Reflexion würde in *blindem Aktionismus* enden,

Reflexion ohne Aktion jedoch in *wirkungslosen Gedankenspielen*. Reflexion und Aktion erfolgen nicht sequenziell, sondern iterativ, also wiederholend und in unzähligen Zyklen, welche sich zwischen Reflexion und Aktion bewegen.[223]

Auf Basis des bisherigen Wissens und unter Nutzung der Information der jeweils spezifischen Problemsituation werden Handlungen initiiert, welche die Problemsituation verändern, und Erkenntnisse gewonnen, welche wiederum den Wissensbestand anreichern. Dieser Prozess von Reflexion und Aktion wird mehrfach durchgeführt im Sinne eines *qualifizierten »Trial and Error«-Verfahrens,* sozusagen als einzige Möglichkeit der Problemlösung in komplexen Situationen mit nie vollständiger Information.

Systeme und Prozesse unterliegen Störungen, sogenannten Perturbations. Diese Störungen (Disturbances) können von innen oder von außen kommen und führen immer zur Herausforderung, diese zusätzliche Komplexität zu bewältigen. Control, also Komplexitätsbewältigung, kann grundsätzlich auf drei verschiedene Arten stattfinden: Durch Buffering (im Sinne von Vermeidung von Komplexität respektive Abschirmung) oder aber durch Feedforward (Vorwärtskopplung) und Feedback (Rückkoppelung).[224] Die nachfolgende Darstellung fasst diese drei Mechanismen des »Control« schematisch zusammen. D steht dabei für Disturbance, E für Essential Variable, B für Buffering und R für einen Regler, welcher aktiv für Steuerung oder Regulierung genutzt werden kann.

Das *Buffering* respektive Abblocken von Störungen wird zum Beispiel mittels einer dicken Mauer möglich, wodurch eine Veränderung der Außentemperatur (D) kaum mehr Einfluss hat auf die Innentemperatur (E). In vielen Situationen ist aber keine Mauer zur Hand, zum Beispiel wenn ein

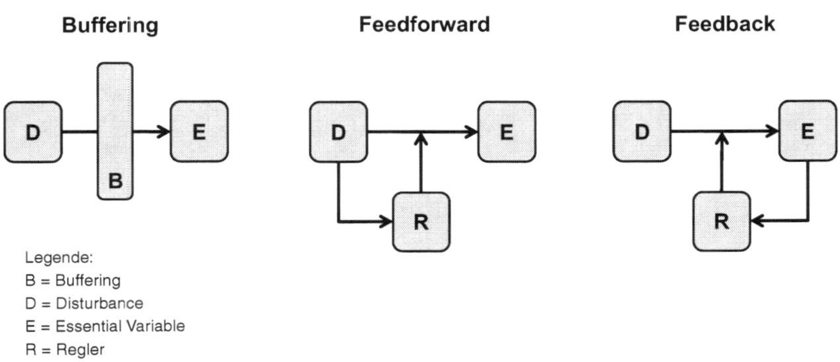

Abbildung 14: Buffering, Feedforward und Feedback[225]

neuer Wettbewerber am Markt auftritt. Es verbleiben somit in der Praxis vor allem die Lenkungsmechanismen von *Feedforward (Steuerung)* und *Feedback (Regulierung)*. Feedforward ist für sich alleine in komplexen Situationen nicht ausreichend, weil es in solchen Situationen an vollständigen Informationen über den Zusammenhang von »Disturbances« und entsprechenden Veränderungen von »Essential Variables« mangelt.

Managementprozesse sind komplexe Problemlösungsprozesse, welche in verschiedenen Phasen ablaufen, wobei die Phasen höchst iterativer, also wiederkehrender Natur sind und letztlich auch parallel ablaufen können. Dies hat zur Folge, dass die einzelnen *Phasen über Informationsflüsse im Sinne von Feedforward und Feedback verbunden* sein müssen, damit ein wirksames Zusammenspiel der Phasen ermöglicht wird. Feedforward und Feedback sind also im Rahmen von Managementprozessen bewusst zu gestaltende Informationsflüsse, welche ein *evolutives Vorgehen* ermöglichen.

Was hinsichtlich der Phasen eines Managementprozesses zutrifft, ist auch für das Zusammenspiel der Managementprozesse untereinander entscheidend. Feedforward- und Feedback-Informationen kommen somit nicht nur innerhalb eines Managementprozesses, sondern auch zwischen Managementprozessen zur Anwendung. Dies wird zum Beispiel durch die unzähligen Input- und Output-Beziehungen im Integrated Management Model ersichtlich.

Analog zu Reflexion und Aktion handelt es sich auch bei Feedforward und Feedback um *eng ineinander verzahnte, zirkuläre und rekursiv vorhandene Mechanismen*. Feedforward- und Feedback-Informationen sind *gleichzeitig Bring- und Holschulden*. Diese *institutionalisierte »Gegenseitigkeit«* führt zu einem robusten System an Managementprozessen, da jeder Informationsfluss gewissermaßen doppelt gesichert ist. Gleichzeitig wird aber auch deutlich, dass diese Informationsflüsse nur funktionieren können, wenn die entsprechenden *Informations-Sender und -Empfänger* personell bestimmt und somit organisatorisch verankert sind.

2.11 Evolutive Veränderung durch zirkuläre Prozesse

Management gestaltet, lenkt und entwickelt Systeme und bringt somit ausgehend von *bisherigen* Systemzuständen *neue* Systemzustände hervor. Diese Unterscheidung in bisherige und neue Systemzustände bildet denn auch eine wesentliche Dimension des nachfolgend dargelegten »Model of Circular Processes«. Neue Systemzustände werden durch ein Zusammenspiel von *Reflexion und Aktion* erreicht. Dieses Begriffspaar bildet die zweite Dimension des »Model of Circular Processes«. Nimmt man bisherige/neue Systemzustände als horizontale Achse und Reflexion/Aktion als vertikale Achse, so entstehen vier Bereiche respektive Hauptphasen. Klassische Phasen von Problemlösungsprozessen können diesen vier Hauptphasen zugeordnet werden. Letztere eignen sich wesentlich besser zur Untergliederung eines Managementprozesses als die Segmentierungsvarianten des herkömmlichen Prozessmanagements.[226]

Von den zuvor erwähnten sechs Problemlösungsschritten lassen sich die ersten beiden (Zielsetzung und Problemsituation; Analysieren von Wirkungsverläufen) der ersten Hauptphase zuordnen, bei der es um eine reflektive *Analyse* des bisherigen Zustands geht. Problemlösungsschritte drei und vier (Veränderungsmöglichkeiten der Situation; Abklären der Lenkungsmöglichkeiten) lassen sich der zweiten Hauptphase zuordnen, welche reflektive *Optionen* für neue Zustände zum Inhalt hat. In der dritten Hauptphase geht es um die aktionsbezogene *Gestaltung* des neuen Zustands. Dies entspricht dem fünften und sechsten Problemlösungsschritt nach Ulrich (Strategien und Maßnahmen; Verwirklichung der Problemlösung). Im Schritt der Verwirklichung der Problemlösung sind auch die Eckpfeiler für die vierte Hauptphase festzulegen. Diese vierte Hauptphase bezieht sich auf das aktionsorientierte Controlling der *Wirkung* des »neuen Zustands«, der übergegangen ist in einen neuen »bisherigen Zustand«. Die vierte Hauptphase, die *Wirkung*, entspricht einer Institutionalisierung des zirkulären Prozessverständnisses, indem neue Zustände zu bisherigen werden und diese bei nicht mehr zufriedenstellender Wirkung wieder in neue Zustände transformiert werden.[227] Abbildung 15 fasst die bisherigen Überlegungen zusammen.

Die horizontale und vertikale Dimension sind als Kontinuen zu verstehen, und die vier Hauptphasen sind nicht scharf abgetrennte Bereiche, sondern lediglich gedankliche Unterscheidungshilfen. Der Übergang von einer Hauptphase in die nächste ist dabei ein höchst fließender. Er kann durch jeweilige *Übergangserscheinungen* charakterisiert werden. Diese vier Übergangserscheinungen sind in Abbildung 15 ebenfalls aufgeführt. Auftretende *Problemsymptome* bilden den Übergang von der Hauptphase Wirkung zur Hauptphase Analyse.[228] Im Rahmen der Analyse-Phase sich herauskristallisierende *Erneuerungsfelder* bilden den Übergang zur Optionen-Phase. In dieser gilt es, zu den Erneuerungsfeldern entsprechende Handlungsoptionen zu erarbeiten. Die *Lösungspräferenz* im Sinne einer qualifizierten

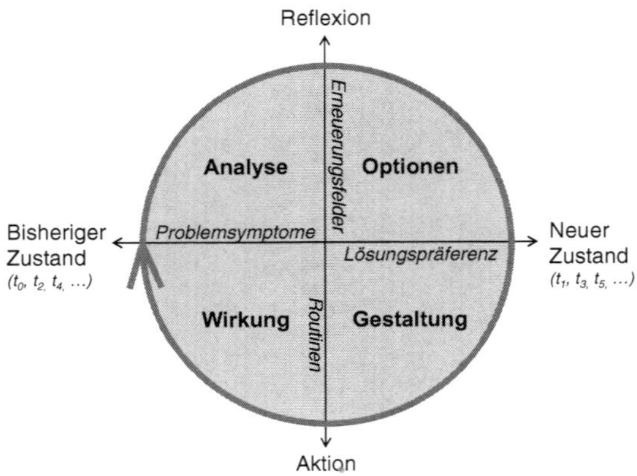

Abbildung 15: Grundlogik des Model of Circular Processes

Präferenz für eine oder mehrere Optionen und deren Freigabe für die Detaillierung und Umsetzung bildet den Übergang zur Phase der Gestaltung. Im Rahmen der Gestaltung wird aktionsorientiert ein neuer Zustand herbeigeführt. Dieser neue Zustand ist so lange neu, als er noch nicht in die alltäglichen Reflexions- und Aktionsroutinen integriert ist. *Routinen* sind somit das Übergangsphänomen von der Gestaltungs- zur Wirkungsphase beziehungsweise vom »neuen Zustand« zum erneuten »bisherigen Zustand«. In diesem erneuten bisherigen Zustand können auftretende Problemsymptome von neuem eine Phase der Analyse initiieren.[229]

Zum systemischen Verständnis des »Model of Circular Processes« sind neben den erwähnten Übergangserscheinungen das Parallelitäts- und das Rekursivitätsprinzip wichtig. Mit dem *Parallelitätsprinzip* beschreibe ich den Umstand, dass die vier Hauptphasen nicht sequenziell hintereinander, sondern oft – in unterschiedlicher Intensität – parallel ablaufen. Im Rahmen eines Strategieentwicklungsprozesses können beispielsweise bereits in der Analysephase Sofortmaßnahmen verabschiedet und wirksam gemacht werden, bevor das gesamte Strategieprojekt die Optionen- und Gestaltungsphase erreicht hat.

Die parallel ablaufenden Hauptphasen können ihrerseits wiederum als zirkuläre Prozesse verstanden werden, die das gleiche Grundmuster aufweisen wie der umfassendere Gesamtprozess. So besteht die Phase der Analyse wiederum aus einer Phase der Analyse (A), der Optionen (O), der Gestaltung (G) und der Wirkung (W). Dieses Phänomen entspricht dem *Rekursivitätsprinzip*, wie ich es im Rahmen des Viable System Model bereits dargelegt habe. Beispielsweise macht es durchaus Sinn, sich im Zusammenhang mit der Hauptphase »Optionen« über die Optionen zu unterhalten, wie diese Hauptphase denn durchgeführt werden kann und soll. Das Rekursivitätsprinzip macht in diesem Beispiel auch deutlich, dass durch die beschriebene enge Verzahnung von Reflexion und Aktion die Hauptphase »Optionen« nicht nur reflexionsorientiert ist. Die Hauptphase »Optionen« ist reflexionsorientierter als die Hauptphasen »Gestaltung« und »Wirkung«, kann jedoch durchaus auch aktionsorientierte Komponenten beinhalten. Eine solche ist zum Beispiel die konkrete Formulierung und Bewertung von Optionen.

Das Parallelitätsprinzip und das Rekursivitätsprinzip sind in Abbildung 16 grafisch dargestellt.

Damit das Parallelitäts- und das Rekursivitätsprinzip wirksam funktionieren, ist das mit ihnen zusammenhängende *Informationsprinzip* des Feedforward und Feedback notwendig. In Abbildung 17 wird in der linken Darstellung zuerst nur die Feedforward- und Feedback-Verzahnung zwischen den Hauptphasen Analyse und Optionen veranschaulicht. In der rechten Darstellung werden diese Informationsprozesse dann für alle Hauptphasen aufgezeigt. Diese Informationsflüsse müssen permanent laufen, um die oft parallel ablaufenden Hauptphasen mit den notwendigen Informationen zu versorgen.

Darüber hinaus ist zu beachten, dass das Feedforward- und Feedback-Prinzip selbst auch der *rekursiven Logik* unterliegt. Entsprechend gibt zum Beispiel die Analyse-Phase auch Informationen an übergeordnete Prozesse

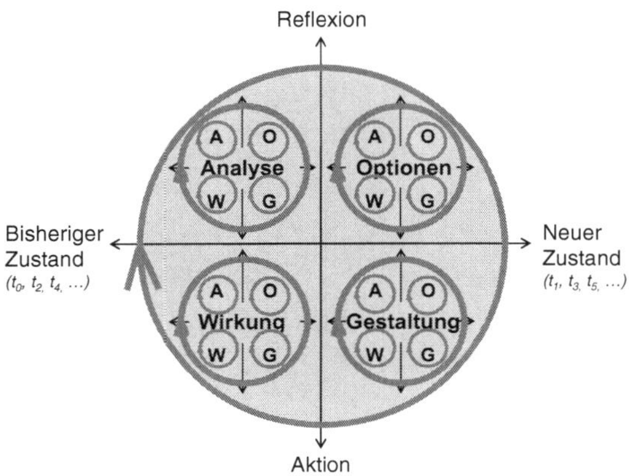

Abbildung 16: Parallelitäts- und Rekursivitätsprinzip des Model of Circular Processes

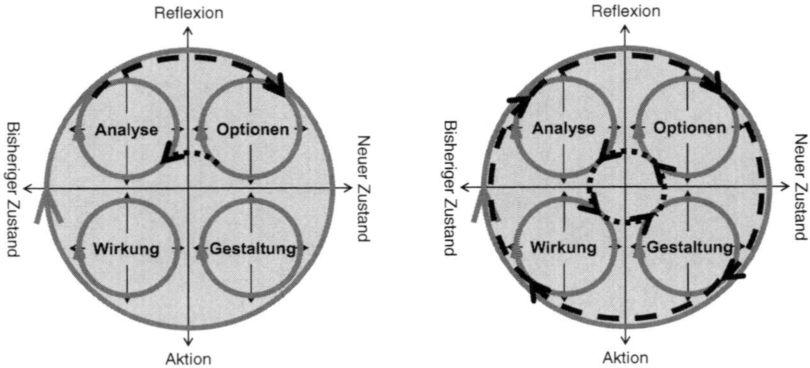

Abbildung 17: Informationsprinzip (Feedforward/-back) des Model of Circular Processes

ab und bezieht auch Informationen von diesen. In gleicher Art und Weise gibt zum Beispiel die Optionen-Phase Informationen an Detail-Phasen weiter und bekommt wiederum Informationen von diesen. Diese rekursive informationelle Verflechtung wird beispielhaft in Abbildung 18 dargestellt.

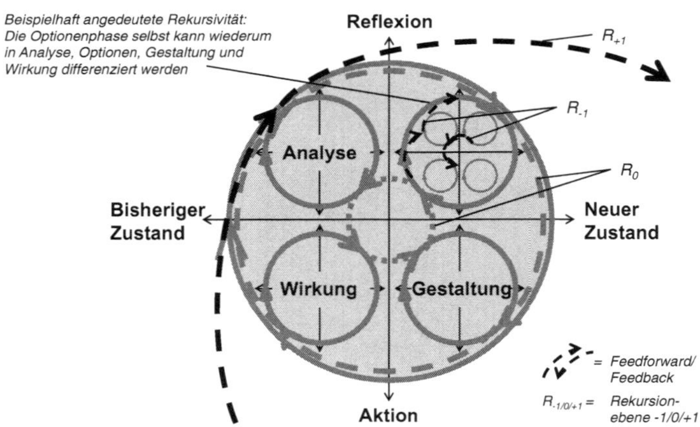

Abbildung 18: Rekursive Logik von Feedforward/-back im Model of Circular Processes – beispielhaft dargestellt an den Hauptphasen »Analyse« und »Optionen«

2.12 Orchester statt Chaos

Damit Managementprozesse in gewünschtem Rahmen ablaufen und den erwarteten Nutzen bringen, ist wie für Geschäfts- und Unterstützungsprozesse auch für sie ein entsprechendes Management notwendig. Es gibt keinen Grund, Managementprozesse nicht zu managen, es gibt viele Gründe, dies zu tun. Allen voran die damit verbundene Möglichkeit der *Vorsteuerung des Erfolgs*.

Auf der *Metaebene* betrachtet erbringen Managementprozesse eine Leistung (eine Managementleistung), die wiederum durch *Managementprozesse 2. Ordnung* gemanagt werden kann und muss.[230] Wichtig ist hier anzumerken, dass dies nicht einer organisatorisch-hierarchisch übergeordneten Organisationseinheit und speziell nur dafür verantwortlicher Personen bedarf, sondern dass diese Funktion von Personen, die bereits zu Managementprozessen 1. Ordnung und Leistungsprozessen beitragen, in Personalunion ausgeübt werden kann. Es handelt sich hier also nicht um eine physische Trennung in 1. Ordnung und 2. Ordnung, sondern lediglich um eine *gedankliche Unterscheidung*.

Im Zusammenhang mit Managementprozessen 2. Ordnung spreche ich vom *»Management der Managementprozesse«*[231]. Das Management der Managementprozesse ist deshalb erfolgskritisch, weil viele Managementprozesse parallel ablaufen und oft auch rekursiv ineinander verflochten sind. Ohne eine entsprechende *Gestaltung, Lenkung und Entwicklung der Managementprozesse* mit Blick auf einen übergeordneten Zweck würden diese im Chaos enden. Statt zum Chaos führt ein Management der Managementprozesse zu einer *Orchestrierung* der Managementprozesse und damit verbunden zu einem *horizontalen und vertikalen Alignment* derselben. Dies ganz nach dem Motto »lenke, was lenkt«.

Der Vorteil der rekursiven Logik des »Model of Circular Processes« ist, dass es nicht nur für die einzelnen Managementprozesse, sondern auch für deren Management angewandt werden kann. In Abbildung 19 wird diesem Umstand Rechnung getragen. Im Kern der Managementprozesse 1. Ordnung finden sich die Managementprozesse 2. Ordnung. Das *Management der Managementprozesse* (Managementprozesse 2. Ordnung) folgt wiederum den vier Phasen *Analyse, Optionen, Gestaltung und Wirkung*. Diese vier Phasen werden auf die drei Logik-Dimensionen von Managementprozessen – *Sach-, Chrono- und Psycho-Logik* – appliziert. Um beispielsweise entscheiden zu können, was inhaltlich relevant ist (Sach-Logik), wann welcher Schritt erfolgen soll (Chrono-Logik) und wer daran zu beteiligen ist (Psycho-Logik), sind über Analyse- und Optionen-Reflexionen die wesentlichen Parameter zu gestalten und in ihrer Wirkung zu überwachen.

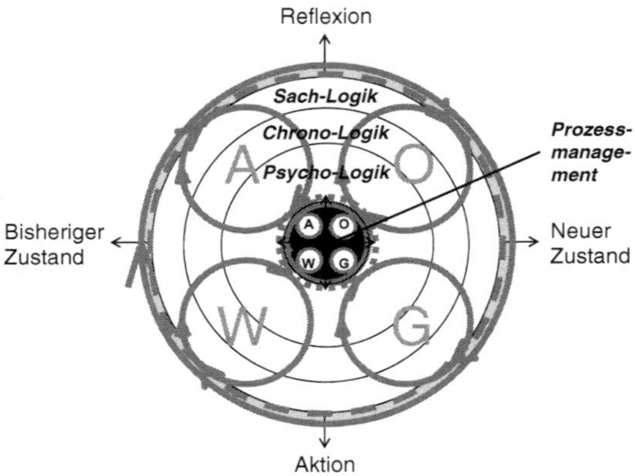

Abbildung 19: Nutzung der drei Logikdimensionen durch das aus (A)nalyse, (O)ptionen, (G)estaltung und (W)irkung bestehende Prozessmanagement

Die rekursive Prozesslogik und damit das Prozessmanagement auf Basis der Logik des zu lenkenden Prozesses entspricht dem Anspruch des Conant/ Ashby-Theorems, wonach jedes Lenkungssystem ein Modell über das zu lenkende System ist respektive enthält: »Every good regulator of a system must be a model of that system.«[232]

2.13 Zweites Zwischenfazit

Die Management-Prozess-Architektur (MPA) unterstützt Unternehmen dabei, ihren langfristigen Erfolg abzusichern, indem Managementprozesse so gestaltet, gelenkt und entwickelt werden, dass sie die Funktionsfähigkeit des Unternehmens erhöhen respektive erhalten und den Kundennutzen maximieren. Oberstes Ziel der Management-Prozess-Architektur ist somit die Maximierung der Lebensfähigkeit des Unternehmens mittels Vorsteuerung des langfristigen Erfolgs. Auf Basis bestehender theoretischer Ansätze habe ich das *Model of Pre-Controlled Success* entwickelt. Dieses umfasst zur Vorsteuerung des Erfolgs neben einem *Customer Value Controlling* (bezüglich Umwelt) ein *Business System Controlling* (bezüglich Operation) und ein *Management Process Controlling* (bezüglich Management). Letzteres ist nur nutzbringend durchführbar, wenn eine Management-Prozess-Architektur etabliert ist. Die Antwort auf das *»Wozu«* der Management-Prozess-Architektur ist somit in deren *Vorsteuerungskraft* begründet.

Die Frage, *wo* eine Management-Prozess-Architektur benötigt wird, lässt sich nur beantworten, wenn man sich im Klaren ist, wie die Grundstruktur eines Unternehmens auszusehen hat, um im Komplexitätszeitalter lebensfähig zu bleiben. Die *Grundstruktur* und die *Managementprozesse* des Unternehmens sind die zwei Hauptansatzpunkte für Komplexitätsbewältigung und bilden daher die konstitutiven Elemente der Management-Prozess-Architektur. Es wurden Ansätze untersucht, welche Komplexität meistern helfen, indem sie das Unternehmen in möglichst selbstlenkende Einheiten aufteilen. Das *Viable System Model* hat sich dabei als umfassendster Ansatz herauskristallisiert. Es unterstützt den zuvor erwähnten Gedanken des »Pre-Controlled Success«, indem es sich ebenfalls an der Lebensfähigkeit orientiert und durch die *Verbindung von Organisations- und Managementaspekten* aufzeigt, wie lebensfähige (Teil-) Einheiten gestaltet und metasystemisch gelenkt werden müssen. Das Rekursivitätsprinzip des Viable System Model hat zur Folge, dass jede ergebnisverantwortliche Einheit selbst für normative, strategische und operative Managementprozesse verantwortlich ist.

Im Komplexitätszeitalter können Unternehmen nur langfristig erfolgreich sein, wenn das Management über ausreichende Varietät verfügt. Management ist deshalb ein vieldimensionales Phänomen, welches im Zusammenhang mit der normativen, strategischen und operativen Dimension insbesondere auch außen- und innenorientierte, lang- und kurzfristige sowie unternehmens- und mitarbeiterbezogene Dimensionen zu berücksichtigen hat. Um herauszufinden, *was* für Managementprozesse für ein derartig integriertes Management notwendig und hinreichend sind, wurden verschiedene Ansätze untersucht. Das *Integrated Management Model* hat sich dabei als geeignetstes Modell herausgestellt. Im Vergleich zu den anderen Ansätzen ist es klar am Customer Value und an der Lebensfähigkeit des Unternehmens orientiert und verbindet *unternehmens- und mitarbeiterbezogene Aspekte* in überlegener Form. Das Integrated Management Model dient somit als Relevanzfilter für Führungskräfte, indem es den Fokus auf die wirklich wichtigen Managementprozesse legt, welche in allen Unternehmen respektive in deren ergebnisverantwortlichen Einheiten benötigt werden.

Zur Klärung der Frage, *wie* Managementprozesse vom Grundsatz her ablaufen, habe ich mangels bestehender Modelle das *Model of Circular Processes* erarbeitet. Es basiert auf der Grundüberlegung, dass Managementprozesse Komplexität meistern, indem Probleme gelöst werden. Die Grundlogik von Managementprozessen kann sich somit an jener von *Problemlösungsprozessen* orientieren. Die vier Hauptphasen Analyse, Optionen, Gestaltung und Wirkung habe ich in eine *rekursive Reflexions-/Aktions-Logik* gebracht, bei der Feedforward- und Feedbackmechanismen sowie die Betrachtung nach sach-, chrono- und psychologischen Aspekten eine zentrale Bedeutung haben. Die Rekursivität des Modells bildet unter anderem auch die Basis für ein *Management der Managementprozesse* im Sinne von »lenke, was lenkt«. Die Prozessbetrachtung ermöglicht zudem eine *organisatorische Verankerung* von Managementprozessen sowie aufgrund von Input-Throughput-Output-Überlegungen eine *Evaluation der Prozessqualität.*

Zusammenfassend lässt sich festhalten, dass jede der vier Kernfragen (Wozu?, Wo?, Was? Wie?) durch die Selektion respektive Erarbeitung eines geeigneten Modells beantwortet wurde:

»W-Frage«	Modellbaustein	Kurz-Antwort
Wozu?	Model of Pre-Controlled Success (MPS)	Zur Vorsteuerung resp. als Voraussetzung des langfristigen Erfolgs (→ Lebensfähigkeit)
Wo?	Viable System Model (VSM)	Rekursiv in jeder ergebnis-verantwortlichen Einheit eines Unternehmens
Was?	Integrated Management Model (IMM)	Prozesse für eine integrierte Unternehmens- und Mitarbeiterführung
Wie?	Model of Circular Processes (MCP)	Als zirkuläre Reflexions- und Aktionsprozesse zur Erreichung von neuen Zuständen

Abbildung 20: »W-Fragen«, Modellbausteine und Kurz-Antworten zur MPA

Da alle vier Modelle auf systemtheoretischen und kybernetischen Überlegungen basieren, ist es weiter nicht erstaunlich, dass die vier Modelle untereinander uneingeschränkte *Kompatibilität* aufweisen und sich gegenseitig unterstützen, verstärken und ergänzen.

3. Eine Theorie aus 18 Thesen

Die Dissertation[233], die diesem Buch zugrunde liegt, begründet die Theorie der Management-Prozess-Architektur (MPA). In der Dissertation wurden die zuvor im Überblick dargestellten vier MPA-Theoriebausteine im Detail hergeleitet. Dies geschah im Rahmen eines Aktionsforschungsprojekts. Entsprechend konnten die Ergebnisse der real durchgeführten MPA-Transformation auf Basis der MPA-Theoriebausteine zusammengeführt und interpretiert werden. In diesem Zusammenhang wurden die nachfolgenden Thesen formuliert, indem für eine Verallgemeinerung geeignete Untersuchungsergebnisse (Induktionsschluss[234]) sowie Prinzipien, welche die Untersuchungsergebnisse erklären können (Abduktionsschluss[235]), genutzt wurden. Diese Thesen bilden in Summe die Theorie der Management-Prozess-Architektur (MPA-Theorie).[236]

3.1 Vier Thesen zum Resultat von Managementprozessen

Das Resultat der Managementprozesse ist die *Total System Performance* eines Unternehmens. Gemäß dem Model of Pre-controlled Success umfasst diese die *Customer Value Performance* (Qualität/Preis-Verhältnis), die *Business System Performance* (sechs Central Performance Controls) und die *Management Process Performance* (Ausführung und Management der Managementprozesse). Das erste Set von Thesen (Thesen A–D) bezieht sich auf den so verstandenen Erfolg von Unternehmen.

These A: *Unternehmen, die über eine längere Zeit eine überdurchschnittliche Business System Performance aufweisen, schaffen im Markt einen überdurchschnittlichen, das heißt positiven Kundennutzen.*[237]

Der Kundennutzen wird dabei als Qualität/Preis-Verhältnis des Leistungsangebots des Unternehmens relativ zum Wettbewerb aus Sicht von Kunden und Nicht-Kunden verstanden. Die Business System Performance setzt sich aus den sechs Master Controls Marktstellung, Innovationsleistung, Produktivitäten, Attraktivität für richtige und gute Leute, Liquidität/Cashflow sowie Gewinn/Profitabilität zusammen.

These B: *Unternehmen, die über eine längere Zeit eine überdurchschnittliche Management Process Performance aufweisen, schaffen es, eine überdurchschnittliche Business System Performance zu erzielen und zu halten.*

Die Management Process Performance zeichnet sich durch richtige und gute Entscheidungen zu Fragen der Unternehmens- und Mitarbeiterführung einerseits und eine erhöhte Managementprozesserfahrung anderseits aus. Letztere steigert die Problemlösungskompetenz und somit das Komplexitätsbewältigungspotenzial des Unternehmens, was sich positiv auf die Business System Performance auswirkt.

These C: *Unternehmen, die über eine längere Zeit Managementprozesse wirksam ausführen, erhöhen dadurch die Management Process Performance.*

Wirksam ausgeführte Managementprozesse bringen eine erhöhte Management Process Performance und – damit einhergehend – eine gesteigerte Managementprozesserfahrung. Diese wiederum bildet über Feedbackprozesse die Basis für zukünftig wirksam ausgeführte Managementprozesse und führt somit zu einem selbstverstärkenden Kreislauf.[238]

These D: *Die Total System Performance auf der betrachteten Rekursionsebene ist abhängig von der Summe der Total System Performances der ergebnisverantwortlichen Einheiten auf der jeweils untergeordneten Rekursionsebene und liefert selbst einen entscheidenden Beitrag an die übergeordnete Rekursionsebene.*

Die Total System Performance (bestehend aus Customer Value Performance, Business System Performance und Management Process Performance) einer ergebnisverantwortlichen Einheit der Rekursionsebene R_0 ist ein Beitrag an die Total System Performance der übergeordneten Rekursionsebene R_{+1}. Analog sind die Total System Performances von ergebnisverantwortlichen Einheiten der untergeordneten Rekursionsebene R_{-1} als Beiträge für die Rekursionsebene R_0 zu verstehen.

3.2 Vier Thesen zur Ausführung von Managementprozessen

Die Management Process Performance und somit auch die Total System Performance ist abhängig von der Ausführung der Managementprozesse. Diesem Punkt ist daher das zweite Thesen-Set (Thesen E–H) gewidmet.

These E: *Die Ausführung der Managementprozesse ist umso wirksamer, je besser die Qualität von Prozess-Input, Prozess-Throughput und Prozess-Output ist.*[239]

Bei der Qualitätsbeurteilung von Input und Output sind insbesondere deren Rechtzeitigkeit und Vollständigkeit relevant. Die Qualität des Throughputs ist abhängig von den involvierten Personen (und deren Wissen), von den verfolgten Inhalten/Grundsätzen, von vorhandenen Systematiken/Instrumenten sowie von der konsequenten Anwendung/Umsetzung (inklusive Dokumentation und Kommunikation).[240, 241] Input- und Output-Beziehungen der Managementprozesse sorgen für eine horizontale (Rekursionsebene R_0) und vertikale (Rekursionsebene $R_{+1/-1}$) Synchronisation der Management-Prozess-Architektur.

These F: *Die Ausführung der Managementprozesse ist umso wirksamer, je besser die chronologischen, sachlogischen und psychologischen Input-/Output-Abstimmungen der betrachteten mit der über- und untergeordneten Rekursionsebene erfolgen.*

Diese Abstimmung stellt sicher, dass die Managementanstrengungen auf ein Gesamtoptimum statt auf ein Einzelmaximum hin ausgerichtet sind. Es wird dabei ein orchestriertes Zusammenspiel der einzelnen Managementprozesse über die Rekursionsebenen hinweg möglich.[242]

These G: *Die Ausführung der Managementprozesse ist umso wirksamer, je besser Managementprozesse als zirkulär-rekursive Problemlösungsprozesse verstanden und durchgeführt werden.*

Wirksame Managementprozesse durchlaufen teilweise parallel und teilweise sequenziell die vier Phasen Analyse, Optionen, Gestaltung und Wirkung. Durch dieses Verständnis wird Komplexität beim Lösen von Managementproblemen erfolgreich bewältigt.

These H: *Die Ausführung der Managementprozesse ist umso wirksamer, je besser das Management der Managementprozesse erfolgt.*

Aufgrund der hohen Relevanz von Managementprozessen sollten diese nicht dem Zufall überlassen werden. In diesem Buch wird deshalb die Einführung eines eigentlichen Managements der Managementprozesse empfohlen.

3.3 Zehn Thesen zum Management der Managementprozesse

Das dritte Thesen-Set (Thesen I–R) ist auf den originären Zweck der Management-Prozess-Architektur, also auf das Management der Managementprozesse, ausgerichtet. Letzterem kommt die größte Vorsteuerungskraft zu. Es beeinflusst direkt die Ausführung der Managementprozesse und indirekt die Total System Performance.

These I: *Das Management der Managementprozesse ist umso wirksamer, je mehr dessen Zweck an der Erzielung von Managementqualität orientiert ist.*

Managementqualität im hier verwendeten Sinne steht für eine Maximierung des Kundennutzens bei einer gleichzeitigen Minimierung der Beeinträchtigung von Menschen und Kosten durch den Varietätsausgleich zwischen Umwelt, Operation und Management.[243]

These J: *Das Management der Managementprozesse ist umso wirksamer, je klarer die Strategie zur Transformation und zur Nutzung der Management-Prozess-Architektur ist.*

Die MPA-Strategie gibt der Entwicklung der gesamten Management-Prozess-Architektur sowie der Entwicklung einzelner Managementprozesse eine einheitliche Richtung. Eine MPA-Strategie setzt ein gemeinsames Verständnis der Thematik der Management-Prozess-Architektur unter Führungskräften voraus. Diesem Aspekt wird im Rahmen von »These N« Rechnung getragen.

These K: *Das Management der Managementprozesse ist umso wirksamer, je konsistenter die Aufgaben, Kompetenzen und Verantwortlichkeiten hinsichtlich der Managementprozesse definiert und im obersten Leitungsorgan (der jeweils ergebnisverantwortlichen Einheit) verankert sind.*[244]

Die Verantwortung für die Management-Prozess-Architektur ist besonders dann wirksam im obersten Leitungsorgan verankert, wenn die verantwortlichen Personen über fundierte Kenntnisse verfügen, darauf basierend einen aktiven Beitrag zum obersten Leitungsorgan leisten und so die Anerkennung der Kollegen des obersten Leitungsorgans erhalten.

These L: *Das Management der Managementprozesse ist umso wirksamer, je besser individuelle Führungsziele für die koordinierte Entwicklung und Nutzung der MPA vereinbart, kontrolliert und incentiviert werden.*[245]

So verstandene Führungsziele sollten integrierter Bestandteil des regulären Jahreszielprozesses sein, damit die Priorisierung und Abstimmung mit anderen Zielen der jeweiligen Person ausbalanciert erfolgen kann.

These M: *Das Management der Managementprozesse ist umso wirksamer, je besser es gelingt, arbeitsmethodische Management-Denk- und -Handlungsprozesse einzelner Personen zu vernetzen und auf die MPA-Strategie auszurichten.*

Das Management der Managementprozesse ist ein komplexes Phänomen, dessen erfolgreiche Bewältigung (abgesehen von Kleinunternehmen) den Einbezug einer Vielzahl von Personen bedingt. Damit trotz der Vielzahl involvierter Personen effektiv und effizient zusammengearbeitet werden kann, sind geeignete Methoden für kollektive Reflexions- und Aktionsprozesse anzuwenden.

These N: *Das Management der Managementprozesse ist umso wirksamer, je besser die verantwortlichen und die weiteren involvierten Personen bezüglich der Management-Prozess-Architektur geschult sind.*

Eine Schulung zur Thematik der Management-Prozess-Architektur bringt eine gemeinsame »Managementsprache« unter den Teilnehmern hervor und ermöglicht dadurch wirksame kollektive Reflexions- und Aktionsprozesse.[246] Das vorliegende Buch respektive Bestandteile daraus können als Schulungsinhalte genutzt werden.

These O: *Das Management der Managementprozesse ist umso wirksamer, je besser ein Controlling bezüglich der Managementprozesse etabliert ist und somit die relevanten Feedback- und Feedforward-Informationen fließen.*[247]

Ein permanenter Controlling- und Kommunikationsprozess ist notwendig, um auf Basis von eingeübten Interaktions- und Problemlösungsroutinen zeitgerecht Anpassungen an Managementprozessen vornehmen und diese optimal nutzen zu können. Neben dem permanenten Controlling ist es sinnvoll, periodisch ein Assessment der Management-Prozess-Architektur durchzuführen. Dieses Assessment gibt wichtige Impulse für die weitere Gestaltung, Lenkung und Entwicklung von Managementprozessen.

These P: *Das Management der Managementprozesse ist umso wirksamer, je besser die Grundgliederung der betrachteten Einheit in einzelne Sub-Einheiten die Kundenorientierung, Dezentralisierung*[248] *und Ergebnisverantwortung fördert und fordert (und dadurch der zur Bewältigung der verbleibenden Komplexität notwendige metasystemische Managementaufwand abnimmt).*

Diese These lässt sich aus Beers erstem Management-Axiom ableiten, nach dem die horizontale Varietät (bestimmt durch die Grundgliederung des Geschäfts) mit der vertikalen Varietät (im Sinne des metasystemischen Managementaufwands) übereinstimmt.[249]

These Q: *Das Management der Managementprozesse ist umso wirksamer, je besser in allen ergebnisverantwortlichen Einheiten auf allen Rekursionsebenen alle notwendigen und hinreichenden Managementprozesse etabliert sind.*

Die Management-Prozess-Architektur und die damit zusammenhängenden notwendigen und hinreichenden Managementprozesse bilden das Funktionsprogramm einer ergebnisverantwortlichen Einheit. Damit mehrere Einheiten zueinander kompatibel sind und wirksam ein Ganzes bilden können, ist es vorteilhaft, wenn alle beteiligten Einheiten über das gleiche Funktionsprogramm verfügen. Der Vorteil der in diesem Buch hergeleiteten Management-Prozess-Architektur liegt genau darin, dass sie ausreichend allgemein ist, um für alle Arten von Unternehmen und deren Geschäftseinheiten anwendbar zu sein, und spezifisch genug, um in der jeweiligen Situation die Lösung konkreter Managementprobleme zu unterstützen.

These R: *Das Management der Managementprozesse ist umso wirksamer, je klarer die formalen und inhaltlichen Vorgaben von der übergeordneten an die betrachtete Rekursionsebene (und von dieser an die untergeordnete Rekursionsebene) sind.*

Formal betrachtet müssen diese Vorgaben Logik und Sprache der Management-Prozess-Architektur als verbindlich erklären, und inhaltlich betrachtet müssen sie – der Kohäsion des Ganzen dienliche – substanzielle Grundsätze respektive Leitplanken enthalten. Die Vorgaben dürfen sich aber nur auf »Essentials« beziehen und müssen den einzelnen Einheiten ausreichend Autonomie belassen.[250] So verstanden bilden diese Vorgaben wichtige Voraussetzungen für eine wirksame Komplexitätsbewältigung respektive ein über mehrere Rekursionsebenen hinweg funktionierendes Management der Managementprozesse.

3.4 Das Modell der MPA-Theorie

Durch die Ausarbeitung von Thesen wurde die Theorie der Management-Prozess-Architektur (MPA) konkretisiert und formalisiert. In einer zusammenfassenden Abbildung sollen die wesentlichen Elemente der MPA und deren Beziehungen grafisch dargestellt werden.

»Die grafische Modellbildung mündet in eine stärkere Formalisierung und erleichtert durch ihre Übersichtlichkeit zugleich die Kommunikation zwischen Autor/in und Leser/in; zudem regt die Anschaulichkeit des Modells zu Neuordnungen oder Ergänzungen von Elementen an, macht Lücken und Brüche sichtbar.«[251]

Wie es dieses Zitat von Bortz/Döring verdeutlicht, ist die nachfolgende Abbildung 21 nicht im Anschluss an die formulierten Thesen entstanden, sondern im evolutionären Wechselspiel zwischen der Entwicklung der grafischen Darstellung und der Formulierung der Thesen. Auf Letztere wird in der Abbildung über die alphabetischen Kurzkennzeichnungen (A, B, C, ...) referenziert.

Die Unterscheidung des Managements der Managementprozesse in die Grundarchitektur und in die Institutionalisierungsaspekte entspricht im Wesentlichen der Ansicht, dass Management, also Komplexitätsbewältigung, einerseits durch *Ordnung* (Grundarchitektur) und anderseits durch *Problemlösung* (Institutionalisierung von Managementprozessen) erfolgt.[252]

Eine wichtige Charakteristik der Theorie der Management-Prozess-Architektur bildet deren *rekursive Ausprägung*, auf die in These D, F und R explizit hingewiesen wurde. Diese rekursive Logik wird in Abbildung 22 schematisch dargestellt (inklusive der Referenz auf die entsprechenden Thesen).

Wesentliche Verbindungen zwischen den Rekursionsebenen sind *Vorgaben* von übergeordneten Rekursionsebenen für das Management der Managementprozesse, die *Abstimmung* der Ausführung der Managementprozesse über die Rekursionsebenen hinweg sowie die jeweiligen Perfor-

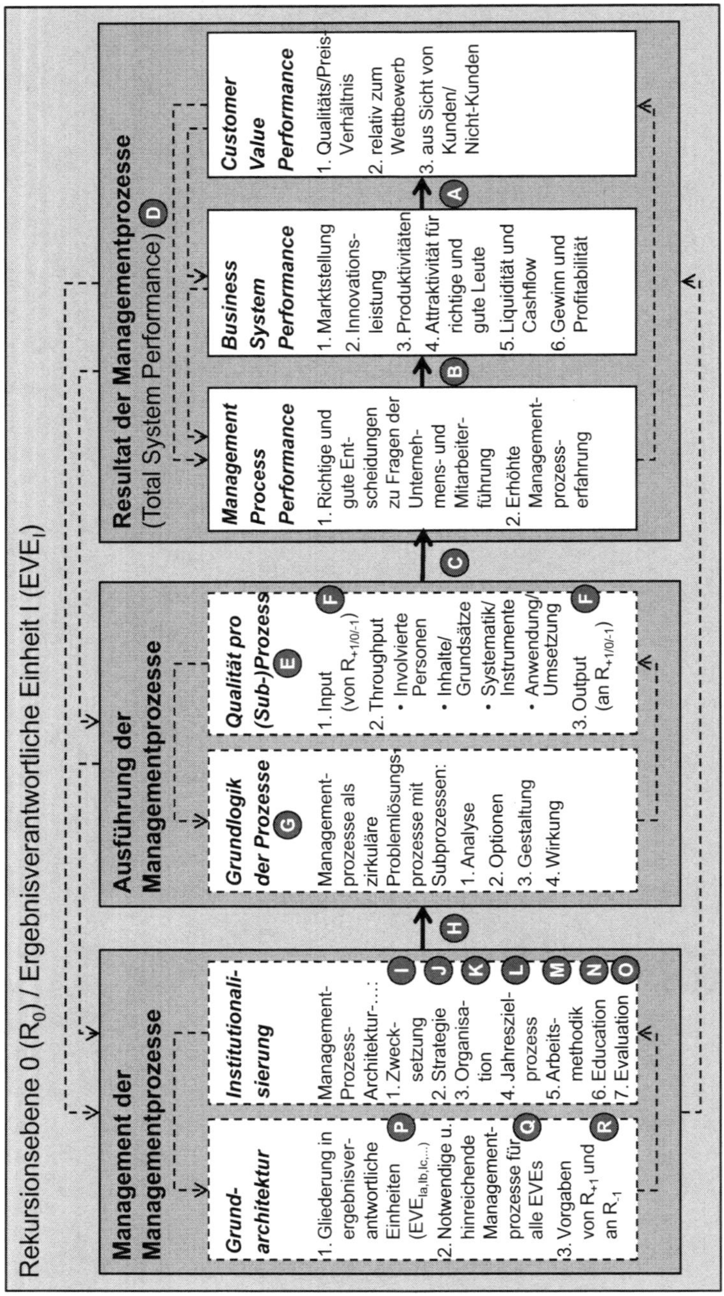

Abbildung 21: Das Theoriemodell der Management-Prozess-Architektur

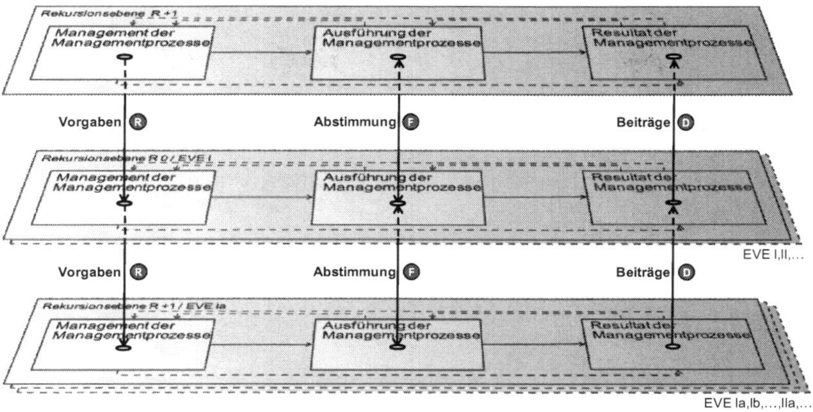

Abbildung 22: Rekursivität des Theoriemodells der Management-Prozess-Architektur

mance-*Beiträge* an umfassendere Systeme, das heißt an übergeordnete Rekursionsebenen. In Abbildung 22 wurde exemplarisch die Rekursionsebene R_0 mit einer übergeordneten (R_{+1}) und einer untergeordneten Rekursionsebene (R_{-1}) dargestellt. Die gleiche Logik lässt sich auf beliebig viele Rekursionsebenen ausdehnen.

3.5 Aus Theorie wird Konzept

Die formulierten Thesen bilden zusammen die Theorie der Management-Prozess-Architektur. Diese beantwortet die eingangs gestellte Frage: *Wie muss die Management-Prozess-Architektur von Unternehmen konfiguriert werden, damit diese in ihrer komplexen Umwelt nachhaltig erfolgreich sind?*

Die MPA-Theorie ist Ausgangspunkt für das nachfolgend dargestellte MPA-Konzept. Ziel des MPA-Konzepts ist eine Konkretisierung wichtiger MPA-Theorieaspekte und damit die Unterstützung des Praktikers bei deren Umsetzung. Das MPA-Konzept macht den Bauplan respektive die Architektur des Managements eines Unternehmens kognitiv erfass- und gestaltbar.

Basislogik des MPA-Konzepts

Die Basislogik des MPA-Konzepts ergibt sich aus dem *Zusammenspiel der vier Theoriebausteine* – Model of Pre-controlled Success, Viable System Model, Integrated Management Model und Model of Circular Processes – von Kapitel 2. Dort wurde darauf hingewiesen, dass die vier kybernetisch fundierten Theoriebausteine nicht isoliert nebeneinander, sondern in enger Beziehung respektive Verflechtung stehen und sich gegenseitig bedingen und unterstützen. Dieser Aspekt soll durch eine *pragmatische grafische Integration* der vier Theoriebausteine in Abbildung 23 veranschaulicht werden.

Die Grundgliederung der Abbildung in unternehmens- und mitarbeiterbezogen sowie lang- und kurzfristig wurde vom *Integrated Management Model* übernommen. Aus dessen Übersichtsversion wurden die Elemente verwendet und in Anlehnung an das *Model of Circular Processes* als Prozesskreise – bestehend aus Analyse, Optionen, Gestaltung und Wirkung – dargestellt.[253] Eine Ausnahme bildet dabei das Element der Ergebnisse respektive der Performance. Dieses Element ist selbst nicht ein Managementprozess, sondern das Resultat von Managementprozessen und in Abbildung 23 daher grafisch unterschieden. Mit Bezug auf das *Model of Pre-controlled Success* wird dieses Element differenziert dargestellt als Customer Value-, Business System- und Management Process-Performance. Die dargestellten sieben Managementprozesse lassen eine integrierte Unternehmens- und Mitarbeiterführung zu und decken dabei operative, strategische und normative Managementaspekte ab. Somit werden auch alle metasystemischen Funktionen des *Viable System Model* – System 3, System 4 und System 5 – durch die abgebildete Basislogik des MPA-Konzepts adressiert.

Die Verbindung zum Viable System Model ist in Abbildung 23 ebenfalls schematisch gekennzeichnet. Wichtig ist dabei, dass System 5, welches für die *Balance* zwischen System 4 und 3 verantwortlich ist, als umfassender dargestellt wird als die Systeme 4 und 3.[254] System 4 ist seinerseits insofern umfassender als System 3, als es zukünftige Erfolgspotenziale *schafft*, welche durch System 3 dann bestmöglich *ausgeschöpft* werden. Der *Jahreszielprozess* ist dabei eine wesentliche Überführung vom strategischen zum operativen Management. Eine besondere Funktion kommt der *Führungskräfte- und Mitarbeiterentwicklung* zu. Diese ist primär ein Prozess des strategischen Managements, trägt jedoch auch maßgeblich zum normativen Management bei, indem zum Beispiel gemeinsame Normen und Werte an Individuen vermittelt respektive in ihnen geweckt werden. Damit

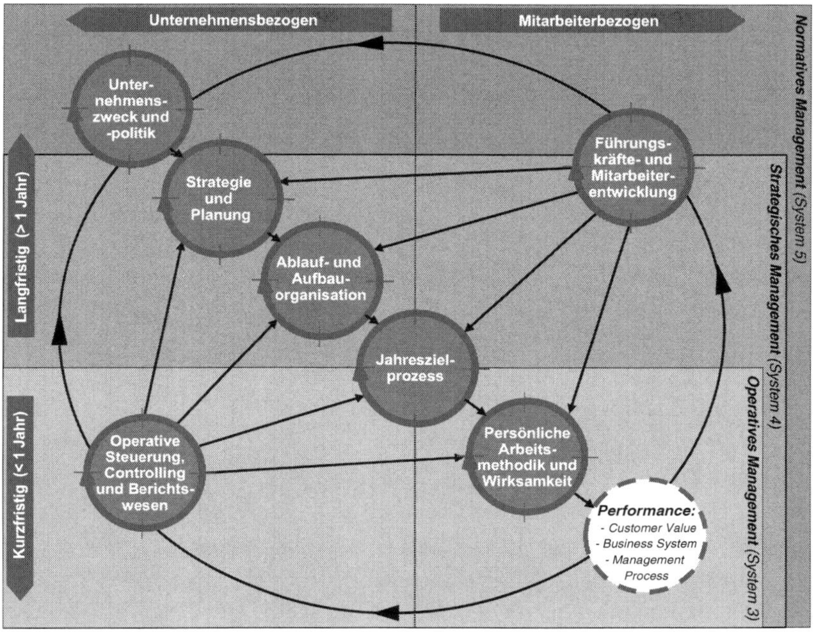

Abbildung 23: Basislogik des MPA-Konzepts

werden die Individuen selbst in die Lage versetzt, System 4- und System 3-Aspekte auszubalancieren. *Operative Steuerung, Controlling und Berichtswesen* sind primär dem operativen Management zugeordnet. Aufgrund der zahlreichen Verbindungen zu anderen Managementprozessen sowie zu den Performance-Komponenten verfügt das Controlling über einen umfassenden »Echtzeit-Informationshaushalt« und hat darauf aufbauend nicht nur operative, sondern auch strategische und normative Controlling-Aspekte zu adressieren.

Managementprozesse 1. und 2. Ordnung

Aus dem MPA-Theoriemodell geht hervor, dass die Management Process *Performance* (als Voraussetzung für Business System Performance und Customer Value Performance) von der Wirksamkeit der *Ausführung* der Managementprozesse abhängt und dass diese wiederum durch das *Management* der Managementprozesse beeinflusst werden kann. Die *Aus-*

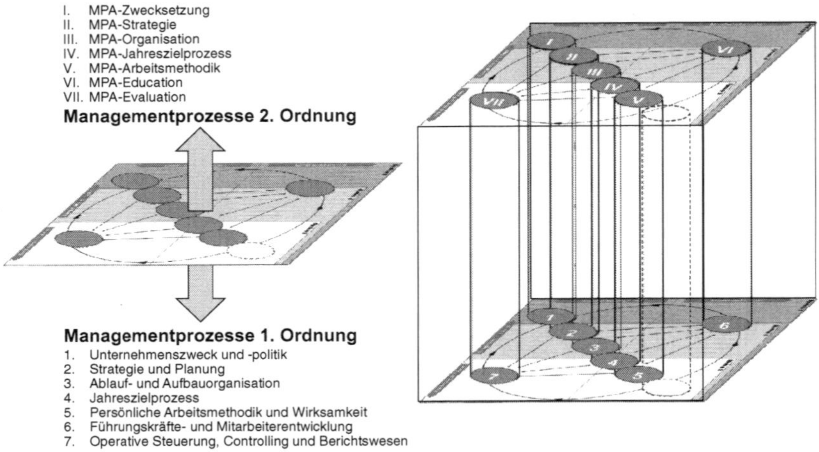

Abbildung 24: Management 1. und 2. Ordnung im MPA-Konzept

führung der Managementprozesse kann auch als *Management 1. Ordnung* und das *Management* der Managementprozesse als *Management 2. Ordnung* im Sinne von »lenke, was lenkt« bezeichnet werden.[255] Das Management 2. Ordnung bedient sich wiederum der vorgestellten Basislogik des MPA-Konzepts. Demzufolge wird diese Logik, wie in Abbildung 24 grafisch dargestellt, gedanklich in zwei Ebenen (1./2. Ordnung) unterschieden. Dies entspricht der Auffassung, dass ein wirksames Lenkungssystem isomorphisch zum zu lenkenden System sein muss, und wurde von Conant/Ashby in einem Artikel mit dem Titel »Every good regulator of a system must be a model of that system«[256] nachgewiesen.

Die Managementprozesse 1. Ordnung werden im Weiteren mit 1–7 bezeichnet, jene 2. Ordnung mit I–VII. Die »Säulen« im »MPA-Würfel« veranschaulichen jeweils die gedankliche Differenzierung in die 1. und 2. Ordnung des betrachteten Prozesses. Wichtig ist der Hinweis, dass es sich dabei nur um eine gedankliche Unterscheidung und nicht um eine physische Trennung handelt.[257] Die Unterscheidung ist jedoch notwendig, um darstellen zu können, dass sich *ein* Managementprozess 2. Ordnung jeweils auf *alle* Managementprozesse 1. Ordnung bezieht. Dies wird in Abbildung 25 exemplarisch für den Prozess I, die MPA-Zwecksetzung, dargestellt. In der linken Darstellung geschieht dies anhand der »Säulen«-Logik, in der rechten Darstellung wird zwecks Übersichtlichkeit statt einer »Säule« ein Doppelpfeil verwendet. Aus der Abbildung wird ersichtlich, dass die MPA-Zwecksetzung Aspekte zu sämtlichen Managementprozessen 1. Ord-

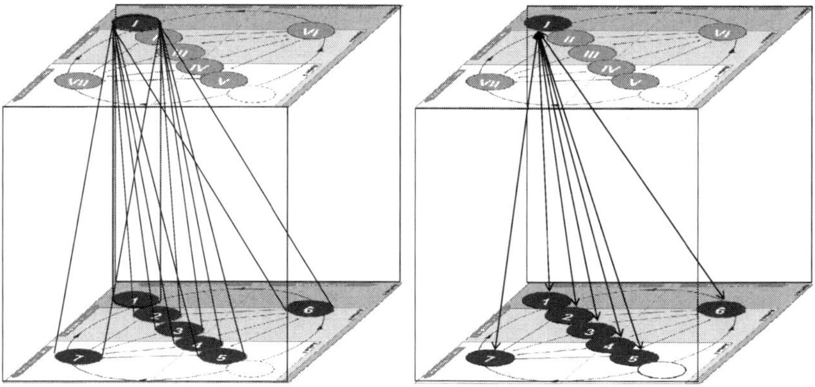

Abbildung 25: Beispielhaftes Zusammenspiel von Managementprozessen 2. mit jenen 1. Ordnung

nung zu umfassen hat. Analoges gilt für die übrigen Managementprozesse 2. Ordnung. Dies wird in Kapitel 6 noch näher erläutert.

Rekursives MPA-Rahmenkonzept

In Kapitel 2 wurde das Rekursivitätsprinzip des Viable System Model vorgestellt. Der »MPA-Würfel« kommt demnach nicht nur im Gesamtunternehmen, sondern auch in dessen lebensfähigen Teileinheiten zur Anwendung. Im MPA-Theoriemodell wurde dementsprechend für jede ergebnisverantwortliche Einheit das *Management* der Managementprozesse, die *Ausführung* der Managementprozesse und das *Resultat* der Managementprozesse unterschieden. Dies wurde, wie in Abbildung 22 dargestellt, analog für ergebnisverantwortliche Einheiten auf unterschiedlichen Rekursionsebenen so gehandhabt. Das verdeutlicht, dass Managementprozesse 1. und 2. Ordnung zwar unterschieden, nicht jedoch verschiedenen Rekursionsebenen zugeordnet werden. Letztlich handelt es sich bei den Managementprozessen 1. und 2. Ordnung, das heißt dem abgebildeten *»MPA-Würfel«*, um den »Gestaltungs- und Verantwortungsraum« des Managements der jeweiligen ergebnisverantwortlichen Einheit.[258] In der Viable System Model-Terminologie entspricht der »MPA-Würfel« der »Management-Box«.

Aus dem MPA-Theoriemodell wissen wir, dass das Management der Managementprozesse (über Vorgaben), die Ausführung von Managementprozessen (über Abstimmung[259]) und das Resultat von Managementprozessen (über Beiträge) über die einzelnen Rekursionsebenen hinweg miteinander verbunden sind.[260] Abbildung 26 greift diese Verbindungsaspekte auf und komplettiert die bisherigen Überlegungen zum MPA-Konzept.

Die Pfeile stehen jeweils vereinfachend für eine Vielzahl von Pfeilen. So sind zum Beispiel die Vorgaben bezüglich der Managementprozesse 2. Ordnung mit einem Pfeil gesamthaft dargestellt. Vorgaben können aber von jedem einzelnen Managementprozess zum jeweiligen Managementprozess auf der nachfolgenden Rekursionsebene bestehen. Analoges gilt für die Managementprozesse 1. Ordnung. Der Pfeil »Beiträge« umfasst Beiträge zur Customer Value-, Business System- und Management Process-Performance.

Die Managementprozesse 1. Ordnung einer ergebnisverantwortlichen Einheit (»system in focus« = R_0) sind untereinander und mit den Managementprozessen 2. Ordnung gekoppelt. Ebenso sind Managementprozesse 1. und 2. Ordnung des »system in focus« mit den jeweiligen Managementprozessen benachbarter Rekursionsebenen (R_{+1}, R_{-1}) gekoppelt. Die Kopplung entspricht dabei einem sogenannten loose coupling.[261] Dies ermöglicht sowohl Konsistenz (im Ganzen) als auch Flexibilität (im Einzelnen). Entsprechend ist es aus Kopplungs- respektive Kompatibilitätsaspekten wichtig, dass über alle Unternehmensbereiche und Führungsstufen das *gleiche MPA-Konzept* angewandt wird, was aber *nicht* heißt, dass darauf basierende Re-

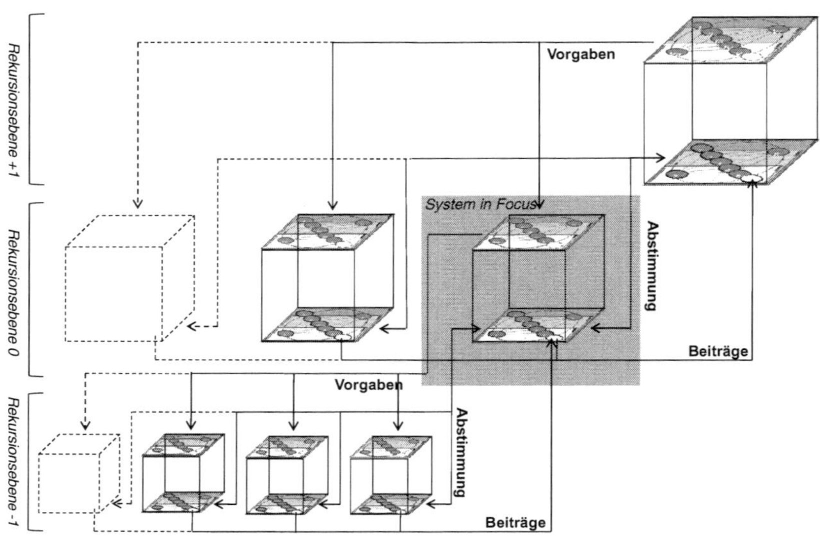

Abbildung 26: Rekursives MPA-Rahmenkonzept

flexions- und Aktionsaktivitäten *inhaltlich gleich* ausgeführt werden müssen respektive sollen.[262]

3.6 Drittes Zwischenfazit

Gemäß der MPA-Theorie ist das *Resultat von Managementprozessen* die *Total System Performance* eines Unternehmens. Diese umfasst die *Customer Value Performance* (Qualität/Preis-Verhältnis relativ zum Wettbewerb aus Kunden-/Nicht-Kunden-Sicht), die *Business System Performance* (sechs Central Performance Controls) und die *Management Process Performance* (Ausführung der Managementprozesse und Management der Managementprozesse). Ein am Markt anhaltender überdurchschnittlicher, das heißt positiver Kundennutzen basiert auf einer überdurchschnittlichen Business System Performance. Letztere stützt sich ihrerseits auf eine überdurchschnittliche Management Process Performance. Die Total System Performance einer betrachteten Einheit ist abhängig von den Total System Performance-*Beiträgen* der ergebnisverantwortlichen Teil-Einheiten.

Weiter wird gemäß der MPA-Theorie das Resultat von Managementprozessen (die Total System Performance) durch die Ausführung der Managementprozesse beeinflusst. Die *Wirksamkeit der Ausführung von Managementprozessen* hängt ab, erstens, von der Qualität der Prozess-Inputs, -Throughputs und -Outputs, zweitens, von der chrono-, sach- und psycho-logischen *Abstimmung* mit Managementprozessen der über- und untergeordneten Rekursionsebene sowie, drittens, vom Verständnis und der Durchführung von Managementprozessen als zirkulär-rekursiven Problemlösungsprozessen. Insgesamt wird die Ausführung der Managementprozesse durch das Management der Managementprozesse vorgesteuert.

Das *Management der Managementprozesse* umfasst gemäß der MPA-Theorie einerseits den Aspekt der Grundarchitektur und anderseits den Aspekt der Institutionalisierung. Gemäß dem Aspekt der *Grundarchitektur* ist die Wirksamkeit des Managements der Managementprozesse abhängig, erstens, von der *Grundgliederung* der betrachteten Einheit in einzelne Subeinheiten (welche Kundenorientierung, Dezentralisierung und Ergebnisverantwortung fördert und fordert), zweitens, von der Etablierung der notwendigen und hinreichenden *Managementprozesse* in allen ergebnisverantwortlichen Einheiten sämtlicher Rekursionsebenen sowie, drittens, von der Klarheit der *Vorgaben* der übergeordneten Rekursionsebene. Gemäß dem Aspekt der *Institutiona-*

lisierung ist die Wirksamkeit des Managements der Managementprozesse abhängig davon, wie gut es gelingt, analog zu den Managementprozessen 1. Ordnung funktionierende Managementprozesse 2. Ordnung zu etablieren.

Das *MPA-Konzept* konkretisiert die MPA-Theorie und gliedert sich in ein *MPA-Rahmenkonzept* sowie in darauf aufbauende sieben *MPA-Konzeptmodule.* Die *Basislogik des MPA-Rahmenkonzepts* vereint in einer Darstellung die wesentlichen Punkte der vier Theoriebausteine. Vom *Integrated Management Model* abgeleitete Managementprozesse werden dabei als zirkuläre Prozesse gemäß dem *Model of Circular Processes* verstanden. Diese Managementprozesse decken die wesentlichen Aspekte des normativen, strategischen und operativen Managements gemäß dem *Viable System Model* ab. Aus dem Zusammenspiel dieser Prozesse resultiert die Total System Performance, wie sie durch das *Model of Pre-controlled Success* definiert ist.

Neben den Managementprozessen 1. Ordnung (Unternehmenszweck und -politik, Strategie und Planung, Ablauf- und Aufbauorganisation, Jahreszielprozess, Persönliche Arbeitsmethodik und -wirksamkeit, Führungskräfte- und Mitarbeiterentwicklung sowie Operative Steuerung, Controlling und Berichtswesen) finden sich in der gleichen Logik die Managementprozesse 2. Ordnung (MPA-Zwecksetzung, MPA-Strategie, MPA-Organisation, MPA-Jahreszielprozess, MPA-Arbeitsmethodik, MPA-Education und MPA-Evaluation), welche gemeinsam das Management der Managementprozesse konstituieren. Mithilfe dieser gedanklichen Unterscheidung lässt sich darstellen, wie jeder Managementprozess 2. Ordnung (Management der Managementprozesse) auf alle Managementprozesse 1. Ordnung (Ausführung der Managementprozesse) wirkt[263] und so der MPA-Würfel als Verantwortungsraum des Managements aufgespannt wird. Der MPA-Würfel konstituiert das Management jeder ergebnisverantwortlichen Einheit, welche somit für die Managementprozesse 1. und 2. Ordnung die Verantwortung trägt.

Das MPA-Rahmenkonzept zeigt das Zusammenspiel der MPA-Würfel von ergebnisverantwortlichen Einheiten verschiedener Rekursionsebenen. Einheiten benachbarter Rekursionsebenen folgen einer dreifachen Verlinkung: *Erstens* gibt die übergeordnete Einheit *Vorgaben* hinsichtlich dem Management der Managementprozesse, *zweitens* erfolgt eine *Abstimmung* bezüglich der Ausführung der Managementprozesse, und *drittens* stiftet die untergeordnete Einheit *Beiträge* zur Total System Performance der übergeordneten respektive umfassenderen Einheit.

Die nachfolgenden drei Kapitel befassen sich im Detail mit den drei Komponenten der MPA-Theorie, nämlich

- dem Resultat von Managementprozessen (Kapitel 4),
- der Ausführung von Managementprozessen (Kapitel 5) sowie
- dem Management der Managementprozesse (Kapitel 6).

Kapitel 6 detailliert auf Basis des MPA-Rahmenkonzepts die MPA-Konzeptmodule für ein wirksames Management der Managementprozesse.

4. Erfolg im Interesse des Unternehmens

Eine wirksame Management-Prozess-Architektur steuert den Unternehmenserfolg vor. Das *Resultat funktionierender Managementprozesse* ist gemäß den Ausführungen in Kapitel 2 (zum Model of Pre-controlled Success) und 3 (zur MPA-Theorie) der ganzheitliche *Erfolg im Interesse des Unternehmens*. Die Frage, in welchem Interesse Erfolg erzielt und das Unternehmen geführt werden soll, ist in vielen Unternehmen nicht schlüssig beantwortet.

»Corporate Governance« wurde in den letzten Jahren – nicht zuletzt aufgrund zahlreicher spektakulärer Unternehmenszusammenbrüche (zum Beispiel Enron, Worldcom, Swissair) und staatlicher Rettungsaktionen (etwa AIG, Hypo Real Estate, UBS) – zu einem viel verwendeten Begriff. Malik hatte bereits vor dem Börsen-Crash Ende der 1990er Jahre mehrfach auf den falschen und irreführenden Corporate-Governance-Ansatz vieler Firmen hingewiesen. Auch hatte er bereits damals anstelle einer Fokussierung auf die Maximierung des Gewinns eine Maximierung des Kundennutzens vorgeschlagen.[264]

Nach dem Börsen-Crash wurde vielerorts der Shareholder-Value-Ansatz zwar als unzulänglich entlarvt; statt aber auf einen neuen Ansatz zu setzen, ist man in der Entwicklung teilweise wieder auf den Stakeholder-Value-Ansatz zurückgefallen. Dies geschah, obwohl es die Unzulänglichkeiten des Stakeholder-Value-Ansatzes selbst waren, die überhaupt erst zum Shareholder-Value-Ansatz geführt hatten. Malik hat stattdessen die drei in der Vergangenheit beobachtbaren Corporate-Governance-Modelle nochmals aufgegriffen und um ein viertes Modell – das einzige, das systemisch-evolutionäre Lebensfähigkeit sichert – ergänzt. Die Überlegungen von Malik zu den vier Modellen (Eigentümer-Modell, Stakeholder-Modell, Shareholder-Modell und Corporate-Modell) habe ich in Abbildung 27 zusammengefasst.

Die Schlüsselfrage der Corporate Governance auf oberster Führungsebene lautet, in welchem Interesse das Unternehmen geführt werden soll. Im Corporate-Modell wird das Unternehmen nicht im Interesse einer oder aller Anspruchsgruppen geführt, sondern im *Interesse des Unternehmens* selbst. Konkret heißt das, dass das oberste Ziel die Maximierung der Lebensfähigkeit des Unternehmens ist. Um diese zu gewährleisten, werden die unterschiedlichen Interessen stets nur im Rahmen des *»interest of the company«* erfüllt. Im Fokus des Managements steht die Steigerung des Kundennutzens sowie der Produktionseffizienz; der Gewinn ist dann lediglich noch eine »Resultierende«. »Unternehmen müssen Gewinne machen, um zu existieren; aber sie existieren nicht, um Gewinne zu machen – so wie man atmen muss, um zu leben, aber nicht lebt, um zu atmen.«[265] Diese Erkenntnis führt unweigerlich auch zu einem anderen Unternehmenszweck: Statt der primären Orientierung am Shareholder Value sollte eine Orientierung am *Customer Value* erfolgen.

Modell	**Entstehungszeitpunkt**	**Erfinder**	**Charakteristik**	**Führung im Interesse…**
Eigentümer-Modell	Bereits vor dem Zweiten Weltkrieg	Diverse Unternehmer	Wenige Eigentümer kontrollieren das Unternehmen; langfristige Orientierung	**…der Eigentümer**
Stakeholder-Modell	Mitte der 50er Jahre	Ralph Cordiner; damaliger CEO von General Electric	Unternehmen versucht, es allen recht zu machen, und wird zum Spielball unterschiedlichster Interessen	**…aller Stakeholder**
Shareholder-Modell	Mitte der 80er Jahre	Alfred Rappaport	Fokussierung auf Shareholder-Interessen; Gewinnmaximierung, kurzfristige Orientierung	**…der Shareholder**
Corporate-Modell	90er Jahre, Verbreitung erst später	Fredmund Malik	Befriedigung unterschiedlicher, z. T. widersprüchlicher Ansprüche stets im Interesse des Unternehmens; Fokus auf Kundennutzen und Lebensfähigkeit	**…des Unternehmens**

Abbildung 27: Übersicht über die verschiedenen Corporate Governance Modelle (in Anlehnung an Malik)[266]

Jedes Unternehmen, welches ausreichend viele zahlende Kunden hat, kann alle übrigen Dinge auch: Es wird zum Beispiel Mitarbeiter finden, Kapitalgeber gewinnen können und dem Staat Steuern zahlen. Die umgekehrte Logik aber gilt nicht: Nur weil ein Unternehmen zum Beispiel Kapitalgeber gewinnt, hat es noch lange nicht zwingend ausreichend Kunden und ist über die Jahre hinweg lebensfähig. Das beste Beispiel sind die vielen New-Economy-Companys Ende der 90er Jahren, welche zwar viel Geld und vermeintlich gute Ideen hatten, diese Ideen aber nicht in Nutzen für zahlende Kunden transformieren konnten.

4.1 Den Kundennutzen messbar machen

Die Erkenntnis, dass der Kunde im Mittelpunkt stehen soll, ist per se nicht neu, und in vielen Unternehmen gibt es entsprechende Aussagen in Leitbildern et cetera. Oft sind es aber oberflächliche Lippenbekenntnisse. Im Geschäftsalltag richtet man sich dann wieder nur nach finanziellen Messgrößen, und der geschaffene Kundennutzen wird nicht nachverfolgt. »Messung des Kundennutzens ist inzwischen aber möglich geworden und kann in jedem Unternehmen, jedem Geschäftsbereich und jeder Produktgruppe auf relativ einfache Weise betrieben werden.«[267] Die aus Kundensicht wahrgenommene Erfüllung von kaufentscheidenden Kriterien im Vergleich zu den Konkurrenten bildet dabei die Dimension der *relativen Qualität.* Die wahrgenommene Preisposition – ebenfalls aus Kundensicht und im Vergleich zur Konkurrenz – bildet die Dimension des *relativen Preises.* Die Kombination der beiden Dimensionen führt zum Kundennutzen oder – wie umgangssprachlich oft verwendet – zum *»Preis-/Leistungs-Verhältnis«.*[268]

Der Kundennutzen beschreibt somit das Preis-Leistungs-Verhältnis des eigenen Angebots relativ zu den Angeboten der Hauptkonkurrenten, beurteilt aus Sicht der Kunden und Nicht-Kunden. Wie in Abbildung 28 dargestellt, können in der Kundennutzenmatrix *fünf generelle Produkt-/Dienstleistungspositionen* unterschieden werden. Die diagonale Linie steht für ausgeglichene Preis-Leistungs-Verhältnisse respektive einen ausgewogenen Kundennutzen.[269] Ein positiver Kundennutzen hat einen positiven Einfluss auf den relativen Marktanteil (und dadurch auf niedrigere relative Kosten aufgrund des Erfahrungskurveneffekts) sowie auf den erzielbaren relativen Preis. Niedrigere Kosten und höhere Preise wirken beide auf eine erhöhte

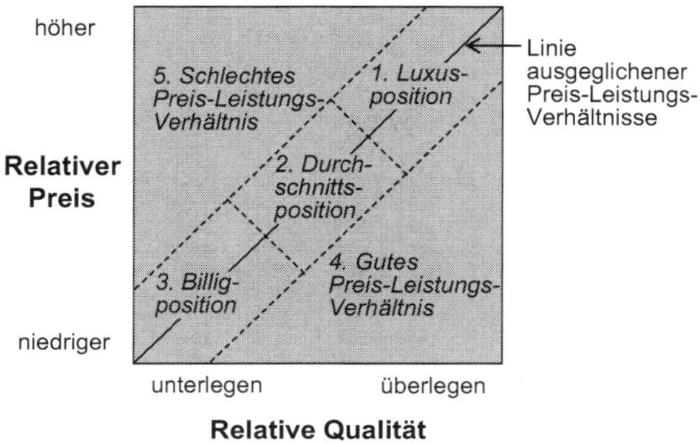

Abbildung 28: Kundennutzen-Matrix (Value Map) nach Buzzell/Gale[271]

Rentabilität des Geschäfts. Umgekehrtes gilt für Geschäfte, welche einen negativen Kundennutzen aufweisen.[270]

Die *Analyse des Kundennutzens* eines Geschäfts erfolgt in sechs Schritten: Erstens ist eine *Marktsegmentierung* notwendig, um relevante Konkurrenten, Kunden und Nicht-Kunden zu identifizieren. Zweitens sind von Managern (Eigenbild) sowie Kunden und Nicht-Kunden (Fremdbild) *kaufentscheidende produkt- und dienstleistungsbezogene Qualitätskriterien* zu nennen. Drittens sind diese von den jeweiligen Ansprechpartnern zu *gewichten*, und viertens sind das eigene Angebot sowie die Angebote der wichtigsten Konkurrenten aus Sicht der Kunden und Nicht-Kunden zu *beurteilen*. Fünftens ist der *Preis* des eigenen Angebots und des Angebots der Konkurrenten anzugeben. Sechstens ist abzuschätzen, wie das *Verhältnis* der Beeinflussung der Kaufentscheidung durch *Qualität und Preis* ist.

4.2 Customer Value Controlling

Vor dem Hintergrund des Kundennutzens als wichtiger »Essential Variable« und dem Schaffen von Kundennutzen als originärer Zweck von richtig und gut geführten Unternehmen kommt einer regelmäßigen Beurteilung des Kundennutzens eine hohe Bedeutung zu. Ein Customer Value Controlling sollte somit integrierter Bestandteil der Controlling-Funktion eines jeden Unternehmens sein. Die Beurteilung des Kundennutzens sollte wiederkehrend sowohl durch die Führungskräfte des Unternehmens (Eigenbild) als auch durch Kunden und Nicht-Kunden (Fremdbild) erfolgen.

Der Abgleich des Eigenbilds mit dem Fremdbild ist ein lohnenswerter Schritt, um den Kunden und dessen Ansichten in das Unternehmen »hineinzuholen«.

Das Customer Value Controlling bietet neben der Kundennutzen-Matrix (auch Value Map genannt) zusätzlich die Möglichkeit, Qualitätskriterien im Detail zu analysieren und damit relevante Wettbewerbsvorteile und -nachteile zu erkennen. Dies erfolgt auf Basis des sogenannten Qualitätsprofils (auch Attribute Chart genannt). Das in Abbildung 29 dargestellte Qualitätsprofil unterscheidet

1. in der Horizontalen nach der Wichtigkeit der einzelnen Qualitätskriterien aus Kundensicht und
2. in der Vertikalen nach der Qualitätsposition des eigenen Unternehmens im Vergleich zur Konkurrenz; wiederum beurteilt aus Kundensicht.

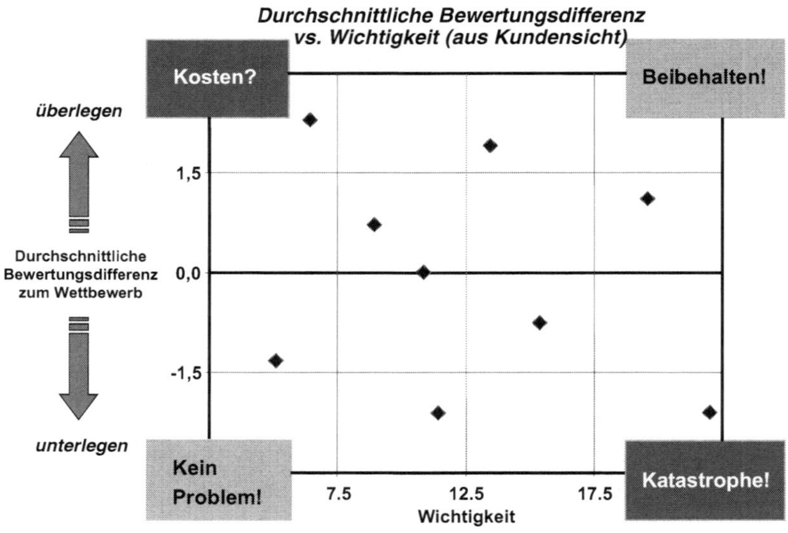

Abbildung 29: Qualitätsprofil (Attribute Chart) nach Malik Management Zentrum St. Gallen (Malik MZSG)[272]

Das Attribute Chart zeigt pragmatisch auf, dass es grundsätzlich vier Felder gibt, die es unterschiedlich zu berücksichtigen respektive zu bearbeiten gilt:

1. Rechts oben: Hier hat das Unternehmen bezüglich sehr wichtiger Kriterien eine überlegene Position (Wettbewerbsvorteile). Diese Position ist

zu *halten* (oder gegebenenfalls weiter auszubauen im Sinne von »Stärken weiter stärken«).

2. Rechts unten: Hier hat das Unternehmen bezüglich sehr wichtiger Kriterien einen Wettbewerbsnachteil. Diese Kriterien sind mit erster Priorität zu *verbessern*.
3. Links unten: Hier hat das Unternehmen bezüglich nicht so wichtiger Kriterien einen Wettbewerbsnachteil. Dies ist so lange *vernachlässigbar*, als diese Kriterien auch in Zukunft aus Kundensicht als nicht so wichtig eingestuft werden.
4. Links oben: Hier hat das Unternehmen bezüglich nicht so wichtiger Kriterien einen Wettbewerbsvorteil. Dies bietet zwei Ansatzpunkte: Entweder gelingt es, die Kunden und Nicht-Kunden zu überzeugen, dass dieses Kriterium wichtiger ist, als bisher von ihnen angenommen, oder aber die »Überqualität« sollte aus Kostengründen abgebaut werden.

Die systemtheoretische Verbindung von »Umwelt« und »Operation« erfolgt in der Führungspraxis durch eine Verbindung der Erkenntnisse aus der Kundennutzenanalyse mit den Prozessen des Unternehmens. Das Customer Value Controlling liefert somit wichtige Informationen, wie das Unternehmen (die »Operation«) auf den Kunden hin ausgerichtet werden muss. Es geht in diesem Zusammenhang um eine Gegenüberstellung von Ist-Prozessen und kaufentscheidenden Qualitätsmerkmalen. Dabei stellt man sich die Frage, welcher Prozess zu welchem Qualitätsmerkmal beiträgt. Die Beantwortung dieser Frage zeigt die (Ir)Relevanz von einzelnen Prozess(schritt) en auf. Im Rahmen der Gestaltung der Soll-Prozesse ist darauf zu achten, dass die Prozesse zu einer bestmöglichen Erfüllung der Qualitätskriterien beitragen und entsprechende Mess- respektive Beurteilungsgrößen für ein prozessorientiertes Customer Value Controlling etabliert werden.

Die dargelegte Verbindung von Qualitätsmerkmalen mit Prozessen bezieht sich in erster Linie auf Leistungsprozesse (Geschäfts- und Unterstützungsprozesse) im Sinne der Umsetzung des Anspruchs eines *Total Quality Managements (TQM)*. Dies ist der Anknüpfungspunkt für die nachfolgend dargelegte Business System Performance. Ergänzend kann die Verbindung aber auch mit Bezug auf Managementprozesse gemacht werden, indem man sich die Frage stellt, welche Managementprozesse einen Beitrag leisten zum kundennutzenorientierten Denken und Handeln im Rahmen der Leistungsprozesse. Diese Verbindung hilft den Anspruch der *Total Management Quality (TMQ)* umzusetzen und ist der Anknüpfungspunkt für die Management Process Performance.

4.3 Nicht-Messbares beurteilen

Gemäß dem systemisch-evolutionären Unternehmens- und Managementverständnis hat eine Führungskraft nie vollständige Information. Dies verleitet Führungskräfte oft dazu, an gut quantifizierbaren Größen Halt zu suchen. Entsprechend werden zum Beispiel bei den Mitarbeiterzielen nur im engeren Sinne messbare Ziele formuliert, und es wird im Rahmen des Controllings ausschließlich auf Größen des finanziellen Rechnungswesens fokussiert. Malik weist bezüglich der Messbarkeit von Zielen darauf hin, dass man alles, was man messen kann, selbstverständlich misst. Dinge, die man aber nicht messen kann, sollten deswegen nicht einfach weggelassen oder nicht kontrolliert werden. Wo nicht gemessen werden kann, muss beurteilt werden. Dazu bedarf es bei rechtlichen Prozessen eines erfahrenen Richters, bei Unternehmensproblemen eines erfahrenen Managers.[273] Manager werden gerade dort gebraucht, wo man nicht mehr messen kann. Alles, was einfach messbar ist, kann heute ein Computer erledigen.

Jede Führungskraft hat bezüglich des von ihr verantworteten Bereichs wichtige Aufgaben zu erfüllen. Dabei hat sie darauf zu achten, dass sie nicht einer strategischen Irreführung durch operative finanzielle Zahlen erliegt.[274] Neben einer operativen Führung ist auch eine strategische Führung notwendig. Letztere kann erst entstehen, wenn man sich an strategischen Führungs- und Steuerungsgrößen orientiert. Entsprechende Größen müssen die Beurteilung eines Unternehmens hinsichtlich seiner Gesundheit und Lebensfähigkeit zulassen. Auch hier gilt, dass quantitativ Nicht-Messbares zumindest beurteilbar gemacht werden muss. Dazu braucht es Beurteilungsgrößen respektive Schlüsselgrößen des Erfolgs.

Aufbauend auf dem aktuellen Forschungsstand ist es Malik gelungen, möglichst wenige, aber äußerst wesentliche »Essential Variables« herzuleiten.[275] Malik spricht in diesem Zusammenhang von den sechs *»Central Performance Controls«*. Diese sind Marktstellung, Innovationsleistung, Produktivitäten, Attraktivität für richtige und gute Leute, Liquidität (Cashflow) und Gewinn (Gewinnerfordernis und Profitabilität).[276] Nachfolgend sollen diese sechs »Central Performance Controls« kurz vorgestellt werden.[277]

Die *Markstellung* lässt sich mit einer Vielzahl von Subvariablen beschreiben. Zu diesen Variablen gehören insbesondere der absolute und der relative Marktanteil, der relative Kundennutzen, Markenbekanntheit und Image. Wie bei allen sechs Central Performance Controls gilt auch hinsichtlich der Marktstellung, dass deren konkrete Beurteilungsgrößen im Einzelfall zu bestimmen sind, da nicht bei jedem Unternehmen dieselben Größen die Markstellung ausreichend gut charakterisieren.

Die *Innovationsleistung* bezieht sich vorwiegend auf die drei Orientierungsgrößen invariantes Kundenproblem, neue Lösungstechnologien und Substitutionszeitkurve für Produkte respektive Dienstleistungen. Im Gegensatz zur Invention ist bei einer Innovation nicht nur eine neue Idee gemeint, sondern eine *erfolgreich am Markt umgesetzte* Idee. Innovationen können sowohl außengerichtet (produkt-/marktbezogen) als auch innengerichtet (Prozesse, Fähigkeiten et cetera) sein. Situationsspezifisch ist zu klären, was beim jeweiligen Unternehmen die Innovationsleistung wirklich ausmacht.

Die *Produktivitäten* bilden den dritten Performance Control. Mit Produktivitäten sind die *Produktivität des Geldes, der Arbeit, der Zeit und des Wissens* gemeint. Gemeinsam bilden sie die *Total Factor Productivity*, welche maßgeblich verantwortlich ist für die Effizienz eines Unternehmens. Während für die Produktivität des Geldes (Return on Investment) und die Produktivität der Arbeit (Wertschöpfung pro Mitarbeiter) allgemein bekannte Größen vorliegen, sind Beurteilungsgrößen hinsichtlich der Produktivität der Zeit und der Produktivität des Wissens höchst unternehmensindividuell zu definieren.

Die *Attraktivität für richtige und gute Leute* ist für die Beurteilung der Performance von sozialen Systemen unerlässlich. Sie gewinnt im Komplexitätszeitalter und bei einem zunehmenden Anteil von Wissensarbeitern und Wissensorganisationen noch verstärkt an Bedeutung. Nur wer richtig ausgebildete und gut arbeitende Leute gewinnen, entwickeln und auch halten kann, wird in der Lage sein, nachhaltige Wettbewerbsvorteile zu erzielen.[278] Was richtige und gute Leute sind, ist abhängig vom jeweiligen Unternehmen und den benötigten Fähigkeiten. Generell lässt sich festhalten, dass ein Unternehmen attraktiv ist für Leute, wenn es über bestehende und neue Erfolgspotenziale verfügt, Mitarbeiter stärkenorientiert für große Aufgaben als Beitrag zum Ganzen einsetzt und sie leistungsorientiert entlohnt. Beurteilungsgrößen können zum Beispiel Zusage-Rate bei Neueinstellungen, Fluktuationsrate, marktbezogener Lohn-Benchmark oder ein Index einer Mitarbeiterbefragung sein.

Liquidität (Cashflow) ist der fünfte Central Performance Control. Er bezieht sich auf die Orientierungsgrößen Einnahmen und Ausgaben. Liquidität ist im Sinne der Zahlungsbereitschaft unabdingbar für das Überleben eines Unternehmens. Entsprechend gut muss die Liquiditätssteuerung sein. Zur Liquiditätsanalyse dienen unter anderem die Liquiditätsgrade I–III (auch bekannt als Cash-Ratio, Quick-Ratio und Current-Ratio)[279] oder aber die cashflow- und die liquiditätsorientierte Erfolgsrechnung[280].

Der *Gewinn (respektive das Gewinnerfordernis und die Profitabilität)* wird von Malik bewusst an letzter Stellt der sechs Central Performance Control genannt. Dies soll zum Ausdruck bringen, dass der Gewinn nicht als primäres Unternehmensziel gelten und maximiert werden soll, sondern dass der Gewinn eine Resultierende ist aus richtigem und gutem unternehmerischem Denken und Handeln. Die Kernfrage lautet somit nicht, wie maximiere ich meinen Gewinn, sondern wie profitabel muss ich sein, damit ich das Gewinnerfordernis, um auch morgen im Geschäft zu bleiben, erreiche. Der Central Performance Control »Gewinn« bezieht sich auf die Orientierungsgrößen Aufwand und Ertrag respektive die Bilanz. Als geeignete Profitabilitätsgröße dient zum Beispiel der Return on Investment.

4.4 Business System Controlling

Die dargelegten sechs Central Performance Controls sind gemäß Malik in gegenseitiger Beziehung zu sehen.[281] So hat zum Beispiel eine hohe Attraktivität für richtige und gute Leute sicherlich eine positive Wirkung auf deren Arbeitsproduktivität und diese wiederum auf den Gewinn. Eine gute Innovationsleistung ist demgegenüber etwa abhängig von einer guten Produktivität des Wissens und Produktivität der Zeit (Stichwort Time to market). Ein Unternehmen, das diese sechs Central Performance Controls untereinander balanciert unter Kontrolle hält, *funktioniert zuverlässig*. Drucker bringt es wie folgt auf den Punkt: »Nichts unterscheidet ein fähiges Management so sehr von einem unfähigen wie die Kunst, widersprüchliche Ziele gegeneinander zu balancieren …«[282]

Um dieses Funktionieren sicherzustellen, ist ein Business System Controlling zu etablieren. Dabei sind die sechs Central Performance Controls mit Bezug auf die konkrete Situation mit Beurteilungsfragen und -größen zu hinterlegen. Wie bereits erwähnt, lässt sich nicht jede Größe quantitativ messen, jedoch muss jede Größe kontrollier- und beurteilbar sein.[283] In Abbildung 30 sind zur Verdeutlichung bei den Schlüsselgrößen einige beispielhafte Fragen und Beurteilungsgrößen aufgeführt. Je nach Unternehmenstyp sind für die Praxisanwendung gegebenenfalls andere respektive ergänzende Beurteilungsgrößen hinzuzuziehen. Für viele der hier angegebenen Beurteilungsgrößen liegen dank dem PIMS-Forschungsprojekt umfangreiche Benchmark-Daten vor.

Schlüsselgröße	Beurteilungsfragen	Beurteilungsgrößen	Instrumente/ Quellen
Marktstellung	• Wofür bezahlen uns unsere Kunden und wofür nicht (Kundennutzen)? • Wo und weshalb waren wir besonders erfolgreich (Stärken)? • Wer sind unsere echten Wettbewerber und wo stehen wir im Vergleich zu ihnen? • Wie haben sich unsere Marktanteile entwickelt und welchen gegenüber den Wettbewerbern verteidigungsfähigen Marktanteil gilt es zu erreichen? • …	• Absoluter Marktanteil • Relativer Marktanteil • Relative Qualität • Relativer Preis • Kundenkonzentration • Kundenspezifizierungsgrad • Marktdifferenzierungsgrad • Marktwachstum • Anbieterkonzentration • Substitutionskurve • …	• Marktdatenauswertung • Kundenbefragung • Interne Bewertung, Befragung • Input aus Customer Value Controlling • …
Innovationsleistung	• Welches sind unsere echten Innovationen in den vergangenen fünf Jahren? Mit welchem Kundennutzen und Geschäftserfolg? • Wie ist das Verhältnis erfolgreicher Start-ups zu den Flops? • Wie lange dauert es von der Idee bis zur Markteinführung? • …	• Umsatz neue Produkte • Relative Time-to-Market • Flop-Rate • Anzahl Patente • …	• Marktanalysen • Konkurrenzbeobachtung • Analyse der Kundenbedürfnisse • Input aus Customer Value Controlling • …
Produktivitäten (Geld, Arbeit, Zeit, Wissen)	• Wie hat sich die Produktivität der direkt produktiven Mitarbeiter entwickelt? • Wie hat sich das Verhältnis der direkt zu den indirekt produktiven Mitarbeitern verändert? • Welche Entwicklungen haben wir bei der Produktivität der Arbeit, des Kapitals, des Wissens und der Zeit (Total Factor Productivity)? • …	• Wertschöpfung pro Mitarbeiter • ROI, ROCE etc. • Durchlaufzeit, etc. • Wertschöpfung pro Kopfarbeiter • Produktivität weiterer Schlüsselressourcen (z. B. Anlagen) • F&E-Effizienz • Marketingintensität • …	• Wertschöpfungsanalysen • Produktivitäts-Benchmarking (Umsatz-, Kosten-, Investment-Treiber) • Input aus Management Process Controlling • …

Schlüsselgröße	Beurteilungsfragen	Beurteilungsgrößen	Instrumente/ Quellen
Attraktivität für richtige und gute Leute	• Was sind für uns überhaupt richtige und gute Leute? • Was ist unseren Mitarbeitern wichtig? • Was können wir tun, um unsere Attraktivität zu steigern? • Weshalb haben wir in den letzten Jahren richtige und gute Mitarbeiter verloren? • In welchem Bereich, für welche Aufgabe, fällt es uns schwer, gute Leute zu finden? • …	• Relatives Arbeitgeber-Image • Bewerbungsquote • Weiterbildung-Index • Absenzrate/Krankenstand • Fluktuationsrate (wie viele und vor allem welche Leute?) • …	• HR-Statistiken • Mitarbeitergespräche • Mitarbeiternutzenanalyse • Input aus Management Process Controlling • …
Liquidität (Cashflow)	• Ist genügend Liquidität vorhanden, um kurz- und mittelfristig im Geschäft zu bleiben? • Wurden unterschiedliche Szenarien für die Liquiditätsplanung berücksichtigt? • …	• Cashflow/Umsatz • Liquiditätsgrad I • Liquiditätsgrad II • Liquiditätsgrad III • Vorräte (Reichweite) • Außenstandsdauer • …	• Rechnungswesen (G&V, Bilanz, Mittelflussrechnung) • …
Gewinn (Gewinnerfordernis und Profitabilität)	• Gelingt uns die Finanzierung der Investitionen in die Zukunft und des Wachstums aus eigener Kraft? • Übertreffen wir das für die nachhaltige Lebensfähigkeit erforderliche Gewinnminimum? • …	• Gewinnmarge (Umsatzrendite, EBIT margin, ROS) • Umschlagshäufigkeit • ROI • Eigenfinanzierungsgrad • …	• Rechnungswesen • Finanz-Reporting • …

Abbildung 30: Beispielhafte Operationalisierung der sechs Central Performance Controls

Durch das Business System Controlling kann eine Vorsteuerung der Customer Value Performance erzielt werden. Umgekehrt führt das Management Process Controlling und die daraus resultierende Management Process Performance zu einer Vorsteuerung der Business System Performance. Managementprozesse müssen einen Beitrag zu diesen sechs Central Performance Controls leisten. Die sechs Central Performance Controls sind beispielsweise Leistungsfelder in der Strategie sowie Ziel- und Beurteilungsfelder für die persönlichen Jahresziele und das Controlling.

4.5 Management-Prozesserfahrungen ansammeln

Ein ganzheitlich verstandener Unternehmenserfolg – im Sinne der Total System Performance – besteht neben der bereits im Detail vorgestellten Customer Value Performance und der Business System Performance auch aus der Management Process Performance. Letztere manifestiert sich in der *Management-Entscheidungsqualität* sowie der *akkumulierten Management-Prozesserfahrung.*

Bei einer hohen Management Process Performance wird ein Großteil der Fragen zur Unternehmens- und Mitarbeiterführung richtig und gut getroffen und durch die Anwendung einer Führungssystematik die akkumulierte Management-Prozesserfahrung entscheidend erhöht. Die über die letzten Jahre hinweg erfolgreich in die Ausführung von Managementprozessen involvierten Personen verfügen allesamt über ein *gemeinsames richtiges Managementverständnis* sowie über eine ausgeprägte *Problemlösungskompetenz und -routine.* Dies qualifiziert für das gemeinsame Meistern von noch komplexeren Führungsaufgaben und führt somit zu einer hohen *Entwicklungsfähigkeit* des Unternehmens.

Mit dem Bauplan der Management-Prozess-Architektur ist es gelungen, Management kognitiv erfassbar und somit besser gestalt-, lenk- und entwickelbar zu machen. Im Rahmen des MPA-Konzepts wurde dazu bewusst in Managementprozesse 1. und Managementprozesse 2. Ordnung unterschieden. Dies ist unter anderem deshalb notwendig, um über die MPA-Evaluation eine Beurteilung der Management Process Performance bezüglich aller notwendigen und hinreichenden Managementprozesse vornehmen zu können. Diese Beurteilung kann als Management Process Controlling bezeichnet werden.

4.6 Management Process Controlling

Das Konzept der Management Process Performance und damit zusammenhängend die Empfehlung zur Etablierung eines Management Process Controllings ist von höchster Relevanz. Die theoretische Relevanz wurde im Rahmen von Kapitel 2 und 3 bereits dargelegt. Die praktische Relevanz konnte in einer Studie zur Wirksamkeit von Managementprozessen mittels einer Befragung von über 200 Top-Führungskräften in Erfahrung gebracht werden.[284] Folgende Studienergebnisse unterstreichen die Notwendigkeit eines MPA-Ansatzes einschließlich der damit zusammenhängenden Analyse und Gestaltung von Managementprozessen:[285]

1. Die Wichtigkeit von Managementprozessen wird als hoch eingeschätzt. Dies unabhängig von Branche, Unternehmensgröße oder Nationalität der befragten Unternehmen.
2. Das Zusammenspiel der Managementprozesse wird von 70 Prozent der Befragten als komplex eingestuft, aber nur 41 Prozent versuchen mit einem Gesamtkonzept diese Komplexität zu meistern.
3. Der Erfolgsbeitrag der Managementprozesse zum Kundennutzen (im Sinne der Vorsteuerung) wird erst von 57 Prozent erkannt.
4. In 37 Prozent der Fälle wird bezüglich Managementprozesse ohne Konzept gearbeitet, was sich in einer unterdurchschnittlichen Wirksamkeit der Managementprozesse niederschlägt.
5. Bei den befragten Unternehmen liegt der Fokus noch zu wenig auf den mitarbeiterbezogenen Managementprozessen, welche aber unerlässlich sind für eine wirksame Transformation von Strategien in Resultate.
6. Das Management der Managementprozesse wird zu wenig konsequent durchgeführt. Nur 38 Prozent der Befragten verfügen über klare Zuständigkeiten bezüglich der Managementprozesse und nur 52 Prozent über eine funktionierende Gesamtkoordination.
7. Das Management der Managementprozesse führt gemäß der Studie nachweislich zu einem erhöhten Erfolgsbeitrag infolge des besseren Zusammenwirkens der einzelnen Managementprozesse.

4.7 Viertes Zwischenfazit

In diesem Kapitel ging es darum, im Detail aufzuzeigen, was unter einem ganzheitlichen Unternehmenserfolg zu verstehen ist, welche Konzepte Anwendung finden müssen, um den Unternehmenserfolg bestmöglich vorzusteuern, und wie das Resultat von Managementprozessen zu verstehen ist. Als Grundlage diente das in Kapitel 2 entwickelte Model of Pre-controlled Success. Dieses zeigt in kompakter Weise, dass die Lebensfähigkeit einer ergebnisverantwortlichen Einheit (Unternehmen, Geschäftsbereich, Profit Center et cetera) nur gegeben ist, wenn das Unternehmen wettbewerbs-, funktions- und entwicklungsfähig ist. Entsprechend sollte jede ergebnisverantwortliche Einheit Aspekte des Customer Value Controlling, des Business

System Controlling und des Management Process Controlling in das bestehende Controlling aufnehmen.

Wettbewerbsfähigkeit wird durch Customer Value Performance erzielt und Letztere über ein Customer Value Controlling sichergestellt. In Kapitel 4 wurde die Bedeutung des Kundennutzens als oberste Orientierungsgröße aufgezeigt. Statt Shareholder Value geht es somit bei richtiger und guter Corporate Governance um Customer Value. Mittels der Methodik der Kundennutzenanalyse lässt sich Kundennutzen konkret beurteilen und dadurch die strategische Position bestimmen und weiterentwickeln (Value Map). Ebenso lassen sich operative Maßnahmen einleiten zur Verbesserung der Qualitätsposition (Attribute Chart). Des Weiteren können die Prozesse des Unternehmens am Kunden ausgerichtet werden, indem die Beiträge von Prozessen zur Erfüllung kaufentscheidender Kriterien analysiert und optimiert werden.

Funktionsfähigkeit wird durch Business System Performance erzielt und Letztere über ein Business System Controlling sichergestellt. In Kapitel 4 wurde aufgezeigt, dass es bewährte Schlüsselgrößen gibt, mit denen die Funktionsfähigkeit von Unternehmen beurteilt und weiterentwickelt werden kann. Bezüglich der Operationalisierung der sechs vorgestellten Schlüsselgrößen (Marktstellung, Innovationsleistung, Produktivitäten, Attraktivität für richtige und gute Leute, Liquidität, Gewinn) wurde darauf hingewiesen, dass entsprechende Kenngrößen immer spezifisch für das jeweilige Unternehmen zu definieren sind und dass diese Größen nicht immer quantitativ messbar sein können, jedoch beurteilbar sein müssen. Während sich Schlüsselgröße 5 und 6 auf Aspekte des operativen Managements beziehen, geht es insbesondere bei den Schlüsselgrößen 1–4 um Aspekte des strategischen Managements.

Entwicklungsfähigkeit wird durch Management Process Performance erzielt und Letztere über ein Management Process Controlling sichergestellt. In Kapitel 4 wurde aufgezeigt, dass die größte Vorsteuerung des Unternehmenserfolgs in wirksamen Managementprozessen begründet ist. Wirksame Managementprozesse ermöglichen eine integrierte Unternehmens- und Mitarbeiterführung und decken gleichermaßen Aspekte des normativen, strategischen und operativen Managements ab. Dank dem in diesem Buch vorgestellten Ansatz lassen sich Managementprozesse systematisieren und beurteilen. Mit dem Management Process Controlling wird dort angesetzt, wo man als Führungskraft die größte Hebelwirkung erzielen kann. Dies ganz im Sinne von »lenke, was lenkt«.

Wirksame Managementprozesse bilden die Voraussetzung für die Entwicklungs-, Funktions- und Wettbewerbsfähigkeit des Unternehmens. Entsprechend liegt das Augenmerk im Folgenden auf der Frage, welche Managementprozesse wie zusammenspielen müssen.

5. Managementprozesse genau betrachtet

Damit ganzheitlicher Erfolg im Interesse des Unternehmens erzielt wird, sind wirksame Managementprozesse erforderlich. Die *Ausführung von Managementprozessen* darf daher nicht dem Zufall überlassen werden. Stattdessen ist genau zu betrachten, *welche Managementprozesse wie zusammenspielen* müssen, damit das Unternehmen zuverlässig funktioniert und Kundenutzen stiftet.

In Kapitel 3 wurde mit der MPA-Theorie die Bedeutung von Managementprozessen dargelegt, und bereits in Kapitel 2 wurde die Übersichtsversion des Integrated Management Model vorgestellt. Nachfolgend soll die *Detailversion* erläutert werden. Dabei geht es insbesondere darum, die einzelnen Managementprozesse in ihrem Zusammenhang mit anderen Managementprozessen darzustellen. Die Verbindungspfeile zwischen den Managementprozessen im Integrated Management Model sind nicht Wirkungszusammenhänge im Sinne von »je mehr, desto mehr/weniger«, sondern *Informationszusammenhänge*.[286] Jedes Element des Integrated Management Model ist als Managementprozess zu verstehen, bei dem anhand von *Informations-Inputs* über einen *Problemlösungsprozess* ein jeweiliger *Informations-Output* generiert wird. Managementprozesse sind »Daueraufgaben« im Sinne von nie abbrechenden Problemlösungsprozessen respektive Ereignisströmen, welche mit Rückgriff auf bestehende materielle und immaterielle Strukturen immer wieder aufs Neue entsprechende Ereignisse hervorbringen. Managementprozesse folgen dabei der invarianten Phasenlogik von Analyse-Optionen-Gestaltung-Wirkung, wie sie mit dem Model of Circular Processes in Kapitel 2 dargelegt wurde.

Die Kenntnis der einzelnen Managementprozesse ist noch nicht ausreichend, um in der Praxis Anwendungserfolge zu erzielen. Richtiges und gutes Management ist abhängig vom *Zusammenspiel* der Managementprozesse sowie von den jeweiligen *richtigen Inhalten*, welche sich hinter den Begriffen verbergen.[287] Es geht zum Beispiel nicht um den Begriff »Strategie«, sondern um die Inhalte, die es für eine richtige Strategie braucht, sowie um das

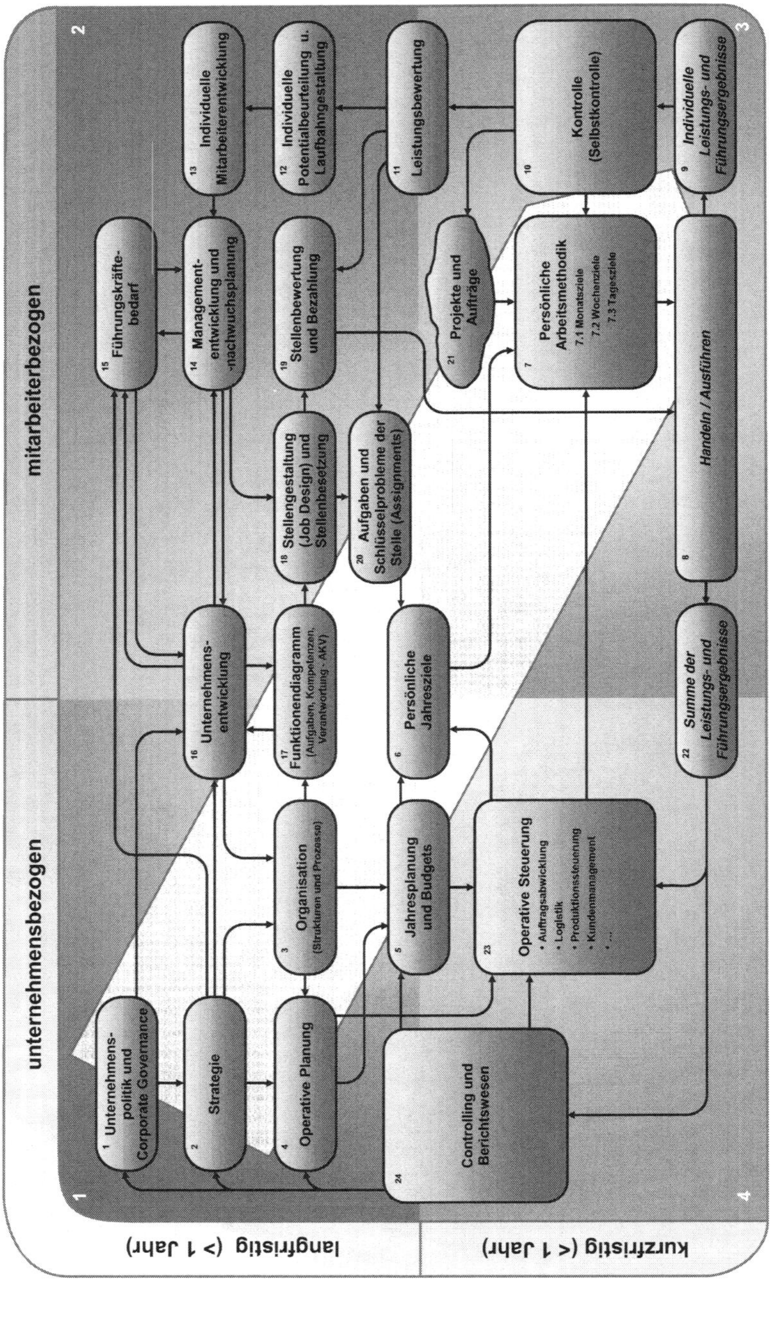

Abbildung 31: Detailversion des Integrated Management Model nach Malik

Zusammenspiel der Strategie mit einer Organisation, welche die Strategieumsetzung ermöglicht und nicht behindert. Es würde den Rahmen dieses Buches sprengen, die einzelnen Managementprozesse auch inhaltlich im Detail auszuleuchten. Es werden daher nachfolgend bei der Beschreibung der Detailversion des Integrated Management Model nur die wichtigsten *inhaltlichen Grundsätze* erwähnt.[288]

Die nachfolgenden Darlegungen orientieren sich an Maliks Publikationen zum Integrated Management Model und folgen den vier Quadranten der Abbildung 31.[289]

5.1 Langfristig-unternehmensbezogene Managementprozesse

Der Managementprozess *»Unternehmenspolitik und Corporate Governance«*[290] definiert Zweck, Identität und Funktionsweise des Unternehmens und in diesem Zusammenhang auch Leitplanken für die Strategie- und die Unternehmensentwicklung. Neben dem Leitbild sind Policy Rules (unternehmenspolitische Regelungen) ein prägendes Instrument. Leitbild und Policy Rules haben normativen Charakter, sind kurz und klar formuliert und haben eine langfristige Gültigkeit. Sie können verglichen werden mit der Verfassung eines Landes oder den zehn Geboten der Bibel. Im Rahmen der Unternehmenspolitik und Corporate Governance werden die Weichen gestellt für die Orientierung am Kundennutzen und die Etablierung einer Management-Prozess-Architektur.

Unter Nutzung der Inputs aus Unternehmenspolitik und Corporate Governance sowie aus Controlling und Berichtswesen findet die Erarbeitung der *»Strategie«* statt. Im Rahmen der Strategiearbeit werden mit Blick auf die Zukunft strategische Stoßrichtungen festgelegt. Neben Produkt-/Markt-Optionen sind dabei auch Wertschöpfungs-Optionen zu bedenken. Neben einer Unternehmensstrategie sind Geschäftsfeldstrategien (für Divisionen/Geschäftsbereiche/Profit Center) und Funktionalstrategien (für Support-Units wie zum Beispiel Marketing, Human Resources, Finanzen, Informationstechnologie) zu erarbeiten. Diese Strategien sind jeweils mit Zielen, Mitteln und Maßnahmen hinsichtlich der sechs Central Performance Controls zu hinterlegen.

Zur Umsetzung der Strategie ist eine geeignete *»Organisation (Strukturen und Prozesse)«* notwendig. Diese lässt sich durch die Ablauf- (Geschäfts-, Unterstützungs-, Managementprozesse) und die Aufbauorganisation (etablierte und innovative Geschäftseinheiten, Unterstützungseinheiten, Projektorganisation, Organe, Gremien et cetera) charakterisieren. Die Oberflächenstruktur eines Unternehmens wird zumeist mit einem Organigramm dargestellt. Hinsichtlich der Funktionsweise des Unternehmens ist jedoch die Tiefenstruktur wesentlich entscheidender. Diese lässt sich mittels Viable System Model diagnostizieren und über entsprechende Gestaltungsmaßnahmen beeinflussen. Eine wirksame Organisation stellt den Kunden in den Mittelpunkt und ermöglicht den Mitarbeitern und Führungskräften auch wirklich das zu tun, wofür sie bezahlt werden.

Die *»Operative Planung«* (teilweise auch Mehrjahresplanung genannt) orientiert sich an den Zielen/Eckwerten und Schlüsselmaßnahmen der Strategie und »übersetzt« diese ins Tagesgeschäft der einzelnen Organisationseinheiten. Die operative Planung darf daher niemals eine Extrapolation (lineare Hochrechnung) von Vergangenheitswerten sein, sondern die Planzahlen müssen einen argumentativen Hintergrund haben. Die operative Planung ist ein wichtiges Bindeglied zwischen Strategie und Jahresplanung, weil gewisse Vorhaben und Investitionen (zum Beispiel Akquisition eines Unternehmens, Bau eines neuen Firmengebäudes) einen längeren Zeithorizont als ein Jahr haben und daher auf Basis operativer Größen über mehrere Jahre geplant werden müssen (inklusive Investitionsrechnung).

»Jahresplanung und Budgets« sind nicht nur ein Instrument des Finanz- und Rechnungswesens, sondern insbesondere ein »To-do«- respektive Management-Werkzeug für Leiter von Organisationseinheiten. Sie sind keine Hochrechnungen aus der Vergangenheit, sondern stellen eine zukunftsgerichtete Willensbekundung dar. Das Erarbeiten von Jahresplänen und Budgets verlangt ein gewissenhaftes Durchdenken der erwarteten und gewollten Resultate/Wirkungen sowie deren Beziehungen zu den erforderlichen Mitteln und Maßnahmen. Die Kategorien der Jahresplanung und Budgets sollten inhaltlich (nach Produkten, Kunden, Regionen et cetera) und vom Detaillierungsgrad her ähnlich sein wie jene des unterjährigen Budgetcontrollings. Jahresplanung und Budgets müssen so konkret sein, dass sie ausreichenden Input für die persönlichen Jahresziele und die operative Steuerung beinhalten.

5.2 Kurzfristig-mitarbeiterbezogene Managementprozesse

Den *»Persönlichen Jahreszielen«* (als Ausgangspunkt von Management by Objectives and self control – kurz MbO) kommt eine zentrale Bedeutung zu: Sie verbinden einerseits die unternehmens- und mitarbeiterbezogene und anderseits die lang- und kurzfristige Dimension. Der Vorgesetzte hat für Leistungs- und Entwicklungsziele seiner Mitarbeiter zu sorgen. Entscheidend ist, dass Ziele vorliegen. Ob diese vorgegeben oder vereinbart werden, ist sekundär und situationsabhängig. Auf alle Fälle sollten sie vom Vorgesetzten mit dem Mitarbeiter in einem Gespräch diskutiert und unter Einhaltung wesentlicher Grundregeln[291] festgehalten werden. Ziele sind das wichtigste Mittel, um Menschen in einer Organisation zu fokussieren.

Die *»Persönliche Arbeitsmethodik«* steuert die Umsetzung der persönlichen Jahresziele in Ergebnisse unter Berücksichtigung von Inputs aus Operativer Steuerung, Kontrolle (Selbstkontrolle) sowie Projekte und Aufträge. Monats-, Wochen- und Tagesziele bilden die Grundlage zur Steuerung des individuellen Handelns. Jeder erfolgreiche Mensch arbeitet methodisch, aber man kann nicht »die« Methode verallgemeinern. Die Arbeitsmethodik ist etwas sehr Individuelles, deshalb »persönliche« Arbeitsmethodik. Erfolgreiche Menschen zeichnen sich aus durch einen wirksamen Umgang mit Zeit (inklusive Terminverwaltung), Informations-Inputs (inklusive physisches und elektronisches Ablagesystem), Informations-Outputs (mündlich und schriftlich), Aufgaben/Pendenzen (inklusive Checklisten für wiederkehrende Abläufe).

Das *»Handeln/Ausführen«* sowie die damit verbundenen *»Individuellen Leistungs- und Führungsergebnisse«* sind selbst keine Managementprozesse, sondern das Resultat von Managementprozessen. Die individuellen Resultate stehen dabei ganz im Zeichen eines Beitrags an die »Total System Performance« gemäß dem »Model of Pre-controlled Success«.

Die »Individuellen Leistungs- und Führungsergebnisse« bilden den Input für *»Kontrolle (Selbstkontrolle)«*. Die Funktionssicherheit einer Organisation wird maßgeblich durch »Management by objectives and self control« geprägt. Durch die Selbstkontrolle ist eine entsprechende Rückführung wesentlicher Informationen in das Führungssystem sichergestellt (Feedback). Wo ein Messen im engeren Sinn nicht möglich ist, muss man zumindest Beurteilen und Urteilen. Im Rahmen der persönlichen Arbeitsmethodik können auf Basis des jeweiligen Soll-Ist-Vergleichs entsprechende Korrekturmaßnahmen eingeleitet werden, deren Umsetzung erneut durch

Selbstkontrolle geprüft wird. Im Idealfall ist die Selbstkontrolle so wirksam, dass der Kontrollaufwand des Vorgesetzten minimiert wird. Im Minimum muss der Vorgesetzte kontrollieren, ob sich der Mitarbeiter selbst ausreichend kontrolliert, und er muss über ausreichende Kontrollinformationen für die Leistungsbewertung verfügen.

»Projekte und Aufträge« steht für nicht in der Jahresplanung enthaltene Projekte und Aufträge. Diese unter anderem durch systematische (Selbst-) Kontrolle aufgespürten, »unterjährig dazukommenden« respektive außerordentlichen Aufgaben haben Einfluss auf die bis dato bestehenden Monats-, Wochen- und Tagesziele. Die andere Formgebung des Elements in Abbildung 31 weist darauf hin, dass es sich bei Projekten und Aufträgen um ein Element handelt, welches das Modell öffnet für unerwartete Veränderungen in der Umwelt und im Unternehmen.

Auf Basis der (Selbst-)Kontrollen der Leistungs- und Führungsergebnisse findet die *»Leistungsbewertung«* statt. Wie beim Kontrollieren gilt auch hier, dass, wo ein Messen der Leistung im engeren Sinne nicht möglich ist, zumindest beurteilt und geurteilt werden muss.[292] Entscheidend ist dabei insbesondere das Erkennen der Stärken des Mitarbeiters. Schwächen muss man kennen, um sie im Rahmen der Einsatzsteuerung möglichst nicht zum Tragen zu bringen. Je nach Situation kann es sinnvoll sein, unterjährig periodische Standortbestimmungsgespräche durchzuführen. Einmal jährlich findet die abschließende Leistungsbewertung und Beurteilung der Erreichung der Jahresziele des abgelaufenen Jahres statt. Im Gespräch und in der entsprechenden Dokumentation ist auch die Sichtweise des Mitarbeiters zu seiner Leistung einzubeziehen. Die Erkenntnisse aus diesem Gespräch bilden Input für eine Reflexion der Schlüsselaufgaben des jeweiligen Mitarbeiters und die Vereinbarung der Ziele für das kommende Jahr. Des Weiteren bildet die Leistungsbewertung die Grundlage für Fragen der Bezahlung sowie der individuellen Potenzialbeurteilung und Laufbahngestaltung.

5.3 Langfristig-mitarbeiterbezogene Managementprozesse

Die *»Individuelle Potenzialbeurteilung und Laufbahngestaltung«* umfasst eine Einschätzung[293] des Führungs- und Leistungspotentials einer Person auf Basis der bisherigen Resultate[294] und gegebenenfalls dem Verhalten in einer Laborsituation. Sie dient damit der Feststellung der Eignung für eine andere – in der Regel höherwertige – Aufgabe. Neben der vergangenheitsorientierten Leistungsbewertung und der zukunftsorientierten Potenzialbeurteilung bilden unternehmensspezifische Laufbahnlinien[295] die Grundlage für die individuelle Laufbahngestaltung. Letztere führt zur beruflichen Entwicklung einer Person im Unternehmen. Sie hat Unternehmensnotwendigkeiten und persönliche Berufsziele des Betroffenen bestmöglich in Übereinstimmung zu bringen.

Aufbauend auf der individuellen Potenzialbeurteilung und Laufbahngestaltung zielt die *»Individuelle Mitarbeiterentwicklung«* darauf ab, Mitarbeitern aller Stufen Qualifikationen zur Bewältigung der gegenwärtigen und zukünftigen Anforderungen ihrer Tätigkeit zu vermitteln. Individuelle Mitarbeiterentwicklung setzt bei der jeweiligen Person an und berücksichtigt deren bisherige Kenntnisse (Wissen) und Fähigkeiten (Können) sowie deren Arbeitsanforderungen. Entwicklungsmaßnahmen sollten nicht nur auf Wissensvermittlung beruhen, sondern auch Elemente der Wissensanwendung umfassen (insbesondere angeleitete Arbeit an realen Projekten). Entwicklungsziele sind ebenfalls in die persönlichen Jahresziele zu integrieren. Die Erreichung der Entwicklungsziele ist nicht primär auf Basis der Anzahl besuchter Schulungstage (Input), sondern der erworbenen Fähigkeiten (Output) zu beurteilen.

Unter der Bezeichnung *»Managemententwicklung und -nachwuchsplanung«* werden alle Maßnahmen verstanden, die darauf ausgerichtet sind, die Entwicklung der aktuellen und potenziell zukünftigen Führungskräfte kontinuierlich den aktuellen und zukünftigen Anforderungen gemäß zu fördern. Im Gegensatz zur individuellen Mitarbeiterentwicklung steht nicht die einzelne Person, sondern primär das Management als Gesamtheit im Mittelpunkt. Die mit Blick in die Zukunft benötigte Anzahl und Qualität der ausgebildeten Führungskräfte ergibt sich aus der Ermittlung des Führungskräftebedarfs. In diesem Zusammenhang sind auch frühzeitig Nachfolger für Schlüsselpersonen/-positionen aufzubauen. Eine wirksame Managemententwicklung und -nachwuchsplanung führt auf allen Ebenen des Unternehmens zu einer gemeinsamen »Managementsprache«, indem allen Teilnehmern von entsprechenden Managemententwicklungsprogrammen bewusst die gleichen Grundmodelle, -konzepte und -methoden vermittelt werden.

Die Ermittlung des *»Führungskräftebedarfs«* führt zum quantitativen (Menge) und qualitativen (Fähigkeiten) Gesamtbedarf an Führungskräften, den das Unternehmen in den nächsten Jahren aufweisen wird. Wesentliche Inputs zur Bedarfsermittlung kommen aus der Strategie, der Unternehmensentwicklung sowie der Managemententwicklung und -nachwuchsplanung. Der ermittelte Führungskräftebedarf ist zunächst eine rein planerische Größe, welche ihrerseits einen wichtigen Input bildet für die Unternehmensentwicklung sowie für die Managemententwicklung und -nachwuchsplanung. Zur Bedarfsdeckung sind frühzeitig Maßnahmen einzuleiten (Entwicklung von innen und/oder Rekrutierung von außen).

Die intendierte Veränderung und Erhöhung der Leistungsfähigkeit des Gesamtsystems wird als *»Unternehmensentwicklung«* bezeichnet. Wesentliche Inputs kommen aus der Unternehmenspolitik und Corporate Governance, aus der Strategie sowie aus drei Managementprozessen, welche in gegenseitigem Zusammenhang mit der Unternehmensentwicklung stehen. Es sind dies Funktionendiagramm, Managemententwicklung und -nachwuchsplanung sowie der Führungskräftebedarf. Die Unternehmensentwicklung verändert somit auf Basis von unternehmens- und mitarbeiterbezogenen Inputs das Gesamtsystem und wirkt so auf Unternehmen und Mitarbeiter zurück. Diese große Bedeutung bringt es mit sich, dass größere Unternehmensentwicklungsvorhaben als Projekt verstanden, mit den besten (Nachwuchs-) Führungskräften besetzt und professionell durchgeführt werden müssen.

»Funktionendiagramm (Aufgaben, Kompetenzen, Verantwortung – AKV)« dient der Konkretisierung und Individualisierung der Organisation (Strukturen und Prozesse). Die klare Definition und Zuteilung von Zuständigkeiten im Sinne von Aufgaben, Kompetenzen[296] und Verantwortung zeigt das Zusammenwirken der einzelnen Stellen bei der Aufgabenerfüllung (horizontale Dimension im Funktionendiagramm) sowie die AKV je Stelle (vertikale Dimension im Funktionendiagramm). Aufgaben können im Funktionendiagramm auf unterschiedlicher Aggregationsebene dargestellt werden (Prozesse, Hauptaufgaben, Aufgaben, Detailaufgaben, Einzeltätigkeiten et cetera). Grundsätzlich gilt, dass dort ein höherer Detaillierungsgrad angebracht ist, wo es sich um oft wiederkehrende Aufgaben handelt.

Die *»Stellengestaltung (Job Design) und Stellenbesetzung«* ist zwar mitarbeiterbezogen, aber nicht in erster Linie »einzelpersonabhängig«. Vielmehr geht es, abgeleitet aus dem Funktionendiagramm, um die langfristig angelegte Bündelung von Aufgaben zu einem Aufgabenpaket für eine zu besetzende Arbeitsstelle (Pflichtenheft). Neben Aufgaben, Kompetenzen und Verantwortung werden bei der Stellengestaltung auch entsprechende Vorgesetzten- und Mitarbeiterbeziehungen sowie die Stellvertreterregelung definiert. Das Resultat der Stellengestaltung ist eine schriftlich festgehaltene Stellenbeschreibung. Die Stellenbeschreibung dient einerseits als unternehmensinternes Koordinationsinstrument und ist anderseits Grundlage für die Erstellung eines Anforderungsprofils zur internen oder externen Rekrutierung einer Person für die Besetzung der Stelle sowie als Input zur »Stellenbewertung und Bezahlung«.

»Stellenbewertung und Bezahlung« umfasst eine leistungs-/personen-*unabhängige* Bewertung der Stelle als Basis einer leistungs-/personen*abhängigen* Bezahlung. Der Stellenwert als direktes Resultat der Stellenbewertung gibt Auskunft über die relative Bedeutung der Gesamtheit der Anforderungen einer Stelle, das heißt der Arbeitsschwierigkeit einer Stelle innerhalb eines bestimmten Kollektivs. Bewertungsobjekt ist somit die Stelle, nicht der Stelleninhaber. Auf Basis der Stellenbewertung und der Leistungsbewertung erfolgt die Festlegung der Gesamtentlohnung im Rahmen der gegebenen Gehaltsstrukturen. Die Bezahlung hat aus Sicht von Vorgesetztem und Mitarbeiter leistungsgerecht, intern verteilungsgerecht und personalmarktgerecht zu sein.

Die richtig bestimmten *»Aufgaben und Schlüsselprobleme der Stelle (Assignments)«* führen zu einer wirksamen Einsatzsteuerung, die den Mitarbeiter zur vollen Konzentration auf die richtigen Aufgaben anhält. Während die Stellengestaltung (Job Design) langfristig-orientierte Aufgabenpakete festlegt, sorgen Assignments (Einsatzsteuerung) für die situationsbedingten Prioritäten. Somit wird die eher statische Stellengestaltung ergänzt durch Assignments als dynamische Komponenten von Organisationen. Ein Assignment ist die Konklusion aus den strategischen Herausforderungen, aus den Hauptaufgaben der Stelle und aus der aktuellen Situation (Rahmenbedingungen, persönliche Stärken et cetera) und ist ein wichtiger Input für die persönlichen Jahresziele.

5.4 Kurzfristig-unternehmensbezogene Managementprozesse

Die *»Summe der Leistungsergebnisse«* ist selbst kein Managementprozess, sondern Resultat der Managementprozesse und wichtiger Input für die nachgelagerten Managementprozesse »Operative Steuerung« sowie »Controlling und Berichtswesen«.

Die *»Operative Steuerung«* umfasst dispositive Systeme und dient der Steuerung des Tagesgeschäfts. Beispiele für dispositive Systeme sind Customer Relations Management, Order Processing (Auftragsabwicklungssysteme), Production Control (Produktionsplanungs- und -steuerungssysteme), Logistics (Logistiksysteme), Lagerbewirtschaftung und Materialwirtschaft.

Wichtig ist, dass diese Systeme die Führungskräfte mit führungsrelevanter Information versorgen und somit Inputs für die persönlichen Jahresziele und die persönliche Arbeitsmethodik leisten. Je nach Größe und Art des Unternehmens kann es sinnvoll sein, für wesentliche Komponenten des Tagesgeschäfts (Kunden, Aufträge, Mitarbeiter, Material, Finanzen et cetera) über Informationstechnologiesysteme zu verfügen.

»Controlling und Berichtswesen« ist das wichtigste Feedback-System für den unternehmensbezogenen Bereich und deckt alle Zeitbereiche ab (zum Beispiel strategisches Controlling, Budgetcontrolling). Über indirekte Elementbeziehungen werden letztlich alle Elemente (auch mitarbeiterbezogene) erfasst und mit Feedback versorgt. Die Ergebnisse werden verarbeitet und verdichtet, um sie den anderen Elementen als Input zurückzuspielen respektive werden entsprechende Berichte für definierte Zielgruppen erstellt. Dabei wird nicht entschieden, sondern vorbereitet im Sinne eines Controller-Diensts für Entscheider. Für ein systemorientiertes Controlling sollten vom Controlling und Berichtswesen alle drei Komponenten des Model of Pre-controlled Success, also Customer Value Controlling, Business System Controlling und Management Process Controlling[297], abgedeckt werden. Die Controlling-Arbeit und das empfängerorientierte Berichtswesen müssen dem Planungs- und Kontrollrhythmus der unterschiedlichen Ebenen entsprechen. Zudem ist bezüglich der eingesetzten Systeme und Instrumente eine Balance zwischen Daten-/Informationserfassung und Daten-/Informationsnutzung sicherzustellen.

5.5 Fünftes Zwischenfazit

Um in der Datenflut der heutigen Zeit relevante Informationen für das Management des Unternehmens ausreichend schnell filtern und verarbeiten zu können, sind geeignete *Modelle als Relevanzfilter*[298] *respektive Landkarte* notwendig. Diese Landkarten dienen als Denk- und Handlungsraster für individuelle und kollektive Problemlösungsprozesse. Die Einführung solcher Modelle in einem Unternehmen erleichtert die Zusammenarbeit und ist umso wichtiger, je mehr die Menschen nicht dasselbe gelernt haben und nicht dieselbe Problemlösungssprache sprechen.[299] Das Integrated Management Model ist die bestgeeignete Landkarte für die tägliche Führungsarbeit von ergebnisverantwortlichen Führungskräften.

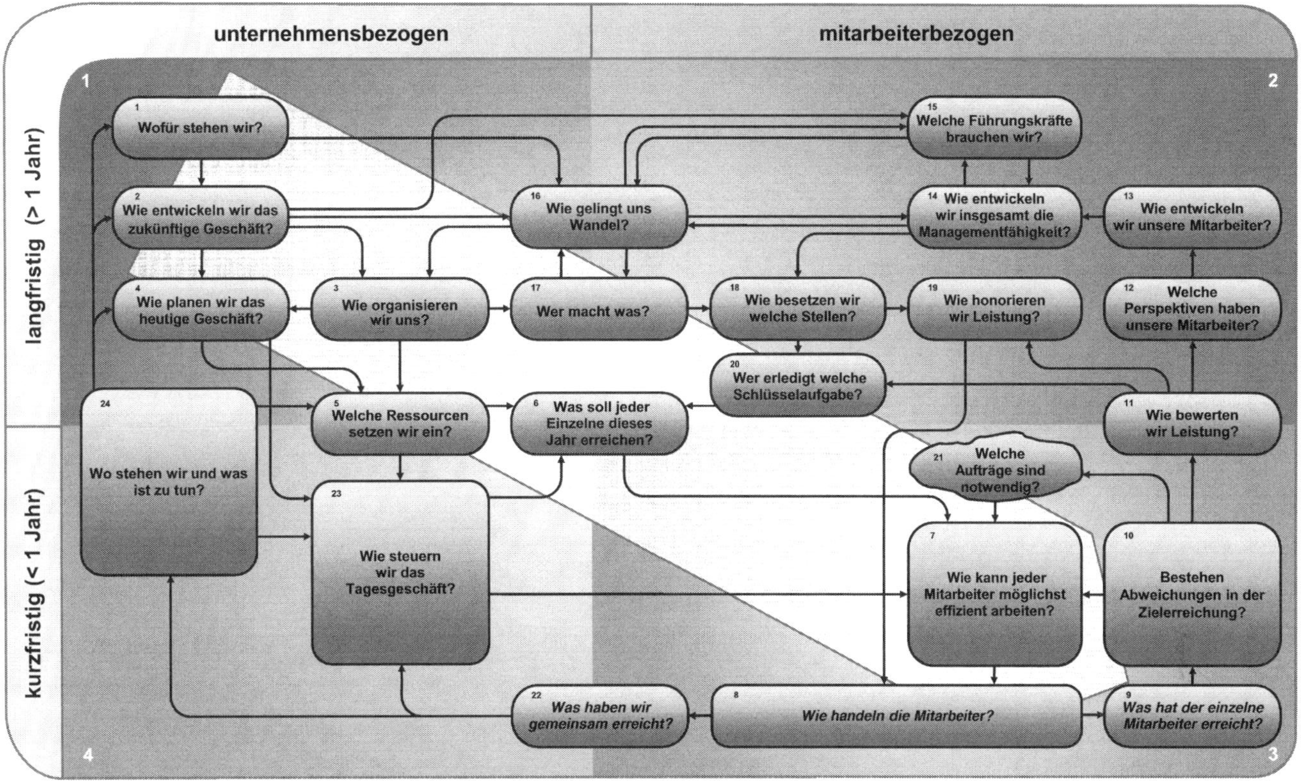

Abbildung 32: Schlüsselfragen für die Führung einer ergebnisverantwortlichen Einheit

Alle Managementprozesse können als permanent und zirkulär ablaufende Prozesse verstanden werden. Das heißt, dass alle Managementprozesse im Integrated Management Model permanent – mal schneller, mal langsamer – im Fluss sind. Die Strategiearbeit wird so beispielsweise nicht mehr zu einer alle drei bis vier Jahre stattfindenden Aktion, sondern zu einem permanenten Prozess. Dies ist deshalb notwendig, weil aufgrund der erhöhten Umweltkomplexität strategische Entscheidungen von Unternehmen nicht mehr lange auf sich warten lassen können. Es ist jeweils im *aktuellen Moment* zu entscheiden, was in die Wege geleitet werden muss, damit man auch *in Zukunft* im Geschäft ist. Es geht also bei einer Strategie nicht um zukünftige Entscheidungen, sondern um die *Zukunftswirkung von heutigen Entscheidungen.*[300] Entsprechend ist die Zeitdimension im Integrated Management Model nicht primär als minimale Frequenz der Beschäftigung mit dem jeweiligen Managementprozess, sondern als dessen *Wirkungshorizont* zu verstehen.

Managementprozesse sind Problemlösungsprozesse. Jeder Managementprozess hat somit die Lösung eines Problems, das heißt die Beantwortung einer Schlüsselfrage zum Ziel. In Abbildung 32 ist das Integrated Management Model daher nochmals dargestellt; diesmal jedoch im Sinne von *Schlüsselfragen* für die wirksame Führung einer ergebnisverantwortlichen Einheit.

6. Management der Managementprozesse

In der Literatur finden sich hohe Stapel von Büchern zum Management von Geschäftsprozessen, nicht jedoch zum *Management der Managementprozesse* im Sinne von *»lenke, was lenkt«*. Die Management-Prozess-Architektur (MPA) schließt diese Lücke und kreiert mit dem »Management der Managementprozesse« *die* Meta-Kompetenz für erfolgreiches unternehmerisches Handeln. Dieses führt zu wirksamen Managementprozessen (vgl. Kapitel 5) und zu einem ganzheitlichen Erfolg im Interesse des Unternehmens (vgl. Kapitel 4).

Der Bedarf an Management der Managementprozesse ist nicht neu. Es gibt ihn, seit es Unternehmen gibt. Dieser Bedarf wird allerdings heutzutage noch selten von den Führungskräften erkannt, und bis dato gab es auch keinen schlüssigen Ansatz, der diesen Bedarf der Praxis gedeckt hätte. Der MPA-Ansatz ist somit in hohem Maße praxisrelevant, innovativ und resultatorientiert.

Das in Kapitel 2 vorgestellte Viable System Model zeigt auf, dass operative, strategische und normative Managementprozesse *in jeder ergebnisverantwortlichen Einheit* wirksam verankert werden müssen. Damit erfüllt jede Geschäftseinheit ihren kundenorientierten Zweck und leistet einen Beitrag an umfassendere Systeme (Division, Gesamtunternehmen, Region, Gesellschaft). Die in Kapitel 3 vorgestellte *Basislogik des MPA-Konzepts* (Abbildung 23) umfasst die sieben Managementprozesse, die für eine erfolgreiche Unternehmens- und Mitarbeiterführung relevant sind, nämlich:

1. Unternehmenszweck und -politik
2. Strategie und Planung
3. Ablauf- und Aufbauorganisation
4. Jahreszielprozess
5. Persönliche Arbeitsmethodik und Wirksamkeit
6. Führungskräfte- und Mitarbeiterentwicklung
7. Operative Steuerung, Controlling und Berichtswesen

Von diesen sieben Managementprozessen wurden, wie in Abbildung 24 dargestellt, wiederum sieben *Managementprozesse 2. Ordnung* für das Management der Managementprozesse abgeleitet:

I. MPA-Zwecksetzung
II. MPA-Strategie
III. MPA-Organisation
IV. MPA-Jahreszielprozess
V. MPA-Arbeitsmethodik
VI. MPA-Education
VII. MPA-Evaluation

Für jeden dieser Managementprozesse 2. Ordnung enthält das MPA-Konzept ein eigenes Konzeptmodul. Die sieben MPA-Konzeptmodule kommen im Gesamtunternehmen ebenso wie in einzelnen ergebnisverantwortlichen Einheiten (und wiederum deren Subeinheiten) zur Anwendung. Diese *rekursive Anwendungslogik* wurde in Abbildung 26 dargestellt. Ein wirksames Management der Managementprozesse erfordert die *kombinierte* Anwendung aller MPA-Konzeptmodule, was jedoch *nicht* bedeutet, dass alle Konzeptmodule *gleichzeitig und gleich intensiv* angewandt werden müssen.

6.1 Evolution planen mittels MPA-Zwecksetzung

Kontext	Ziel	Umsetzung
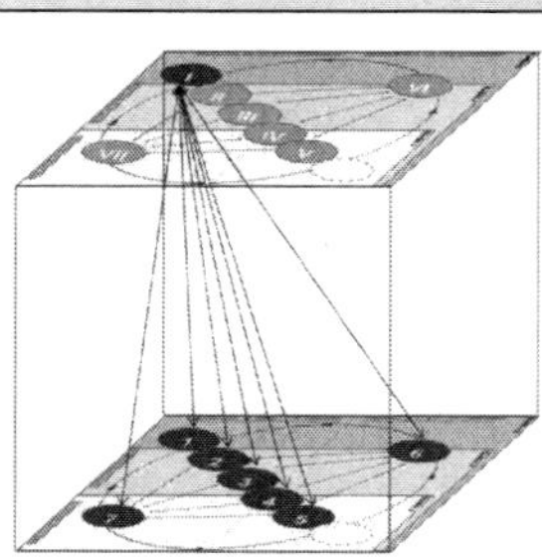	Grundsätze hinsichtlich Wahl und Konfiguration von Managementprozessen sind festgelegt.	1. Grundsatzentscheid zu Orientierung an Lebensfähigkeit, Unternehmensinteresse und Kundenutzen 2. Entscheid zur Einführung des MPA-Konzepts 3. Evolutionäre Einführung und »In-Schwung-halten« der MPA

Abbildung 33: Einführende Übersicht über Konzeptmodul MPA-Zwecksetzung

Zur Einführung des MPA-Konzepts ist ein Grundsatzentscheid notwendig. Und zwar ein Grundsatzentscheid für die *Orientierung* der Geschäftsaktivitäten an der *Lebensfähigkeit* des Unternehmens, daher auch für die *Führung* der Geschäftsaktivitäten *im Interesse des Unternehmens* (und nicht primär im Interesse von Shareholder oder Stakeholder) und – damit einhergehend – für die primäre *Fokussierung* der Geschäftsaktivitäten auf das Schaffen von *Kundennutzen*. Wer diesen Grundsatzentscheid gefällt hat, ist bestrebt, dass die Umsetzung dieses Entscheids auch gelingt. Oft sind in Unternehmen dazu aber die bisherigen Managementprozesse nicht geeignet und es empfiehlt sich, bestehende Managementprozesse auf den Prüfstand zu stellen. Dies kann direkt im Rahmen der Einführung der in dieser Arbeit vorgestellten Management-Prozess-Architektur erfolgen.

Die mit dem Grundsatzentscheid festgelegte Orientierung an Lebensfähigkeit, Führung im Interesse des Unternehmens und Fokussierung auf den Kundennutzen bedarf einer konsequenten Umsetzung. Das vorliegende MPA-Konzept bietet eine Handhabe, um diese Umsetzung nicht dem Zufall zu überlassen, sondern systematisch anzugehen und wesentliche Aspekte zu institutionalisieren. Die Einführung des MPA-Konzepts programmiert die *Voraussetzungen für den Unternehmenserfolg*, ohne das Verhalten des Einzelnen im Detail vorzuschreiben. Vielmehr geht es darum, die Leitplanken für richtiges und gutes Verhalten zu definieren und im Unternehmen zu institutionalisieren. Damit dies gelingt, ist ein Mitwirken der obersten Führung notwendig. Im Idealfall ist dies das oberste Management des Gesamtunternehmens, und das MPA-Konzept wird unternehmensweit eingeführt. Es kann jedoch auch sein, dass ein Teilbereich des Gesamtunternehmens, also eine einzelne ergebnisverantwortliche Einheit, das MPA-Konzept für sich einführt und erst später ein »Roll-out« auf andere Bereiche und das Gesamtunternehmen erfolgt. In diesem Fall ist der Entscheid zur Einführung des MPA-Konzepts vom obersten Management der betreffenden ergebnisverantwortlichen Einheit zu fällen. Mit dem Entscheid für das MPA-Konzept hat man sich automatisch auch für alle *notwendigen und hinreichenden* Managementprozesse gemäß der Basislogik des MPA-Konzepts entschieden.

Die Einführung des MPA-Konzepts hat evolutionär zu erfolgen. Die Prozesse für das Management der Managementprozesse (I–VII) werden dabei mehrfach hintereinander durchlaufen und *»in Schwung«* gebracht, sodass sie sich im eingespielten Zustand parallel in der Wirkungsphase befinden und von dort situationsbedingt wieder in Analyse-, Optionen- oder Gestaltungsphasen übergehen können. Idealtypisch werden die Prozesse I–VII zunächst für eine erste Orientierung reflexionsorientiert durchgespielt. In einem zweiten Schritt können dann wiederum die Prozesse I–VII ablaufen, diesmal jedoch sowohl reflexions- als auch aktionsorientiert im Sinne eines gestaltenden Grobvorgehens. Zudem ist nun aufgrund der zuvor erfolgten Orientierung jeder Prozess stets im Kontext des Ganzen zu sehen, und es sind entsprechende Verbindungen zu anderen Prozessen zu berücksichtigen. Im dritten Schritt geht es primär um das aktionsorientierte Durchlaufen von I–VII im Sinne eines gestaltenden Detailvorgehens.

In Tat und Wahrheit wird es im realen Anwendungsfall neben diesen explizit dargestellten drei Schritten weitere implizite Iterations-Durchläufe von I–VII geben, wobei durchaus zeitweise auf einzelne Prozesse besonders stark fokussiert werden kann, während andere vorerst eher oberflächlich behandelt werden. Wichtig ist auf alle Fälle die Einsicht, dass eine Management-Prozess-Architektur nicht mit einem einmaligen Absolvieren von I–VII vollständig etabliert sein wird, sondern dass dazu mehrere Schritte (im dargestellten Idealfall deren drei) im Sinne einer *geplanten Evolution* notwendig sind.[301] Zudem sei erwähnt, dass im Rahmen der Einführung der Management-Prozess-Architektur nicht alle Managementprozesse von Grund auf neu zu gestalten sind. Bisherige Managementprozesse und -systeme werden auf deren Wirksamkeit hin überprüft und wo immer möglich in die Management-Prozess-Architektur integriert.[302] So ist sichergestellt, dass Funktionierendes übernommen und Nicht-Funktionierendes als solches entlarvt wird und im weiteren Verlauf unberücksichtigt bleibt beziehungsweise korrigiert wird.

Eine eingeführte Management-Prozess-Architektur ist stets weiterzuentwickeln.[303] Das gesamte System ist in Schwung zu halten, das heißt jeder der Prozesse I–VII ist laufend in einer oder mehreren der vier Phasen – Analyse, Optionen, Gestaltung, Wirkung – aktiv. Dies lässt sich an einem Geschicklichkeitsspiel, welches aus dem Zirkusleben bekannt ist, veranschaulichen. Dabei sind die Prozesse I–VII als »Teller« zu betrachten, welche auf einem »Stab« balanciert werden. Damit dies gelingt, sind die Teller auf den Stäben immer in Schwung zu halten. Sobald sich ein Teller nicht mehr genügend schnell dreht, fällt er vom Stab. Eine wirksame Management-Prozess-Architektur hält somit die Prozesse des Managements der Managementprozesse und dadurch die Ausführung der Managementprozesse ausreichend in Schwung. Alle Prozesse sind immer in Bewegung, allerdings nicht gleich intensiv. Die primäre Aufmerksamkeit der Verantwortlichen für die Management-Prozess-Architektur sollte immer auf dem Prozess respektive den Prozessen liegen, die Gefahr laufen, ins Stocken zu geraten und anzuhalten. Jeder der Prozesse des Managements der Managementprozesse (I–VII) leistet seinerseits einen Beitrag, damit die Managementprozesse (1–7) permanent in Schwung bleiben. Dies kann wiederum mit dem »Teller-Stab«-Beispiel veranschaulicht werden. Dreht man Abbildung 25 auf den Kopf, kann man mit etwas Fantasie in dem dann links stehenden MPA-Würfel die Teller auf den Stäben drehen sehen. Die bei den einzelnen MPA-Konzeptmodulen einleitend aufgeführten Abbildungen (Abbildung 33, 34 et cetera) erinnern jeweils an dieses Phänomen.

6.2 Richtung geben mittels MPA-Strategie

Kontext	Ziel	Umsetzung
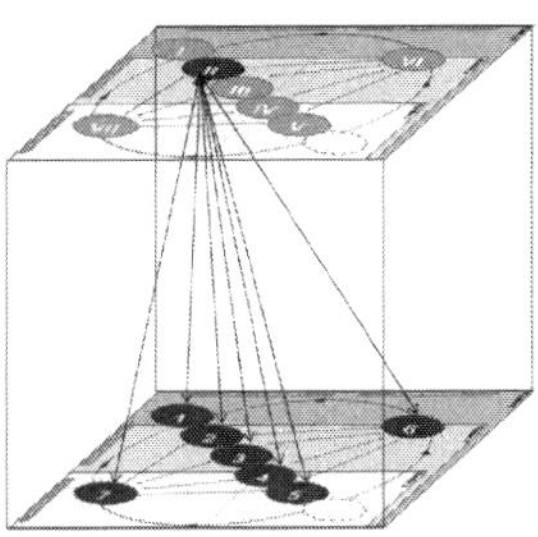	Entwicklungsziele für die einzelnen Managementprozesse und die MPA als Ganzes sind bestimmt.	1. Festlegung der MPA-Grundstrategie 2. Bestimmung einer MPA-Roadmap zur (Weiter-)Entwicklung der MPA 3. Definition von MPA-Projekten mit entsprechenden Projektzielen, -mitteln und -maßnahmen

Abbildung 34: Einführende Übersicht über Konzeptmodul MPA-Strategie

Die erstmalige systematische Etablierung einer Management-Prozess-Architektur sowie deren spätere Weiterentwicklung ist alles andere als trivial. Vielmehr handelt es sich um ein komplexes Phänomen, welches als solches strategisch angegangen werden muss. Unterscheidet man bei der Management-Prozess-Architektur zwischen der Grundstruktur und den einzelnen Managementprozessen, so lassen sich, wie in Abbildung 35 dargestellt, *vier generische Grundstrategien* herleiten. Es sind dies:

1. Status quo (Nutzung der bisherigen MPA)
2. Organisationsveränderung
3. Managementveränderung
4. MPA-Transformation

Zu einem bestimmten Zeitpunkt (t_0) entscheidet man sich für eine der vier MPA-Grundstrategien. *MPA-Grundstrategie 1* empfiehlt sich nur in Situationen, in denen bereits eine sehr wirksame Management-Prozess-Architektur vorliegt und in der Umwelt aktuell keine Veränderungen stattfinden, die eine größere Anpassung des Unternehmens erfordern würden. Im heutigen Komplexitätszeitalter kann man davon ausgehen, dass Perioden, in denen die MPA-Grundstrategie 1 geeignet ist, von eher kurzer Dauer sind. Zumeist erfordern die Umweltverhältnisse eine Verbesserung der Organisation (MPA-Grundstrategie 2) und/oder des Managements (MPA-Grundstrategie 3). Unternehmen, welche mit der *MPA-Grundstrategie 2* starten, entwickeln sich oft zu einem späteren Zeitpunkt über MPA-Grundstrategie 3 hin zur MPA-Grundstrategie 4. Andere entscheiden sich zuerst für *MPA-Grundstrategie 3* und merken mit der Zeit, dass unüberwindbare Defizite in der Grundstruktur deren Anpassung notwendig machen. Über MPA-Grundstrategie 2 kommen auch diese Unternehmen letztlich zur MPA-Grundstrategie 4. Im Idealfall wird in solchen Fällen im Rahmen von Analysearbeiten bereits früh klar, dass man direkt die Umsetzung der *MPA-Grundstrategie 4* anstreben sollte. Deren Umsetzung bewirkt dann in eng verzahnter Form sowohl Veränderungen der Organisation als auch des Managements. Werden dabei Veränderungen der Organisation den Veränderungen des Managements zeitlich leicht vorgezogen, lassen sich auf Basis der praktischen Erfahrung mit der neuen Organisation die Anforderungen an das Management präziser herausarbeiten und durch geeignete Maßnahmen besser erfüllen.

Die durch eine Transformation entstandene neue Management-Prozess-Architektur wird im Übergang von der Gestaltung zur Wirkung von einem ursprünglich »neuen« zu einem »bisherigen« Zustand.[304] Dieser bisherige Zustand ist im Zeitpunkt t_{+1} im Rahmen von MPA-strategische Überlegungen zu reflektieren und es ist zu entscheiden, ob zu diesem Zeitpunkt die MPA-Grundstrategie 1 (»Status quo«) ausreichend ist oder ob eine andere MPA-Grundstrategie eingeleitet werden muss. Diese Überlegungen wiederholen sich im Zeitablauf (t_{+1}, t_{+2}, t_{+3}, t_{+4}, …). Auf lange Frist wird jedes Unternehmen seine Grundstruktur und ihre Managementprozesse mehrfach verändern, um die »Total System Performance«[305] zu erhöhen. Abbildung 35 fasst diese Überlegungen im Sinne von sich wiederholenden idealtypischen Transformationen der Management-Prozess-Architektur zusammen.[306]

Die diagonale Entwicklungs-Gerade ist dabei höchst schematischer Natur. In Realität können häufig *S-Kurven-förmige Verläufe*[307] festgestellt werden: Zuerst wird die Managementwirksamkeit primär durch die Veränderung der Managementprozesse erhöht. Irgendwann stellt man fest, dass dies nicht mehr ausreicht, da zu große strukturelle Defizite vorliegen.

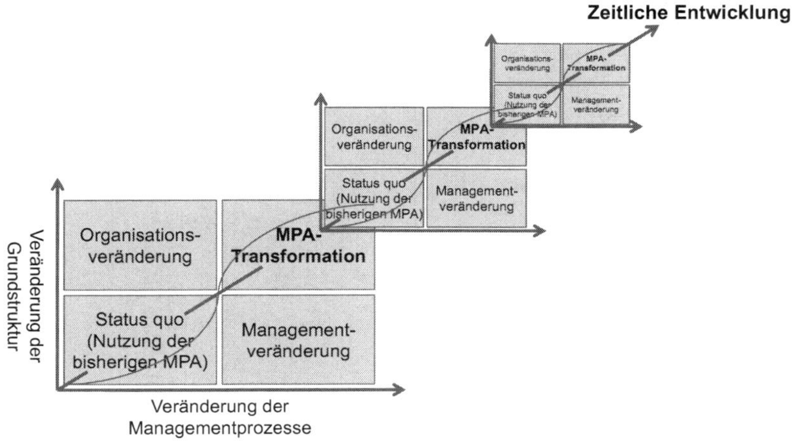

Abbildung 35: Zeitliche Entwicklung der Management-Prozess-Architektur

Diese werden durch eine Veränderung der Grundstruktur behoben und der Transformationsprozess mit einer Adjustierung der Managementprozesse abgeschlossen. Diese S-Kurven-Logik spielt sich dann zu einem späteren Zeitpunkt erneut ab; die eine S-Kurve löst dabei – wie in Abbildung 35 angedeutet – die vorhergehende ab.

Die Umsetzung der gewählten MPA-Grundstrategie erfolgt über die Bestimmung einer *MPA-Roadmap* und die erfolgreiche Planung und Durchführung der in dieser Roadmap enthaltenen *MPA-Projekte.* Diese MPA-Projekte beziehen sich jeweils auf einen oder mehrere Managementprozesse. Beispiele dafür sind die Erarbeitung des Leitbilds, die Entwicklung der Strategie, die Optimierung von Geschäftsprozessen, die Verbesserung der Zielvereinbarung und -beurteilung, die Neugestaltung des Honorierungsmodells, die Erweiterung des internen Aus- und Weiterbildungsangebots oder die Erarbeitung eines neuen Kennzahlensystems für das Controlling. Solche und andere MPA-Projekte stehen miteinander in Verbindung. Entsprechend sind alle Projekte im Sinne eines *Projektportfolios* zu betrachten und in sach-, chrono- und psychologischer Hinsicht zu führen. Eine MPA-Roadmap hilft dabei, die verschiedenen Projekte aufgrund ihrer gegenseitigen Abhängigkeiten in eine sinnvolle chronologische Ordnung zu bringen und somit rollierend für die jeweils nächsten circa ein bis drei Jahre einen Gesamtvorgehensplan wirksam verfolgen zu können.

Die MPA-Strategie enthält neben der MPA-Grundstrategie und der MPA-Roadmap die Planung der wesentlichen MPA-Projekte. Jedes dieser

Projekte ist mit einem *Projektauftrag* zu konkretisieren, welcher neben Auftraggeber und Auftragnehmer die Ausgangslage, die wesentlichen Projektziele, Meilensteine und notwendige Ressourcen enthält.[308] So spezifizierte MPA-Projekte sind die Basis für entsprechende Assignments und persönliche Ziele im Rahmen des MPA-Jahreszielprozesses und werden im Sinne eines *Projektcontrollings* in der MPA-Evaluation überwacht.[309]

Die Durchführung der einzelnen MPA-Projekte orientiert sich wie die einzelnen Managementprozesse ebenfalls an den vier Phasen – Analyse, Optionen, Gestaltung und Wirkung – des Model of Circular Processes. Die genaue inhaltliche Ausprägung dieser vier Phasen ist abhängig vom jeweiligen Projekt.

6.3 Ordnung erzeugen mittels MPA-Organisation

Kontext	**Ziel**	**Umsetzung**
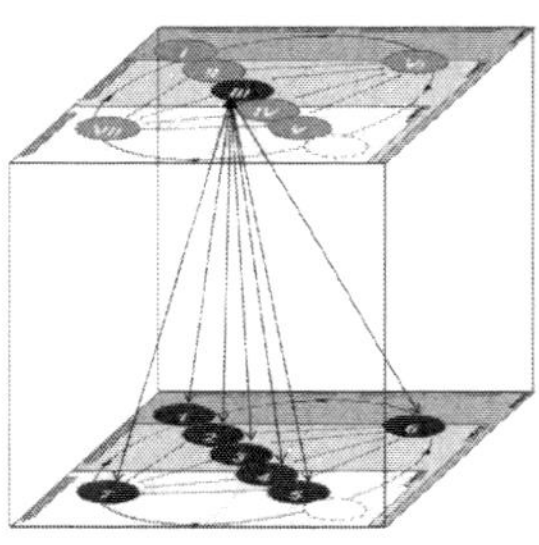	Lebensfähige Einheiten sind konzipiert, Managementprozesse organisiert und Zuständigkeiten geklärt.	1. »Organisatorische Direttissima« zur Grundstrukturierung des Unternehmens 2. Organisatorische Verankerung von Managementprozessen (inklusive Verantwortung von oberster Leitung und MPA-Gremium) 3. MPA-Funktionendiagramm

Abbildung 36: Einführende Übersicht über Konzeptmodul MPA-Organisation

Bei der MPA-Grundstrategie 2 (Organisationsveränderung) und 4 (MPA-Transformation) wird die Grundstruktur des Unternehmens tiefgreifend verändert. Eine erfolgreiche Umstrukturierung berücksichtigt sach-, chrono- und psychologische Aspekte und führt zu einer Gliederung in lebensfähige Einheiten, welche durch ihre Selbstorganisationskraft möglichst wenig metasystemischen Lenkungsaufwand verursachen. Mit »Organisatorische Direttissima«[310] bezeichne ich eine Umstrukturierung mit *dreifachem Gewinn*: Gewinn von Klarheit, Gewinn von Zeit und Gewinn von Menschen. *Klarheit* wird gewonnen, indem auf Basis einer fundierten Analyse verschiedene Optionen erarbeitet werden und die präferierte Option gestaltet wird.

Zeit wird gewonnen, indem die verschiedenen Phasen des Projekts nicht getrennt, sondern im Sinne von Reflexions- und Aktionsprozessen ineinander verzahnt ablaufen. *Menschen* lassen sich gewinnen respektive nicht verlieren, indem durch die Umstrukturierung weder Kunden noch Mitarbeiter negativ beeinträchtigt werden und indem Führungskräfte spätestens bei der Detaillierung der Umstrukturierung involviert werden.

Gliederung in möglichst selbstlenkende Einheiten

Um ein Gesamtunternehmen in möglichst lebensfähige Teile zu gliedern, müssen diese einerseits einen direkten Marktzugang und anderseits zurechenbare Verantwortung für Erfolg haben. Dieser Forderung werden die sogenannten *ergebnisverantwortlichen Einheiten (EVE)* gerecht. Die Ergebnisverantwortung bezieht dabei auf das Ergebnis im Sinne der *Total System Performance*. Entsprechend sind nicht nur ausführende Leistungsergebnisse, sondern auch lenkende Führungsergebnisse in der Verantwortung der jeweiligen Einheit. Dadurch wird das Humanpotenzial des Gesamtunternehmens wirksam genutzt sowie dessen Lern- und Entwicklungsfähigkeit erhöht.[311]

Zur Untergliederung eines Gesamtunternehmens in ergebnisverantwortliche Einheiten eignen sich Kriterien, welche auch zur Bestimmung von Geschäftsbereichen und strategischen Geschäftsfeldern herangezogen werden. Schulte-Zurhausen unterscheidet in eine produktorientierte, regionalorientierte und kundenorientierte Gliederung von Geschäftsbereichen und weist darauf hin, dass diese drei Kriterien auch kombiniert zur Bildung von Geschäftsbereichen angewendet werden können.[312] Schwaninger nennt als übliche Kriterien zur Bildung von strategischen Geschäftsfeldern Produkte (Marktleistungen), Absatzwege (Vertriebskanäle), Kundengruppen, Kundenprobleme und (Lösungs-)Technologien. Diese Kriterien können in einem vereinfachten Geschäftssystem wie folgt dargestellt werden: Kundengruppen haben Kundenprobleme, Kundenprobleme lassen nach Lösungstechnologien suchen, Letztere erzeugen Produkte und diese fließen durch Absatzwege, um Kundengruppen zu erreichen. Diese Kundengruppen haben wiederum Kundenprobleme, womit sich der Kreis des Geschäftssystems schließt.[313]

Zur Abgrenzung von ergebnisverantwortlichen Einheiten (EVE) können die von Schwaninger formulierten Checkfragen für die Abgrenzung von strategischen Geschäftsfeldern herangezogen werden[314]:

1. Wird durch die EVE ein *eigenständiges und dauerhaftes Kundenbedürfnis* respektive Kundenproblem einer klar definierbaren Zielgruppe befriedigt?
2. Kann eine eigene, von anderen EVE unabhängige Strategie verfolgt werden, was sich in selbstständigem Erscheinen und Handeln im Markt niederschlägt?
3. Ist der EVE eine eigenständige Leistungsgestaltung möglich?
4. Kann die Verantwortung für die EVE prinzipiell einer organisatorischen Einheit der Primärstruktur zugeteilt werden respektive bildet sie selbst eine solche Einheit?
5. Sind bei der EVE Voraussetzungen für ein effizientes Betreiben des Geschäfts und damit substanzielle Rationalisierungsmöglichkeiten gegeben?
6. Können die durch die EVE erzielten Erträge und die verursachten Kosten dieser zugeordnet werden?
7. Wäre die EVE auf die Dauer *allein lebensfähig*?

Neben der komplexitätsgerechten Grundstrukturierung des Unternehmens geht es bei der MPA-Organisation auch um die organisatorische Verankerung von Managementprozessen. Diese Verankerung respektive Institutionalisierung erfolgt dabei über die Systematisierung von Prozessen mit einhergehender Festlegung von Verantwortlichkeiten. Eine so etablierte *Organisation für Managementprozesse* ist von einer *Projekt*organisation dahingehend zu unterscheiden, dass Projekte einen Anfang und ein Ende haben und die Projektfunktionen somit mit dem Ende des Projekts ebenfalls enden, während *Managementprozesse von zirkulär-andauernder Natur* sind und somit auch die Funktionen hinsichtlich der Managementprozesse dauerhaft sind.[315]

Aus dem herkömmlichen – auf Geschäfts- und Supportprozesse bezogenen – Prozessmanagement liegen generelle Funktionsdefinitionen vor, die auch für Managementprozesse genutzt werden können. Es sind dies die Funktionen Prozess*teammitglied*, *-verantwortlicher*, *-eigentümer* und *-manager*.[316]

Funktionen hinsichtlich der Managementprozesse

Da Managementprozesse Problemlösungsprozesse sind, hängt ihre Qualität maßgeblich von den am Prozess beteiligten Personen ab. Als *Managementprozess-Teammitglieder* sollten nicht primär Personen mit Macht, sondern

Personen mit Wissen eingebunden werden. Die Zusammensetzung des Teams kann sich je nach aktuellen Herausforderungen des jeweiligen Managementprozesses und der Verfügbarkeit von Personen verändern. Grundsätzlich müssen in Managementprozessen aber die besten Leute eines Unternehmens mitwirken und nicht jene, die per Zufall gerade Zeit haben.

Für jeden Managementprozess ist ein *Managementprozess-Verantwortlicher* zu bestimmen. Dieser hat dafür zu sorgen, dass hinsichtlich »seines« Managementprozesses Prozessziele, Verbesserungsmaßnahmen und entsprechende Projekte festgelegt sind und erfolgreich durchgeführt werden. Zu seinen Aufgaben zählen (Feedforward/Feedback-) Information und Kommunikation, Koordination und Steuerung sowie die Moderation des Prozessteams und die Unterstützung des Prozesseigentümers und des Prozessmanagers.[317]

Ist der Prozessverantwortliche nicht Mitglied des obersten Leitungsteams, so ist für den betreffenden Managementprozess ergänzend ein *Managementprozess-Eigentümer* (Process Owner) zu bestimmen.[318] Dies ist deshalb wichtig, weil die Verantwortung für alle Managementprozesse zwingend auch im obersten Leitungsteam verankert sein muss. Der Prozesseigentümer trägt auf oberster Ebene die Verantwortung für den jeweiligen Managementprozess und hat die Möglichkeit, Aufgaben an den Prozessverantwortlichen zu delegieren, dem er fachlich vorgesetzt ist.[319]

Dem *Managementprozess-Manager* obliegt die Gesamtverantwortung hinsichtlich der Managementprozesse der jeweiligen ergebnisverantwortlichen Einheit. Er koordiniert und integriert Aktivitäten hinsichtlich einzelner Managementprozesse zu einem stimmigen Ganzen. Dazu koordiniert er die Zusammenarbeit von Prozessverantwortlichen und Prozesseigentümern unterschiedlicher Managementprozesse und wirkt bei wesentlichen Verbesserungsmaßnahmen auch inhaltlich selbst mit. Im Weiteren bietet er für Prozessteammitglieder, -verantwortliche und -eigentümer methodische Unterstützung und führt Qualifizierungsmaßnahmen durch.[320]

Augenmaß bei der personellen Besetzung

Für jede ergebnisverantwortliche Einheit sind die obigen Managementprozess-Funktionen hinsichtlich aller Managementprozesse zu besetzen. Die Erfüllung dieser Funktionen ist – eventuell mit Ausnahme der Funktion des Managementprozess-Managers – bei weitem keine Vollzeitbeschäftigung. Eine derartige Funktion ist eine von mehreren Funktionen, welche eine Führungskraft im Sinne ihrer systemischen Multifunktionalität zu erfüllen hat. Bei kleineren Einheiten ist es gut möglich, dass eine oder zwei Personen die meisten MPA-Funktionen in Personalunion ausüben.

Die organisatorische Verankerung von Managementprozessen darf nicht dazu führen, dass ein eigentlicher »Wasserkopf« entsteht mit zu vielen Leuten, die sich zu lange mit Managementprozessen beschäftigen. Es ist zu bedenken, dass zwar mit einer zunehmenden Anzahl Personen mehr Wissen für die Problemlösung zur Verfügung steht, dass aber die Problemlösung aufgrund der Vielzahl von Personen und entsprechend hohen Koordinationsanforderungen tendenziell erschwert wird und zudem die (Personal-) Kosten für die Managementprozesse steigen. Um hier eine sinnvolle Balance zu finden, sollte mit dem *notwendigen Minimum* statt mit dem möglichen Maximum gestartet werden.

Im Minimum sollte aus dem obersten Leitungsteam ein Managementprozess-Manager (nachfolgend *MPA-Beauftragter* genannt) bestimmt werden. Die weiteren Personen des Leitungsteams können einzelne oder ganze Gruppen von Managementprozessen verantworten. Sie sind Prozesseigentümer und -verantwortlicher in einem und werden nachfolgend als *Managementprozess-Verantwortliche* bezeichnet. Managementprozess-Teams müssen nicht dauerhaft mit Mitgliedern besetzt sein, sondern können situativ vom jeweiligen Managementprozess-Verantwortlichen einberufen werden. Auf diese Weise kann mit Augenmaß eine wirksame personell-organisatorische Verankerung der Managementprozesse erfolgen.

MPA-Beauftragter und MPA-Gremium

Dem MPA-Beauftragten (Managementprozess-Manager) kommt eine entscheidende Funktion zu bei der sach-, chrono- und psychologischen Abstimmung der Managementprozesse in horizontaler (innerhalb der ergebnisverantwortlichen Einheit) und vertikaler Hinsicht (bezüglich über- und untergeordneter Rekursionsebene). Eine unternehmensweite Arbeitsgruppe respektive ein Gremium aller MPA-Beauftragten kann maßgeblich zu dieser »Abstimmungs-Leistung« und zum Austausch von Best-Practice-Erfahrung beitragen.[321] Ein so konfiguriertes Gremium kann als Management-Prozess-Architektur-Gremium (MPA-Gremium) bezeichnet werden. Diesem MPA-Gremium und seinen Mitgliedern kommt eine entscheidende Multiplikator-Funktion für die Wirksamkeit von Managementprozessen zu.

Der MPA-Beauftragte sollte ein Mitglied der Leitung der jeweiligen ergebnisverantwortlichen Einheit sein und über die notwendigen Qualifikationen verfügen respektive sich diese im Rahmen einer MPA-Education aneignen.[322] Aus der Praxis kennt man die Funktion des Qualitätsmanagement-Beauftragten (QMB), der gemäß den Vorgaben der International Organization for Standardization (ISO) ebenfalls Einsitz im Leitungsteam haben muss.[323] Auf den ersten Blick liegt es auf der Hand, dem QMB in Personalunion auch die Funktion des MPA-Beauftragten zu übertragen. Allerdings ist dabei zu berücksichtigen, dass theoretisches Wissen und praktische Erfahrung eines QMB auf dem Gebiete des Total Quality Management (TQM)[324] liegen, die erfolgreiche Erfüllung der MPA-Funktion jedoch vertieftes Wissen und Erfahrung zu Total Management Quality (TMQ)[325] erfordern.

MAP-Funktionendiagramm

Ein nützliches Instrument zur zusammenfassenden Darstellung der organisatorischen Verankerung von Managementprozessen ist das MPA-Funktionendiagramm. Dieses basiert auf der Grundlogik des klassischen Funktionendiagramms, das Aufgaben mit Stellen/Personen in Verbindung setzt und dabei Kompetenzen und Verantwortlichkeiten festlegt.[326] Als Aufgaben können die Managementprozesse des Integrated Management Model aufgelistet werden. Diese können je nach Anwendungssituation in detailliertere Prozesse unterteilt werden. Die involvierten Stellen und deren genaue Bezeichnung sind ebenfalls von der spezifischen Anwendungssituation abhängig. Es kann ein MPA-Funktionendiagramm pro ergebnisverantwortliche Einheit erstellt werden. Dieses kann aber durchaus am einen oder anderen Ort auch Stellen von untergeordneten/übergeordneten ergebnisverantwortlichen Einheiten beinhalten. Im Minimum wird der MPA-Beauftragte der übergeordneten und der untergeordneten Ebene darin eine wichtige Funktion wahrnehmen. In Abbildung 37 findet sich ein beispielhaftes MPA-Funktionendiagramm dargestellt. Der MPA-Beauftragte kann dabei in Analogie zu Chief Executive Officer, Chief Financial Officer et cetera als MPA-Officer bezeichnet werden.

Im MPA-Funktionendiagramm ist die Detaillierung der *Prozesse* (horizontale Strukturierung), die Anzahl und Art der aufgeführten *Stellen* beziehungsweise Personen (vertikale Strukturierung) sowie die Anzahl respektive die Differenzierung der *Funktionen* (Prozessverantwortung, Entscheid

		Aufgaben (Managementprozessse) / Stellen	Betrachtete ergebniserantwortliche Einheit: Supervisory Board	Chief Executive Officer (CEO)	Chief Financial Officer (CFO)	Chief Human Resources Officer (CHRO)	Chief Operating Officer (COO)	MPA-Officer	All Managers (of Employees)	All Employees	Weitere Einheiten: MPO der übergeordneten Einheit	MPO's der untergeordneten Einheiten
U-L	1	Unternehmenspolitik & Corp. Governance	P, EG/N	EM				EM			V, EM	v, EM
	2	Strategie	EG	P, EN	EM	EM	EM	EM			V, EM	v, EM
	3	Organisation (Strukturen und Prozesse)	EG	P, EN		EM	EM	EM			V, EM	v, EM
	4	Operative Planung	EM	EM	P, EG/N		EM	EM			V	v
	5	Jahresplanung und Budgets	EM	EM	P, EG/N		EM	EM			V	v
MA-K	6	Persönliche Jahresziele				P, EG		EM	EN		V	v
	7	Persönliche Arbeitsmethodik					EG	EM	P, EN	P, EN	V	v
	10	Kontrolle (Selbstkontrolle)					EG	EM	P, EN	P, EN	V	v
	11	Leistungsbewertung				P, EG		EM	EN		V	v
MA-L	12	Potenzialbeurteilung & Laufbahngestaltung	EM	EM		P, EG/N		EM	EM		V	v
	13	Individuelle Mitarbeiterentwicklung				P, EG/N		EM	EM		V	v
	14	Managemententw. & -nachwuchsplanung	EM	EM		P, EG/N		EM	EM		V	v
	15	Führungskräftebedarf		P, EG		EN	EM	EM	EM		V	v
	16	Unternehmensentwicklung	EG	EM				P, EN			V	v
	17	Funktionendiagramm				EM	P, EG/N	EM	EM		V	v
	18	Stellengestaltung & -besetzung				P, EG	EN	EM	EM		V	v
	19	Stellenbewertung & Bezahlung	EM	EM		P, EG	EN	EM	EM		V	v
	20	Aufgaben/Schlüsselprobleme der Stelle				EM	P, EG/N	EM	EM		V	v
U-K	21	Projekte und Aufträge					EG	EM	P, EN	P, EN	V	v
	23	Operative Steuerung		EM			P, EG/N	EM			V	v
	24	Controlling und Berichtswesen	EG	EM	EM	EM	EM	P, EN	EM	EM	V, EM	v, EM
Σ		Gesamtabstimmung aller Managementprozesse	EG	EM				P, EN			EG/M	EM

U-L = Unternehmensbezogen-langfristig
MA-K = Mitarbeiterbezogen-kurzfristig
MA-L = Mitarbeiterbezogen-langfristig
U-K = Unternehmensbezogen-kurzfristig
Σ = Managementprozess-übergreifend

P (grau hinterlegt) = Prozessverantwortung
EG = Entscheidung zu Grundsätzen u. Ausnahmen
EN = Entscheidung im Normalfall
EM = Entscheidet mit (Mitentscheidung)
V = Gibt Vorgaben
v = Erhält Vorgaben

Abbildung 37: Beispiel eines MPA-Funktionendiagramms

im Normalfall, Mitentscheidung et cetera) vom jeweiligen Anwendungsfall abhängig. In Leitungsteams mit wenigen Personen ist die Prozessverantwortung vermehrt dem Chief Executive Officer zuzuordnen, und es sind vermehrt Personen außerhalb des Leitungsteams als »Mit-Entscheider« zu involvieren. Hinsichtlich der Funktionszuteilung ist die Unterscheidung in Prozessverantwortung und inhaltliche Entscheidungsverantwortung wichtig. Zudem ist darauf zu achten, dass die Zuteilung der formellen Kompetenzen mittels Funktionendiagramm möglichst *konsistent* ist mit den materiellen Kompetenzen (Fähigkeiten) der betreffenden Personen respektive die Personen mittels Maßnahmen der MPA-Education auf ihre Funktion vorbereitet werden.

6.4 Klarheit schaffen mittels MPA-Jahreszielprozess

Kontext	Ziel	Umsetzung
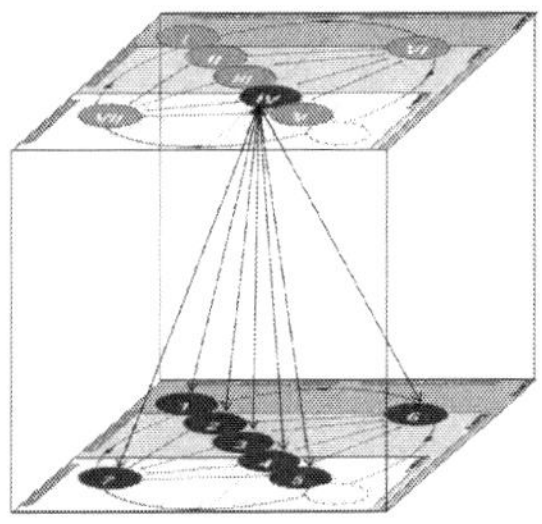	Zur Umsetzung der MPA-Strategie notwendige Ziele wurden vereinbart und deren Erreichung ist beurteilt und honoriert.	1. Individuelle Ziele für den MPA-Beauftragten 2. Individuelle Ziele für Managementprozess-Verantwortliche und -Teammitglieder 3. MPA-Jahreskalender zur Koordination der Ziele

Abbildung 38: Einführende Übersicht über Konzeptmodul MPA-Jahreszielprozess

Der Zielvereinbarung mit dem MPA-Beauftragten (MPA-Officer) kommt insofern eine besonders große Bedeutung zu, als er bezüglich den Managementprozessen fachlich anderen Personen vorgesetzt ist und somit bei der Etablierung, Weiterentwicklung und Nutzung der Management-Prozess-Architektur eine *»Multiplikator-Funktion«* ausübt. Die Ziele werden vom obersten Führungsorgan, zum Beispiel dem Verwaltungsrat bei einer Aktiengesellschaft, mit dem MPA-Beauftragten vereinbart. Die Zielerreichung wird im Minimum am Ende des Jahres beurteilt und sollte Einfluss auf die Honorierung des MPA-Beauftragten haben. Inhaltlich leiten sich die Ziele von der MPA-Zwecksetzung sowie der aktuell gewählten MPA-Grundstrategie ab.

Für die Managementprozess-Verantwortlichen sowie für weitere involvierte Personen (Teammitglieder) sind in deren Zielvereinbarungen neben ihren üblichen stellenbezogenen Zielen auch explizit MPA-Ziele zu verankern. Diese sind im Rahmen der Beurteilung der Zielerreichung (auch hinsichtlich der Honorierung) so mit den anderen Zielen zu balancieren, dass der Wichtigkeit der Managementprozesse Rechnung getragen wird. Der *inhaltlich-fachliche* Input für die MPA-Zielfestlegung kommt vom MPA-Beauftragten. Dessen Feedback wird auch zur jährlichen Beurteilung der Zielerreichung beigezogen. Zumeist macht es Sinn, ergänzend auch unterjährige Standortbestimmungen durchzuführen. Anlässlich dieser Gespräche wird die bisherige Zielerreichung beurteilt und, falls sich die Rahmenbedingungen stark geändert haben, werden die Ziele angepasst respektive ergänzt.

Über die dargelegten Zielvereinbarungen mit dem MPA-Beauftragten, mit Managementprozess-Verantwortlichen und Managementprozess-Teammitgliedern werden die MPA-Gesamtziele auf verschiedene Personen verteilt. Damit die Ziele chronologisch betrachtet in einer sinnvollen Abfolge erreicht werden, können sie in Form von Meilensteinen und Kernveranstaltungen über das Jahr hinweg geplant werden. Dabei ist zu unterscheiden zwischen Zielen bezüglich der *(Um-)Gestaltung von Managementprozessen* und Zielen bezüglich der *Nutzung respektive Ausführung der Managementprozesse.*

Die *»(Um-)Gestaltungsziele«* sind eine einjahresbezogene Detaillierung der mehrjährigen MPA-Roadmap und können somit in einem MPA-Jahresprojektplan festgehalten und im MPA-Projektcontrolling überwacht werden. Da die jeweils für das kommende Jahr notwendigen MPA-Projekte unternehmens- und situationsabhängig sind, kann an dieser Stelle keine allgemeingültige Konkretisierung erfolgen.

Eine Konkretisierung ist hingegen bezüglich der Nutzung der Management-Prozess-Architektur, also der *»Ausführungsziele«,* möglich. Auch wenn die Managementprozesse permanent »in Schwung« sind, macht es Sinn, die »Drehzahlen« einzelner Managementprozesse zeitweise bewusst hoch und zeitweise bewusst synchron mit anderen Managementprozessen zu halten. Die Fokussierung einzelner Managementprozesse über das Jahr hinweg kann als MPA-Jahreskalender dargestellt werden.[327] Pro ergebnisverantwortliche Einheit kann ein derartiger MPA-Jahreskalender aufgestellt werden. Somit beschäftigen sich die ergebnisverantwortlichen Einheiten in den gleichen Zeiträumen schwerpunktmäßig mit den gleichen Themen, was eine *rekursionsebenen-übergreifende Abstimmung* stark erleichtert.

Die durch den MPA-Kalender strukturierten Aktivitäten schaffen *wirksame Interaktions- und Problemlösungsroutinen*, auf die unterjährig zu jeder Zeit, das heißt *realtime*, zurückgegriffen werden kann. Der MPA-Kalender bedeutet somit nicht die Aufgabe von Flexibilität und Rechtzeitigkeit, sondern bildet den Rhythmus für eine solide ordentliche Grundarbeit und dadurch die Basis für außerordentliche, einzelfallbezogene Problemlösungen. Veranstaltungen im Rahmen des MPA-Kalenders sollten teilweise bewusst mit Personen unterschiedlicher ergebnisverantwortlicher Einheiten stattfinden, um den übergreifenden Zusammenhalt und die informelle Abstimmung zu fördern. Bei Managemententwicklungsprogrammen bietet es sich zum Beispiel an, deren Teilnehmerkreis nicht nach ergebnisverantwortlichen Einheiten, sondern nach Führungsstufen (oberste, obere, mittlere, untere Führungskräfte und Nachwuchsführungskräfte) zusammenzustellen.

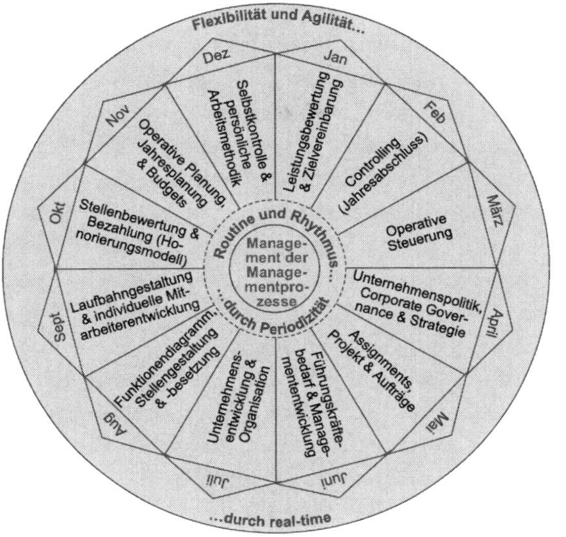

Abbildung 39: Beispiel eines MPA-Jahreskalenders

In Abbildung 39 wird beispielhaft ein MPA-Jahreskalender in sehr grober Version dargestellt. Aufbauend auf dieser Logik können für einzelne Unternehmen spezifische und wesentlich konkretere MPA-Kalender konzipiert werden.[328]

6.5 Synergien nutzen mittels MPA-Arbeitsmethodik

Kontext	Ziel	Umsetzung
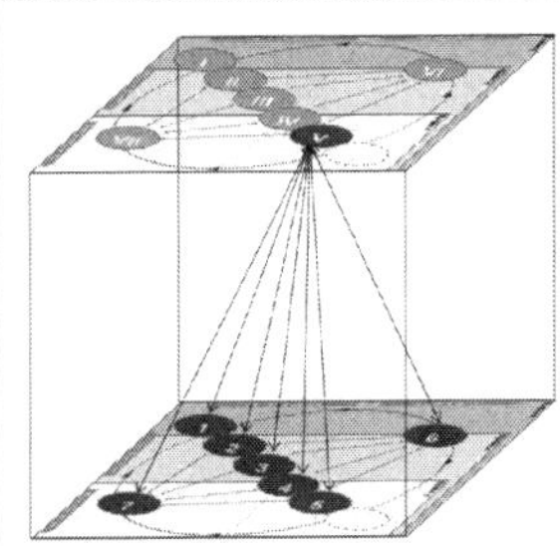	Die MPA-Wirksamkeit ist erhöht durch Nutzung von Synergien und Integration des dazu notwendigen Wissens.	1. Syntegration (Synergie und Integration) als wirksame Arbeitsform 2. Konfiguration der MPA-Syntegration (thematisch und personell) 3. Rekursive Anwendung der MPA-Syntegration (Unternehmensnetzwerke)

Abbildung 40: Einführende Übersicht über Konzeptmodul MPA-Arbeitsmethodik

Für die Erfüllung ihrer MPA-Jahresziele braucht jede Person eine solide persönliche Arbeitsmethodik. Darüber hinaus ist aber für die Wirksamkeit der gesamten Management-Prozess-Architektur eine *kollektive Arbeitsmethodik* erforderlich. Dies ist deshalb notwendig, weil Managementprozesse nicht nur chronologisch, sondern auch sachlogisch und psychologisch abgestimmt sein müssen. Es bringt einem Unternehmen beispielsweise wenig, wenn in der Strategie festgelegt ist, dass sie ein neues Produkt anbieten möchte, dazu aber kein Mitarbeiter ein Assignment und entsprechende Ziele bekommen hat, zudem die Fähigkeiten und notwendigen Schulungen dazu fehlen und im Controlling nur die bestehenden Produkte Bestandteil des Berichtswesens sind. Einfache Problemstellungen können von Einzelpersonen oder einer kleinen Gruppe gelöst werden. Komplexe Fragestellungen bedürfen aber einer Bearbeitung aus unterschiedlichen Perspektiven und daher den Beizug von mehreren Personen. Personengruppen ab einer gewissen Größe sind jedoch bekanntermaßen unwirksam, wenn sie in herkömmlichen Sitzungsformaten arbeiten. Komplexe MPA-Fragestellungen bedürfen einer wirksamen Großgruppenmethode.

Die Methodik der Syntegration

Im weiten Feld der Großgruppenmethoden[329] sticht die Methode der Syntegration aufgrund ihrer kybernetischen Fundierung[330], ihrer vielfältigen Einsatzmöglichkeiten und ihrer x-fachen erfolgreichen praktischen Anwendung[331] besonders hervor. Syntegration ist eine Wortkombination aus *Synergie und Integration.* Durch die Integration des Wissens einer Vielzahl von Personen können komplexe Probleme gemeinsam gelöst werden. Die Lösung wird dabei von den Schlüsselpersonen erarbeitet, von ihnen verstanden und gewollt und wird entsprechend auch in der Umsetzung von ihnen getragen. Möglich wird dieser Effekt durch die *Kommunikationsstruktur* der Syntegration. Beer hat bei der Entwicklung seines Team Syntegrity Model das *»Ikosaeder«* als geeignetste Grundstruktur gefunden und genutzt.[332]

Das Ikosaeder ist der komplexeste der fünf platonischen Körper und besteht als regelmäßiger Polyeder aus 20 Flächen, 12 Eckpunkten und 30 Kanten. Die *12 Eckpunkte* entsprechen bei einer Syntegration den *12 Themen*, welche die Teilnehmer für die Beantwortung einer Gesamtfrage (Eröffnungsfrage) zu Beginn der Syntegration gemeinsam definiert haben. Die Kanten stehen jeweils für eine Person. Somit arbeiten jeweils fünf Personen an einem Thema als Diskutant. Neben der *Diskutanten-Rolle* bei zwei Themen übt jede Person bei zwei weiteren Themen die *Kritiker-Rolle* (mit zwei zeitlich limitierten Wortmeldungen pro Besprechung) sowie bei vier weiteren Themen die *Beobachter-Rolle* (ohne Wortmeldungen) aus. Dadurch ist sichergestellt, dass über die Dauer der Syntegration (üblicherweise drei Tage) die Themen über die Personen und deren Rollen optimal vernetzt werden.[333] Jede Themengruppe trifft sich in den drei Tagen zu drei Besprechungen (Iterationen). Die erste Besprechung steht im Zeichen der *Bestimmung der Ausgangslage*, bei der zweiten geht es um die *Erarbeitung von möglichen Zukunftsszenarien* und in der dritten Besprechung werden *konkrete Maßnahmenpläne* für die Umsetzung gestaltet. Dadurch werden in einer Syntegration die drei Phasen Analyse, Optionen und Gestaltung des Model of Circular Processes durchlaufen. Im Nachgang zur Syntegration dauert die Gestaltungsphase an und geht später über in die Wirkungsphase.

Eine Syntegration könnte mit Bezug auf das vorliegende Thema mit folgender Eröffnungsfrage gestartet werden: *Was müssen wir tun, damit die Wirksamkeit der Management-Prozess-Architektur in unserem Unternehmen erhöht wird?* Die Teilnehmer würden, abgeleitet von dieser Eröffnungsfrage, zwölf in ihren Augen relevante Themen festlegen und diese dann in den jeweiligen Gruppenzusammensetzungen diskutieren. Die Qualität der zwölf Themen sowie deren Bearbeitung würde maßgeblich davon abhängen, was die Teilnehmer unter einer Management-Prozess-Architektur verstehen. Bei ausreichenden Vorkenntnissen der Teilnehmer wäre dieses *offene Vorgehen* möglich. In anderen Fällen ist es jedoch problematisch, da das Thema kaum umfassend genug bearbeitet würde. In solchen Fällen bietet es sich an, eine *vorkonfigurierte Syntegration* durchzuführen. Nachfolgend wird dargelegt, wie eine solche Vorkonfiguration aussehen könnte.

Thematische Konfiguration

Neben der Syntegration auf Basis des Ikosaeders gibt es auch die Möglichkeit, eine Syntegration in kleinerer Form auf Basis des Oktaeders durchzuführen.[334] Das Oktaeder ist ebenfalls ein platonischer Körper und erfüllt die Anforderung der minimalen Distanz der Eckpunkte untereinander. Im Oktaeder sind es acht Flächen (statt 20 wie beim Ikosaeder) beziehungsweise sechs Eckpunkte (statt zwölf) und entsprechend werden sechs Themen (statt zwölf) bearbeitet. Die weiteren Funktionsprinzipien kommen analog zu jenen der »Ikosaeder-Syntegration« zur Anwendung.

Die nachfolgende thematische Konfiguration der »Oktaeder-Syntegration« führt zur *MPA-Syntegration*. Eine MPA-Syntegration hat neben der Strukturlogik der »Oktaeder-Syntegration« auch die thematische Logik der Management-Prozess-Architektur zu beinhalten. Zur thematischen Konfiguration orientiere ich mich am MPA-Konzept. Aufgrund der Basislogik des MPA-Konzepts bietet es sich an, vier der sechs verfügbaren Themen respektive Eckpunkte des Oktaeders für die vier Quadranten der Basislogik vorzusehen. Unternehmensbezogen-langfristige Prozesse werden als *»Strategie und Organisation«*, mitarbeiterbezogen-kurzfristige Prozesse als *»Jahreszielprozess und Arbeitsmethodik«* zusammengefasst. Mitarbeiterbezogen-langfristig entspricht dem Prozess *»Führungskräfte und Mitarbeiterentwicklung«* und unternehmensbezogen-kurzfristig dem Prozess *»Operative Steuerung, Controlling und Berichtswesen«*.

Neben diesen vier Themen, welche auf einer logischen Ebene angesiedelt werden können, wird als fünftes Thema das *»Management der Managementprozesse«* festgelegt.[335] Als sechstes und letztes Thema wird *»Managementprozesse in Subeinheiten«* definiert. Dieses Thema beinhaltet die Abstimmung der Managementprozesse der Subeinheiten mit jenen der betrachteten Gesamteinheit. Themen fünf und sechs befinden sich auf einer logisch über- respektive untergeordneten Ebene. Dem wird im Rahmen der Darstellung im MPA-Syntegrations-Oktaeder Rechnung getragen. Die thematische Konfiguration der MPA-Syntegration ist in Abbildung 41 zusammengefasst.

Am ersten Tag der MPA-Syntegration werden allen Teilnehmern die Eckpfeiler des MPA-Konzepts vorgestellt. So ist gewährleistet, dass sie ihr

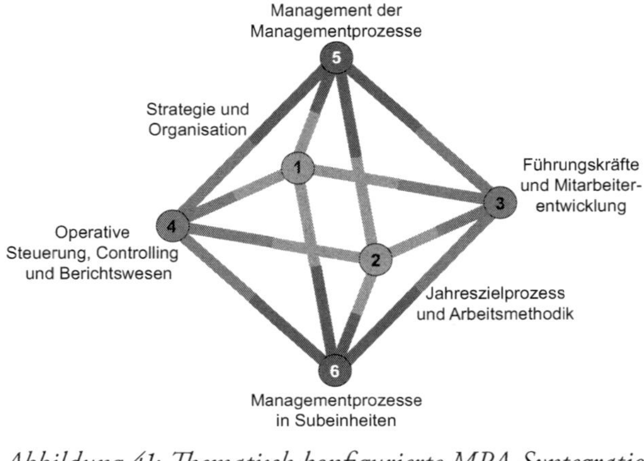

Abbildung 41: Thematisch konfigurierte MPA-Syntegration

Thema jeweils im Kontext des Ganzen sehen und bearbeiten. Des Weiteren führen die drei Iterationen (Analyse, Optionen, Gestaltung) sowie die zugeteilten Rollen (Diskutant, Kritiker, Beobachter) zu einem *optimalen Informationsaustausch* und einer optimalen Vernetzung der Themen hin zur konsistenten Beantwortung der Eröffnungsfrage, nämlich wie die Wirksamkeit der Management-Prozess-Architektur erhöht werden kann. Aufgrund der kleineren Anzahl von Themen und Teilnehmern lässt sich eine derartige MPA-Syntegration in zwei Tagen durchführen. Das Resultat dieser zwei Tage sind gemeinsam erarbeitete, umsetzungsbereite und von allen Teilnehmern getragene Maßnahmen zur Verbesserung der Management-Prozess-Architektur. Diese Maßnahmen können inhaltlicher und strukturell-prozessualer Natur und somit Resultat sowohl von Managementprozessen 1. als auch 2. Ordnung sein.

Personelle Konfiguration

Je nachdem, ob gewisse Oktaeder-Kanten personell einfach oder doppelt besetzt sind, variiert die Teilnehmerzahl der MPA-Syntegration zwischen zwölf und 24. Jede Kante doppelt zu besetzen wird nicht empfohlen, da sonst ein Thema von acht Personen (statt vier) bearbeitet wird. In Normalfall sollte eine Kante nur einfach besetzt werden. Ausnahmen sind insbesondere zum Beispiel bei den Kanten hin zur Ecke respektive zum Thema »Managementprozesse in Subeinheiten« denkbar, wenn es darum geht, mehr als vier MPA-Beauftragte von Subeinheiten zu involvieren.

Bei der »normalen« Syntegration, bei der nur die Eröffnungsfrage (und nicht die Themen) festgelegt ist, werden die Teilnehmer per Algorithmus auf die Themen zugeteilt. Der Algorithmus berücksichtigt dabei, zu welchen Themen die Teilnehmer in ihrer Eigeneinschätzung am meisten beitragen können. Bei der MPA-Syntegration kann die personelle Besetzung bereits im Vorfeld erfolgen. Die personelle Konfiguration der MPA-Syntegration richtet sich dabei nach den *MPA-Funktionen* der Teilnehmer. Die idealtypisch involvierten Stellen respektive Personen gemäß Kapitel 6, Abbildung 37 (MPA-Funktionendiagramm) werden für die nachfolgende personelle Konfiguration der MPA-Syntegration verwendet. Die in der nachfolgenden Abbildung 42 dargestellte personelle Konfiguration hat lediglich *Beispielcharakter* und kann im konkreten Anwendungsfall auch anders aussehen.

Durch die MPA-Syntegration erfolgt eine *optimale Verknüpfung von relevanten Themen und Personen.* So ist zum Beispiel der Chief Executive

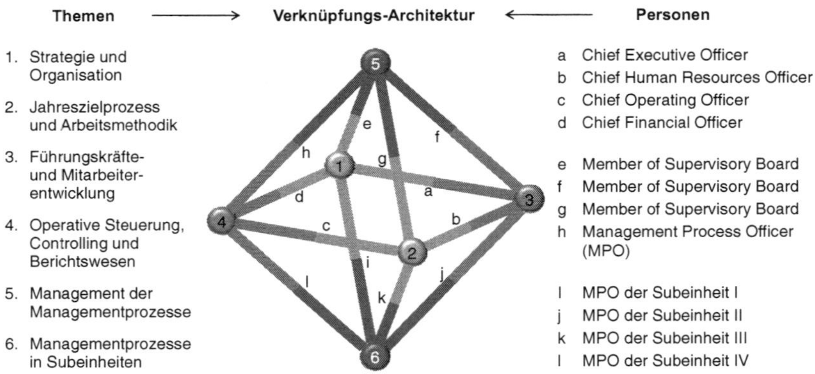

Abbildung 42: Personell konfigurierte MPA-Syntegration

Officer Teilnehmer/Diskutant bei den Themen 1 (Strategie und Organisation) und 3 (Führungskräfte und Mitarbeiterentwicklung), während der MPA-Officer (MPA-Beauftragte) bei der Bearbeitung der Themen 4 (Operative Steuerung, Controlling und Berichtswesen) und 5 (Management der Managementprozesse) involviert ist.

Die vorgestellte MPA-Syntegration ist eine wirksame Arbeitsmethodik für eine fundierte Verbesserung der Management-Prozess-Architektur. Es empfiehlt sich, die MPA-Syntegration anlassbezogen, im Minimum aber einmal jährlich durchzuführen. Ergänzend zum klassischen Syntegrations-Format der Präsenzveranstaltung wäre es auch denkbar, auf Basis der MPA-Syntegrations-Architektur und unter Nutzung der heutigen Möglichkeiten der Informationstechnologie eine virtuelle Informations- und Kommunikationsplattform zu errichten, mit der eine »Ongoing Syntegration« ermöglicht würde. Diese Plattform könnte nicht nur für eine Einheit, sondern für alle ergebnisverantwortlichen Einheiten unterschiedlicher Rekursionsebenen konfiguriert und genutzt werden.

Rekursive Netzwerke

Die MPA-Syntegration eignet sich auch zur rekursiven Anwendung in größeren Unternehmen. Für jede ergebnisverantwortliche Einheit kann eine MPA-Syntegration nach der oben dargelegten Konfiguration durchgeführt werden. Thema 6 der Abbildung 42 – Managementprozesse in Subeinheiten – bildet den Anknüpfungspunkt für MPA-Syntegrationen in den jeweiligen Subeinheiten. Ein MPA-Beauftragter (MPA-Officer) ist somit immer in zwei MPA-Syntegrationen involviert, in jener der übergeordneten Einheit (vgl. Kanten i, j, k, oder l in obiger Abbildung 42) und jener der eigenen Einheit (vgl. Kante h in obiger Abbildung 42). Die Verknüpfung der beiden MPA-Syntegrationen erfolgt somit *personell* über den MPA-Beauftragten und *institutionell* über die Themen 5 und 6. Den Input aus Thema 6 der übergeordneten MPA-Syntegration lässt der MPA-Beauftragte insbesondere einfließen in das Thema 5 der untergeordneten MPA-Syntegration. Die nachfolgende Abbildung 43 veranschaulicht dies, wobei links die Kopplung von einer Subeinheit mit der Gesamteinheit dargestellt ist, während rechts schematisch eine Gesamteinheit mit vier Subeinheiten abgebildet ist, wobei eine Subeinheit sich selbst nochmals in drei Subeinheiten aufteilt. Die Logik der MPA-Syntegration lässt sich beliebig oft auf ergebnisverantwortliche Einheiten unterschiedlicher Rekursionsebenen multiplizieren, was zu eigentlichen rekursiven Netzwerken führt.

Die Art der dargestellten Kopplung ist abhängig vom Einschränkungsgrad von Vorgaben der logisch über- an die logisch untergeordnete Einheit sowie von Abstimmungsprozessen zwischen diesen beiden Einheiten. Je mehr die Autonomie der logisch untergeordneten Einheit eingeschränkt wird, desto mehr schreitet man von decoupled systems über loosely coupled zu tightly coupled systems.[336] Um eine Maximierung der Lebensfähigkeit

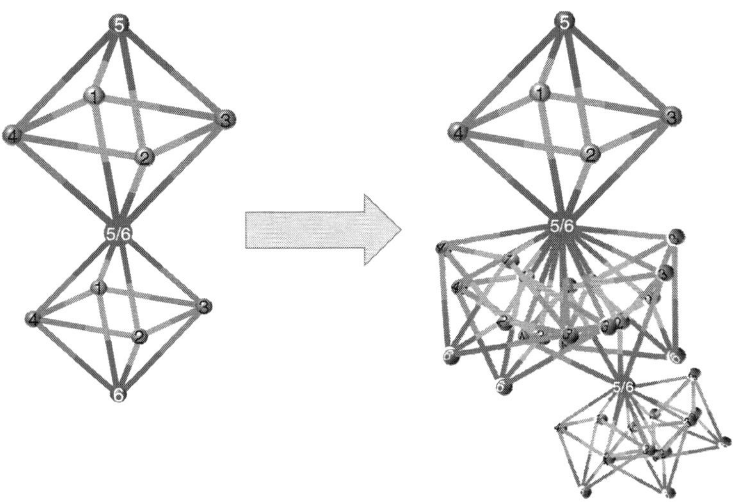

Abbildung 43: Rekursive Anwendung des MPA-Syntegrations-Oktaeders zur Visualisierung der Management-Prozess-Architektur

des Unternehmens durch eine *gemeinsame Zweckerfüllung bei gleichzeitiger größtmöglicher Autonomie der Einheiten* zu erreichen, ist von den drei idealtypischen Kopplungsarten (decoupled, loosely coupled, tightly coupled) die mittlere, das heißt das *loose coupling*, anzustreben.[337, 338] Dies ganz im Sinne einer *Programmierung der Art und Weise des Verhaltens* (also zum Beispiel der Vorgabe, welche Managementprozesse berücksichtigt werden müssen) und nicht einer Programmierung eines bestimmten Ergebnisses eines Verhaltens (etwa der Vorgabe, dass ein bestimmtes Produkt aus dem Sortiment genommen werden muss).

Die rekursive Anwendung der Struktur der MPA-Syntegration ist nicht nur für die Durchführung von MPA-Syntegrationen nützlich, sondern kann auch als Darstellungsform der Management-Prozess-Architektur genutzt werden. Diese Darstellung einer Institution orientiert sich an einer auf Funktionssicherheit beruhenden Lebensfähigkeit (»Viability«), die weit über eine auf Existenzfähigkeit beruhende Überlebensfähigkeit (»Survival«) hinausgeht.

6.6 Menschen stärken mittels MPA-Education

Kontext	**Ziel**	**Umsetzung**
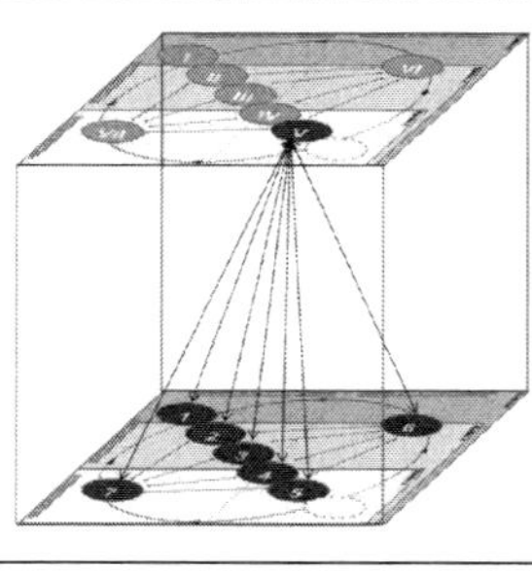	Die an Managementprozessen beteiligten Personen sind geschult und ihre Problemlösungskompetenz ist erhöht.	1. Richtige Inhalte der MPA-Education 2. Wesentliche Zielgruppen der MPA-Education 3. Kombinierte Wissensvermittlung und -anwendung

Abbildung 44: Einführende Übersicht über Konzeptmodul MPA-Education

Managementprozesse lassen sich am besten verstehen, wenn man sie als Problemlösungsprozesse bestehend aus Reflexion und Aktion interpretiert. Die Qualität der Problemlösung ist dabei maßgeblich von den involvierten Personen, deren Wissens- und Informationsstand sowie deren Denkarbeit abhängig.[339] Die MPA-Education ist deshalb ein besonders wichtiger Modulbaustein des MPA-Konzepts.

Inhaltlich gesehen geht es bei der MPA-Education um die Vermittlung der wesentlichen Inhalte aus der vorliegenden Arbeit. Das dadurch vermittelte Wissen unter anderem in Form von MPA-Theorie und MPA-Konzept dient einerseits als *gemeinsame »Managementsprache«* zur wirksamen Verständigung und anderseits als *Orientierungshilfe und Relevanzfilter* zur gezielten Selektion und Nutzung von Informationen über die jeweils spezifische Problemsituation.

Die Inhalte der MPA-Education sind *für sämtliche Organisationen jeder Größe und Art* (Profit/Non-Profit, Branche et cetera) gleichermaßen relevant. Es handelt sich dabei um die Vermittlung von *invariantem* Managementwissen im Sinne von Gesetzmäßigkeiten.[340] Erst deren Anwendung auf die konkrete Situation führt zu spezifisch-konkreten Ausprägungen von Denken und Handeln und zu der daraus entstehenden Problemlösung respektive Ordnung im System.[341] Dies hat den Vorteil, dass eine Person das einmal Gelernte in unterschiedlichen Organisationen anwenden kann und nicht immer wieder eine neue Art von MPA-Wissen erforderlich ist.

Verschiedene Zielgruppen

MPA-Wissen gehört zum *Grundrüstzeug* jeder am umfassenden Erfolg ihrer Institution interessierten Führungskraft. Nicht jede Führungskraft muss sich aber MPA-Wissen in gleicher Breite und Tiefe aneignen. Hinsichtlich der notwendigen inhaltlichen Breite und Tiefe sowie der Anwendungsorientierung lassen sich grob *fünf Zielgruppen* der MPA-Education unterscheiden.[342] Deren Ausprägungen sind in Abbildung 45 zusammengefasst.

Zur Etablierung einer gemeinsamen »Managementsprache« ist es wichtig, dass alle Zielgruppen im Minimum über eine mittlere Breite an MPA-Wissen verfügen. Bei oberen Führungskräften (in ihrer Funktion als Managementprozess-Verantwortliche), beim MPA-Beauftragten und bei in MPA-Projekten involvierten (Nachwuchs-)Führungskräften ist die Wissens*anwendung* als Bestandteil von umfassenden MPA-Education-Programmen erforderlich.

Von besonderer Bedeutung ist die Zielgruppe der MPA-Beauftragten. In einem Unternehmen sollte in der Leitung jeder ergebnisverantwortlichen Einheit ein MPA-Beauftragter sein. Dieser kommt entweder als Ergänzung ins Leitungsteam oder aber ein bisheriges Leitungsmitglied (zum Beispiel Chief Executive Officer, Chief Operating Officer) übernimmt diese Funktion in Personalunion. Unabhängig von der gewählten Variante hat der

Zielgruppe	Anforderungen an die MPA-Education		
	Breite der Wissensvermittlung	Tiefe der Wissensvermittlung	Anteil der Wissensanwendung
Oberste Führungskräfte (z. B. Mitglieder Supervisory Board)	Groß	Mittel	Klein
Obere Führungskräfte (Managementprozessverantwortliche)	Groß	Mittel (resp. Groß bzgl. »eigenem« Prozess)	Mittel
MPA-Beauftragter (MPA-Officer)	Groß	Groß	Groß
In MPA-Projekte involvierte Führungskräfte	Mittel	Mittel (resp. Groß bzgl. »eigenem« Projekt)	Groß
Weitere Führungskräfte und Mitarbeiter	Mittel	Klein	Klein

Abbildung 45: Zielgruppenorientierte MPA-Education

MPA-Beauftragte über eine große Breite und Tiefe an MPA-Wissen zu verfügen und dieses Wissen in umfassenden MPA-Education-Programmen zur Anwendung zu bringen. Abhängig vom Vorwissen des MPA-Beauftragten und von den absolvierten MPA-Qualifizierungsmaßnahmen können drei grundsätzliche Qualifikationsstufen unterschieden werden:

1. *MPA-Beauftragter I (»Kenner«):* Kennt MPA-Theorie und -Konzept und kann mit externer Unterstützung entsprechende MPA-Projekte durchführen.
2. *MPA-Beauftragter II (»Könner«):* Kennt MPA-Theorie und -Konzept im Detail und kann eigenständig entsprechende MPA-Projekte durchführen.
3. *MPA-Beauftragter III (»Multiplikator«):* Kennt MPA-Theorie und -Konzept im Detail und kann aufgrund langjähriger Anwendungserfahrung selbst weitere Personen in MPA-Theorie und -Konzept ausbilden.

Kombinierte Wissensvermittlung und -anwendung

Eine wirksame MPA-Education verbindet Reflexion und Aktion und liefert dadurch einen Beitrag zu der Lösung realer Probleme. Das damit verfolgte Prinzip *Return on Education*®[343] kann dem Investment für das Education-Programm einen konkreten praktischen Nutzen und – aufgrund der Befähigung zur eigenständigen Problemlösung – eine Einsparung von Consulting-Honoraren gegenüberstellen. Im Rahmen umfassender MPA-Education-Programme kommt daher der *Kombination von Wissensvermittlung und angeleiteter Wissensanwendung* eine große Bedeutung zu.[344] Die Programmarchitektur verfolgt grob die nachfolgenden Schritte:

1. Bestimmung des MPA-Beauftragten durch oberstes Entscheidungsorgan.
2. Schulung des MPA-Beauftragten durch externen MPA-Experten.
3. Workshop mit obersten und oberen Führungskräften zwecks Vorstellung von MPA-Theorie und -Konzept und Definition von MPA-Projekten (moderiert durch MPA-Beauftragten und/oder externen MPA-Experten).
4. Schulung ausgewählter Führungskräfte und damit verbundene Bearbeitung der MPA-Projekte mit Unterstützung durch MPA-Beauftragten und/oder externen MPA-Experten.
5. Ergänzende Kurzschulungen der übrigen Führungskräfte und Mitarbeiter (kann aus Distanz- und Kostengründen als E-Management-Learning durchgeführt werden).
6. Präsentation von Projektzwischenergebnissen und Entscheidungsoptionen an oberste und obere Führungskräfte und Bestimmung des weiteren Vorgehens.
7. Institutionalisierung des Managements der Managementprozesse und Dokumentation der Management-Prozess-Architektur im Sinne eines MPA-Handbuchs[345].

Die konsequente Etablierung einer wirksamen Management-Prozess-Architektur und die damit einhergehende Veränderung der Grundstruktur des Unternehmens und der Managementprozesse führen zu möglichst autonomen Einheiten und einem hervorragenden Feld für *»MPA-Learning on the job«*. Die Aufteilung des Gesamtunternehmens in ergebnisverantwortliche Einheiten verteilt den gesamten Managementaufwand auf mehrere Einheiten und Personen. Dadurch ist das Konzept der ergebnisverantwortlichen Einheiten auch eine hervorragende *Kaderschmiede*. Führungserfahrene Personen aus ergebnisverantwortlichen Einheiten qualifizieren sich für die Übernahme von größeren und/oder bedeutenderen Einheiten sowie für Aufgaben der übergreifenden Gesamtführung des Unternehmens. In ihrer täglichen Führungsarbeit können sie bei Bedarf auf das MPA-Handbuch und die Unterstützung durch den MPA-Beauftragten zählen.

6.7 Managementqualität beurteilen mittels MPA-Evaluation

Kontext	Ziel	Umsetzung
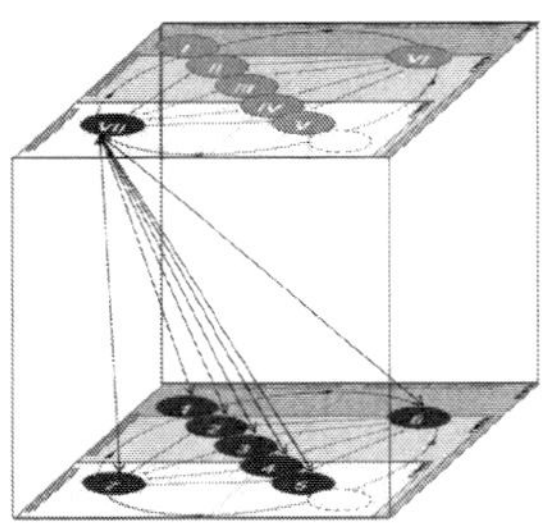	Die Qualität der Managementprozesse wird regelmäßig erhoben und Verbesserungspotenzial identifiziert.	1. Permanente Aufbereitung MPA-relevanter Informationen (inkl. ggf. Online-Plattform) 2. MPA-Projektcontrolling (inkl. ggf. MPA-Office) 3. Periodische MPA-Assessments (durch qualifizierte Assessoren)

Abbildung 46: Einführende Übersicht über Konzeptmodul MPA-Evaluation

Der MPA-Beauftragte ist für die Organisation der Aufbereitung von MPA-relevanten Informationen zuständig.[346] In diesem Zusammenhang hat er dafür zu sorgen, dass in der betreffenden ergebnisverantwortlichen Einheit das Controlling auch die *Komponenten des Model of Pre-controlled Success* beinhaltet respektive um diese ergänzt wird. Es sind dies das Customer Value Controlling, das Business System Controlling und das Management Process Controlling. Aufgabe des MPA-Beauftragten und der Managementprozess-Verantwortlichen ist es, aus der Datenfülle die wesentlichen Informationen für die richtigen Personen aufzubereiten und ihnen zu übermitteln. Die Empfänger dieser Informationen agieren ihrerseits als individuelle »Information Manager« für die Komplexitätsbewältigung in ihrem unmittelbaren Umfeld.[347] Für eine optimierte kollektive Information und Kommunikation kann auch eine *MPA-Online-Plattform* für das Verwalten und Nutzen von MPA-relevanten Informationen eingerichtet werden.[348] Eine derartige Plattform enthält auch eine elektronische Version des MPA-Handbuchs.[349] Jede ergebnisverantwortliche Einheit kann auf dieser Plattform zu den einzelnen Managementprozessen und zur gesamten Management-Prozess-Architektur relevante Informationen hinterlegen und je nach Vertraulichkeit für unterschiedliche Benutzergruppen freischalten. Eine MPA-Online-Plattform in beschriebener Form kann auch als Baustein in den Operations Room des Unternehmens integriert werden. Letzterer umfasst an einem Ort respektive in einem Raum alle entscheidungsrelevanten Informationen für die Lenkung einer Organisation.[350]

Projektcontrolling

In der MPA-Strategie werden auf Basis der MPA-Roadmap Schlüsselprojekte zur Entwicklung der Management-Prozess-Architektur festgelegt. Aufbereitete MPA-relevante Informationen können Anlass sein, zusätzliche Projekte zur Veränderung respektive Verbesserung eines oder mehrerer Managementprozesse zu starten. Da jeder Managementprozess direkte und/oder indirekte Auswirkungen auf die anderen Managementprozesse hat, ist es wichtig, dass MPA-Projekte in *Abstimmung* mit der gesamten Management-Prozess-Architektur erfolgen. Damit dies von Beginn des Projekts bis zu dessen Ende gewährleistet werden kann, ist ein MPA-Projektcontrolling unerlässlich.

Das MPA-Projektcontrolling ist Bestandteil der MPA-Evaluation und liefert Transparenz über die Anzahl geplanter, laufender, zurückgestellter und abgeschlossener MPA-Projekte. Hinsichtlich aller laufenden MPA-Projekte werden zudem Angaben zu Zielsetzung des Projekts, Projektorganisation sowie den wesentlichen Terminen und Meilensteinen gemacht. Beim MPA-Beauftragten laufen diese Informationen zusammen und er ist für ein entsprechendes *Multiprojektcontrolling* verantwortlich.[351]

Zwecks optimalem Informationsfluss und Wissenstransfer kann es sinnvoll sein, dass Projektleiter und -mitarbeiter in einem gemeinsamen Projektbüro, dem *MPA-Office*, tätig sind. Dadurch ist neben dem formalen, oftmals zeitaufwändigen Informationsaustausch ein informeller zeitnaher Austausch leichter möglich. Es kann dabei durchaus Sinn machen, dass mehrere MPA-Verantwortliche (welche ihrerseits für eine oder mehrere ergebnisverantwortliche Einheiten die MPA-Verantwortung tragen) und weitere MPA-Schlüsselpersonen an einem Ort »gebündelt« werden. Dies kann unabhängig von der Frage nach der fachlichen und/oder »disziplinarischen« Führung dieser Personen geschehen. Bezüglich der Führungsfrage wird im Sinne der Autonomie der ergebnisverantwortlichen Einheiten empfohlen, im Normalfall die »disziplinarische« Führung solcher Personen in der jeweiligen Einheit zu belassen, womit der MPA-Verantwortliche der übergeordneten Ebene ausschließlich eine fachliche Weisungsbefugnis hat.[352, 353]

Periodische Assessments

Ergänzend zur permanenten Evaluation der Managementprozesse durch die Managementprozess-Verantwortlichen respektive der Management-Prozess-Architektur durch den MPA-Beauftragten sind MPA-Assessments ein geeignetes Instrument für eine umfassende Evaluation der Management-Prozess-Architektur. MPA-Assessments sollten *jährlich und bei Bedarf anlassbezogen* durchgeführt werden. Neben Selbst-Assessments unter der Leitung des MPA-Beauftragten sollte regelmäßig auch ein Assessment durch einen externen MPA-Experten stattfinden. Dies ermöglicht eine *unabhängige Beurteilung* durch einen Dritten inklusive dem anonymisierten *Vergleich zu Best Practices* aus Assessments mit anderen Unternehmen.

Aufgrund der Komplexität von Managementprozessen lässt sich ein MPA-Assessment nicht mittels einfachen Instrumenten wie zum Beispiel einem Multiple-Choice-Fragebogen durchführen. Stattdessen hängt die Qualität des Assessments maßgeblich von den Assessoren (Interviewern) ab, welche aufgrund eines Fragenkatalogs mit offenen Fragen die Situation differenziert in Erfahrung bringen. Dies ist mit ein Grund, weshalb wirksame MPA-Assessments nur durch MPA-Experten durchgeführt werden können, welche über entsprechende Qualifikationen verfügen.

Bei einem MPA-Assessment werden Führungskräfte der betrachteten Einheit zu deren Managementprozessen befragt. Das Assessment verfolgt dabei drei Dimensionen, welche in Kombination die jeweiligen Fragen ergeben: *Erste Assessment-Dimension* sind die Managementprozesse der Basislogik des MPA-Konzepts (gemäß der Detailversion des Integrated Management Model). Als *zweite Assessment-Dimension* werden bezüglich des jeweils betrachteten Managementprozesses sechs verschiedene Betrachtungsperspektiven eingenommen. Diese Betrachtungsperspektiven richten sich nach der im Rahmen des MPA-Theoriemodells bereits erwähnten Qualität von Input, Throughput (Involvierte Personen, Inhalte/Grundsätze, Systematik/Instrumente, Anwendung/Umsetzung[354]) und Output des jeweiligen Managementprozesses.[355] Auf Basis dieser multiperspektivischen Betrachtung kann im Rahmen der *dritten Assessment-Dimension* beurteilt werden, ob der betrachtete Managementprozess übereinstimmt mit Best-Practices von richtigem und gutem Management, und was bei einer großen Abweichung von den Best-Practices die Konsequenz für die Managementwirksamkeit ist. Diese dritte Assessment-Dimension ist deshalb wichtig, weil ein Defizit hinsichtlich eines Managementprozesses nicht in jedem Falle die gleichen Konsequenzen haben muss. Die Kombination von Managementprozessen, Betrachtungsperspektiven (Input, Throughput, Output) und Beurteilungsperspektiven (Best-Practice-Übereinstimmung, Konsequenz) ergibt schließlich ein umfassendes Assessment. Dieses beinhaltet neben fundierten Analyseergebnissen auch konkrete Gestaltungsmaßnahmen zur Verbesserung der Managementqualität.

In Abbildung 47 werden die erwähnten Betrachtungsperspektiven dargestellt, inklusive der Angabe der primären systemischen Logik sowie von praxisorientierten Check-Fragen und Anmerkungen.

Die Erfassung der wesentlichen Informationen aus den Assessment-Gesprächen erfolgt in einem durch das MPA-Konzept vorstrukturierten Rahmen. In Abbildung 48 wird der Erfassungsbogen beispielhaft für den Prozess »Strategie« präsentiert.

Die dargelegte Assessment-Methodik wurde im Rahmen meiner Dissertation erarbeitet[356] und seither bereits in mehreren Praxisprojekten erfolgreich angewandt. Auf Basis dieser Assessment-Methodik lässt sich in wenigen Tagen eine robuste Evaluation der Management-Prozess-Architektur durchführen. Im Rahmen der Assessment-Methodik erfolgt eine *vierfache Validierung* der Beurteilungsergebnisse. Eine *erste Validierung* geschieht mittels Einbezug von Interview-Partnern unterschiedlicher Funktionen und Funk-

Betrachtung von...	Primäre Logik			Check-Fragen/Punkte	Anmerkungen
	Sach-	Chrono-	Psycho-		
Input		X		• rechtzeitig? • umfassend?	Für jede Input-Beziehung zu beurteilen (abhängig von Managementprozessen der Rekursionsebenen R+1/0/-1)
Involvierte Personen			X	• wissend (statt mächtig)? • problemlösungskompetent? (Vorbilder, Entscheider, Promotoren?)	Für jeden Managementprozess aufgrund dessen Charakteristik zu beurteilen
Inhalte/ Grundsätze	X			• liegen die erforderlichen Inhalte vor? • sind es die richtigen Inhalte? (Grundsätze, Entscheidungen etc.)	
Systematik/ Instrumente	X			• gibt es ein definiertes Vorgehen? • wie häufig wird es durchgeführt? • gibt es die notwendigen Instrumente?	
Anwendung/ Umsetzung			X	• dokumentiert und kommuniziert? • verstanden und gelebt? (gewünschte Wirkung erzielt?)	
Output		X		• rechtzeitig? • umfassend?	Für jede Output-Beziehung zu beurteilen (abhängig von Managementprozessen der Rekursionsebenen R+1/0/-1)

Abbildung 47: Betrachtungsperspektiven im Rahmen eines MPA-Assessments

Nr.	Management-prozess	Betrachtungsperspektive			Anmerkungen der Assessoren (Fazit der Aussagen der Interview-Partner zu Stärken, Schwächen, Verbesserungsvorschläge)	Übereinstimmung						Konsequenz					
						1	2	3	4	5	6	1	2	3	4	5	6
2	Strategie	Input von	R+1	Strategie													
			R0	Unternehmenspolitik und Corporate Governance													
				Controlling und Berichtswesen													
			R-1	Strategie													
		Through-put	Involvierte Personen														
			Inhalt/Grundsätze														
			Systematik/Instrumente														
			Anwendung/Umsetzung														
		Output an	R+1	Strategie													
			R0	Organisation (Strukturen und Prozesse)													
				Operative Planung													
				Führungskräftebedarf													
				Unternehmens-entwicklung													
			R-1	Strategie													

Abbildung 48: Erfassungsbogen beispielhaft für den Prozess »Strategie«

tionsstufen respektive durch den Abgleich von deren Antworten zu gleichen Fragen. Eine *zweite Validierung* geschieht durch den Abgleich von Informationen aus Assessment-Gesprächen und Informationen, welche durch die Analyse von relevanten Dokumenten (zum Beispiel Leitbild, Strategiepapier, Controllingbericht) stammen. Da das Assessment grundsätzlich durch zwei qualifizierte Assessoren durchgeführt wird, ist als *dritte Validierung* der Abgleich der individuellen Assessoren-Meinung hin zu einer Konsens-Meinung zu nennen. Die *vierte Validierung* ergibt sich aus dem systemischen Aufbau der Assessment-Methodik, bei der zu jedem Managementprozess die Input-/Output-Beziehungen analysiert werden. Dadurch wird jede Verbindung von zwei Managementprozessen doppelt analysiert (je einmal aus Sicht des jeweiligen Managementprozesses als Output oder Input).

Ergänzend zum Assessment der einzelnen Managementprozesse gilt es auch das *Management der Managementprozesse* zu beurteilen. Dazu können die Assessoren das Vorhandensein und die Wirksamkeit des MPA-Rahmenkonzepts und der sieben MPA-Konzeptmodule beurteilen. Alternativ können die Aspekte der Managementprozesse 2. Ordnung auch im Rahmen der Fragen zu den Managementprozessen 1. Ordnung in Erfahrung gebracht werden. Dies zum Beispiel, indem beim Managementprozess »Funktionendiagramm (Aufgaben, Kompetenzen, Verantwortung – AKV)« auch danach gefragt wird, ob ein MPA-Funktionendiagramm für die organisatorische Verankerung der Managementprozesse vorliegt.

Ein so durchgeführtes MPA-Assessment bringt als Resultat eine *Beurteilung der Management Process Performance*[357] hervor. Diese bildet einen wesentlichen Bestandteil des Model of Pre-controlled Success. Im Rahmen eines MPA-Assessments bietet daher abschließend ein Abgleich der Management Process Performance mit der Business System Performance und der Customer Value Performance interessante Einsichten. Alle Personen, die an *Wettbewerbs-, Funktions- und Entwicklungsfähigkeit* eines Unternehmens interessiert sind, messen Resultaten von MPA-Assessments eine hohe Bedeutung zu. Dies können neben den eigenen Führungskräften zum Beispiel Kunden, langfristig orientierte Investoren, Kooperationspartner oder zukünftige Mitarbeiter sein.[358] Somit haben MPA-Assessments nicht nur einen unternehmensinternen Nutzen, sondern können bezüglich *Management*prozessen – vergleichbar den ISO-Zertifizierungen bezüglich *Geschäfts*prozessen – auch einen externen Marketingeffekt auslösen.[359]

6.8 Sechstes Zwischenfazit

Zu den sieben Managementprozessen 2. Ordnung wurden sieben MPA-Konzeptmodule erarbeitet. Diese beleuchten jeweils einen Aspekt des *Managements der Managementprozesse* und sorgen in Summe für eine hohe Wirksamkeit des Zusammenspiels der Managementprozesse (1. Ordnung) und dadurch für eine hohe *Management Process Performance.* Diese sieben MPA-Konzeptmodule kommen in jeder ergebnisverantwortlichen Einheit zur Anwendung:

1. Im Rahmen der *MPA-Zwecksetzung* ist ein Grundsatzentscheid notwendig zur Orientierung des Denkens und Handelns am Interesse des Unternehmens und somit an dessen Lebensfähigkeit und am erzielten Kundennutzen. Weiter ist der Entscheid zur Einführung des MPA-Konzepts zu fällen und eine evolutionäre Einführung und anschließend ein »In-Schwung-Halten« der MPA sicherzustellen.
2. Die *MPA-Strategie* definiert eine der vier MPA-Grundstrategien – Status quo, Organisationsveränderung, Managementveränderung, MPA-Transformation – und legt die (Weiter-)Entwicklung der MPA in einer Roadmap fest, inklusive der Spezifikation von MPA-Projekten.
3. Der *MPA-Organisation* kommt eine besonders große Bedeutung zu: Einerseits ist bei Bedarf die Grundstrukturierung des Unternehmens (in ergebnisverantwortliche Einheiten) anzupassen, anderseits sind die

Managementprozesse organisatorisch zu verankern, was zum MPA-Funktionendiagramm, dem MPA-Beauftragten (mit Einsatz in der Geschäftsleitung) und dem MPA-Gremium (zwecks übergreifender Abstimmung von Managementprozessen) führt.

4. Mit den Personen, welche MPA-Funktionen verantworten, sind im Rahmen des *MPA-Jahreszielprozesses* Ziele zu vereinbaren, zu beurteilen und zu honorieren. Ein MPA-Jahreskalender kann unterjährig zur Koordination der MPA-Ziele von verschiedenen Personen und ergebnisverantwortlichen Einheiten dienen.
5. Als wirksame Form der *MPA-Arbeitsmethodik* wurde eine MPA-Syntegration mit entsprechender thematischer und personeller Vorkonfiguration entworfen. MPA-Syntegrations-Oktaeder verschiedener ergebnisverantwortlicher Einheiten können untereinander gekoppelt werden, wodurch auch die Abstimmung über mehrere Rekursionsebenen effizient ermöglicht wird.
6. Die *MPA-Education* trägt dem Umstand Rechnung, dass die Wirksamkeit von Managementprozessen maßgeblich vom Wissen der involvierten Personen abhängt. Als geeignete Inhalte einer MPA-Qualifikationsmaßnahme werden die Inhalte dieses Buches erachtet. Abhängig von der Zielgruppe sind diese Inhalte allerdings unterschiedlich detailliert und anwendungsorientiert zu vermitteln respektive an realen Problemstellungen anzuwenden.
7. Die *MPA-Evaluation* sorgt für eine permanente Aufbereitung von MPA-relevanten Informationen und somit für einen funktionierenden Informationshaushalt. Eine besondere Funktion kommt dabei dem MPA-Projektcontrolling zu, welches eine gegenseitige Abstimmung von MPA-Projekten sicherstellt. Periodische MPA-Assessments dienen darüber hinaus der Eigen- und Fremdevaluation der Wirksamkeit der Management-Prozess-Architektur.

In Kapitel 3 wurden mit der MPA-Theorie die in Kapitel 1 dargelegten Kernfragen für Manager theoretisch beantwortet. Mit dem Kapitel 6 ist es nun gelungen, diese Kernfragen auch aus einer praxisorientierten Perspektive zu beantworten. Somit leistet dieses Buch einen nachweisbaren Beitrag für die Wissenschaft und die Praxis. In Abbildung 49 werden die wesentlichen Punkte des MPA-Konzepts praxisorientiert zusammengefasst und mit Verweisen auf die jeweiligen Kernfragen versehen. Diese Zusammenfassung kann als Orientierungshilfe unter anderem für das Assessment der Wirksamkeit des Managements der Managementprozesse dienen.

MPA-Rahmenkonzept	Ziel	Kernpunkte der Umsetzung	Antwort auf Kernfragen (Kap. 1)
MPA-Basislogik	Managementprozesse und ihr Zusammenspiel sind bestimmt.	1. Umfassendes Erfolgsverständnis 2. Zirkuläre Managementprozesse 3. Notwendige und hinreichende Prozesse für operatives, strategisches und normatives Management	2, 3
MPA-Differenzierung	Unterscheidung in Managementprozesse 1. und 2. Ordnung ist erfolgt.	1. Gedankliche Unterscheidung in Managementprozesse 1. und 2. Ordnung 2. Gleiche Basislogik der Prozesse 2. Ordnung wie jene der Prozesse 1. Ordnung 3. Ein Prozess 2. Ordnung bezieht sich jeweils auf alle Prozesse 1. Ordnung	2, 3, 4
MPA-Rekursivität	Gleiches MPA-Konzept ist rekursiv über alle Ebenen hinweg angewandt.	1. Übergeordnete Rekursionsebenen geben Vorgaben bzgl. Managementprozessen 2. Ordnung an untergeordnete Ebenen 2. Zwischen benachbarten Rekursionsebenen erfolgt eine Abstimmung bezüglich der Managementprozesse 1. Ordnung 3. Untergeordnete Rekursionsebenen liefern Performance-Beiträge an übergeordnete	1, 5
Modul	**Ziel**	**Kernpunkte der Umsetzung**	**Antwort**
I. MPA-Zwecksetzung	Grundsätze hinsichtlich Wahl und Konfiguration von Managementprozessen sind festgelegt.	1. Grundsatzentscheid zu Orientierung an Lebensfähigkeit, Unternehmensinteresse und Kundenutzen 2. Entscheid zur Einführung des MPA-Konzepts 3. Evolutionäre Einführung und »In-Schwung-Halten« der MPA	2, 4, 5
II. MPA-Strategie	Entwicklungsziele für die einzelnen Managementprozesse und die MPA als Ganzes sind bestimmt.	1. Festlegung der MPA-Grundstrategie 2. Bestimmung einer MPA-Roadmap zur (Weiter-)Entwicklung der MPA 3. Definition von MPA-Projekten inkl. Projektzielen, -mitteln und -maßnahmen	4, 5

Modul	Ziel	Kernpunkte der Umsetzung	Antwort
III. MPA-Organisation	Lebensfähige Einheiten sind konzipiert, Managementprozesse organisiert und Zuständigkeiten geklärt.	1. »Organisatorische Direttissima« zur Grundstrukturierung des Unternehmens 2. Organisatorische Verankerung von Managementprozessen (inkl. Verantwortung von oberster Leitung und MPA-Gremium) 3. MPA-Funktionendiagramm	1, 3, 4, 5, 6
IV. MPA-Jahreszielprozess	Zur Umsetzung der MPA-Strategie notwendige Ziele wurden vereinbart und deren Erreichung ist beurteilt und honoriert.	1. Individuelle Ziele für den MPA-Beauftragten 2. Individuelle Ziele für Managementprozess-Verantwortliche und -Teammitglieder 3. MPA-Jahreskalender zur Koordination der Ziele	3, 4, 6
V. MPA-Arbeitsmethodik	Die MPA-Wirksamkeit ist erhöht durch Nutzung von Synergien und Integration des dazu notwendigen Wissens.	1. Syntegration (Synergie und Integration) als wirksame Arbeitsform 2. Konfiguration der MPA-Syntegration (thematisch und personell) 3. Rekursive Anwendung der MPA-Syntegration (Unternehmensnetzwerke)	4, 5
VI. MPA-Education	Die an Managementprozessen beteiligten Personen sind geschult und ihre Problemlösungskompetenz ist erhöht.	1. Richtige Inhalte der MPA-Education 2. Wesentliche Zielgruppen der MPA-Education 3. Kombinierte Wissensvermittlung und -anwendung	4, 7
VII. MPA-Evaluation	Die Qualität der Managementprozesse wird regelmäßig erhoben und Verbesserungspotenzial identifiziert.	1. Permanente Aufbereitung MPA-relevanter Informationen (inkl. ggf. Online-Plattform) 2. MPA-Projektcontrolling (inkl. ggf. MPA-Office) 3. Periodische MPA-Assessments (durch qualifizierte Assessoren)	4, 8

Abbildung 49: Zusammenfassung des MPA-Konzepts mit Hinweisen auf Kernfragen aus Kapitel 1

7. Die Zukunft ist jetzt

Der in diesem Buch vorgestellte MPA-Bauplan hat sich in der Praxis bereits mehrfach bewährt. Nachfolgend sollen exemplarisch drei Praxisanwendungen erörtert werden. Die erste Praxisanwendung – die MPA-Transformation bei einer Professional Services Firm – diente im Sinne eines Aktionsforschungsprojekts dazu, die MPA-Theorie herzuleiten und einer ersten Bewährung zu unterziehen. Die zweite Praxisanwendung zeigt auf, wie breit die Anwendungsmöglichkeiten der hier vorgestellten Denkansätze sind. Mit dem dritten Anwendungsfall soll veranschaulicht werden, wie die Kerngedanken dieses Buches sehr zeitnah einer Vielzahl von Unternehmen dienlich sein können. Abgerundet wird dieses Kapitel und damit das Buch durch zusammenfassende Implikationen für die Praxis.

7.1 Transformance einer Wissensorganisation

Gestützt auf Entwürfe zu den vier in Kapitel 2 vorgestellten MPA-Theoriebausteinen führte ich ein praxisrelevantes Aktionsforschungsprojekt durch. Forschungsobjekt war das Malik Management Zentrum St. Gallen (Malik MZSG). Das Malik MZSG wurde 1973 gegründet und gehört heute mit seinen rund 300 Mitarbeitenden in Europa zu den führenden Anbietern von Managementberatung und -schulung, mit einer Alleinstellung im Bereich der kybernetischen Managementlösungen. Anhand einer Ideenskizze von mir wurde in einem kleinen Projektteam das »Set-up« für eine »Organisatorische Direttissima« erstellt. Mit diesem Ansatz war es möglich, chronologisch betrachtet schnell zu einer sachlogisch richtigen Lösung zu kommen, welche psychologisch gesehen bei den Betroffenen zur nachhaltigen Veränderung von deren Reflexions- und Aktionsmustern führte.

Das Aktionsforschungsprojekt zur MPA-Transformation gliederte sich zeitlich in folgende drei Hauptphasen: die *»Vorphase«*, die *»Projektphase«*

und die *»Nachphase«*. Die zweite und die dritte Hauptphase ließen sich jeweils nochmals unterteilen, womit sich insgesamt *fünf Phasen* ergaben. Wesentlich war die Aufteilung der Projektphase in eine P06-Projektphase[360] (10/2006–01/2007) als Geheimprojekt und eine P07-Projektphase[361] (01/2007–04/2007), welche unter aktiver Beteiligung der Führungskräfte und Mitarbeiter ablief.

Abbildung 50 fasst die einzelnen Phasen sowie deren zeitliche Ausdehnung und die jeweiligen phasen-prägenden Abkürzungen zusammen. Die Vorphase war geprägt durch die »Strategie2005« (S05), die Projektphase durch die Teilphasen »Perfektionierung/Projekt2006« (P06)[362] und »Programm/Projekt2007« (P07)[363], und die Nachphase durch die Teilphasen »Programm2007« (P07) und »P^R^ECEPT2008« (P08)[364].

Die *P06-Projektphase* umfasste insbesondere die Grundgliederung des Malik MZSG in komplett neue Unternehmensbereiche und die weitere Untergliederung des größten Unternehmensbereichs in selbstähnliche und selbstlenkende Einheiten, die sich durch eigenständige Lebensfähigkeit und beim Erreichen einer bestimmten Größe durch Multiplikation in zwei neue Einheiten kennzeichnen. Die *P07-Projektphase* fokussierte auf die Etablierung von Koordinations- und Unterstützungsmechanismen für die neuen Unternehmensbereiche und deren Geschäftseinheiten. Darüber hinaus wurde in dieser Phase auch das Metasystem, das heißt die Funktions- und Lenkungsweise des Gesamtunternehmens, gestaltet und personell besetzt. Die *P07-Nachphase* zum Transformationsprojekt (04/2007–01/2008) zeichnete sich durch das Inkraftsetzen verschiedener Policy-Rules aus. Diese Policy-Rules regeln die Unterstützung, Koordination und Führung der einzelnen Einheiten und prägen somit Managementprozesse. Bereits im Rahmen des Transformationsprojekts und darüber hinaus in der Nachphase wurde ein »Transformation Controlling« durchgeführt. Dabei wurde die Wirkung des Transformationsprojekts laufend überprüft, und Verbesserungsmaßnahmen wurden definiert und umgesetzt. Dies gewährleistete, dass der Transformationsprozess auch über das Ende der P06/P07-Projektphase hinaus evolutiv stattfand und weiter stattfinden wird.

Phase 1	Phase 2	Phase 3	Phase 4	Phase 5
– 10/2006	10/2006 – 01/2007	01/2007 – 04/2007	04/2007 – 01/2008	01/2008 –
S05 (Strategie 2005)	**P06** (Perfektionierung/ Projekt 2006)	**P07** (Projekt/ Programm 2007)	**P07** (Programm 2007)	**P08** (Precept 2008)
Vorphase	**Projektphase**		**Nachphase**	

Abbildung 50: Phasen des Aktionsforschungsprojekts

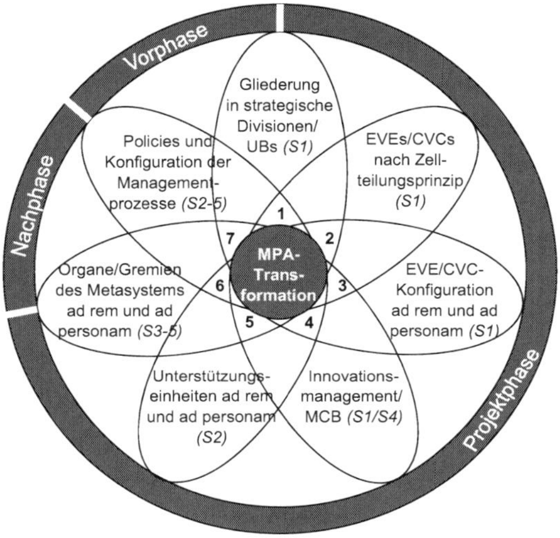

Legende:

UBs = Unternehmensbereiche	CVCs = Customer Value Centers	1–5 = Systeme 1–5 gemäß Viable System Model
EVEs = Ergebnisverantwortliche Einheiten	MCB = Management Cybernetics & Bionics	

Abbildung 51: Die sieben Dimensionen der MPA-Transformation beim Malik MZSG

Der Ablauf der MPA-Transformation lässt sich durch die in Abbildung 51 dargestellten sieben Dimensionen charakterisieren. Diese decken in Summe die genannten drei Hauptphasen ab.

Bei der empirisch-qualitativen Exploration im Rahmen der Aktionsforschung ist die Datenerhebung und -auswertung ein Kernstück des Forschungsprozesses. Aufgrund von Komplexitätsüberlegungen wurde ein evolutives Diskutieren, Protokollieren, Validieren und Interpretieren angestrebt. Die Dokumentenanalyse wurde anhand der 10-Schritte-Methode der Globalauswertung durchgeführt.[365] Die Durchführung der Aktionsforschungsworkshops, der Dokumentenanalysen sowie der Interpretation erfolgte nach wissenschaftlichen Standards mit dem Ziel der bestmöglichen Erfüllung der Gütekriterien. Ein Aktionsforschungsprojekt lässt sich nicht mit den klassischen Gütekriterien aus der quantitativ-empirischen Forschung beurteilen.[366, 367] In Anlehnung an Sander/Rüegg-Stürm/Wyss[368], Moser[369] und Ulrich[370] lässt sich aber folgendes Set an geeigneten Gütekriterien erarbeiten: Intersubjektive Nachvollziehbarkeit, Allparteilichkeit

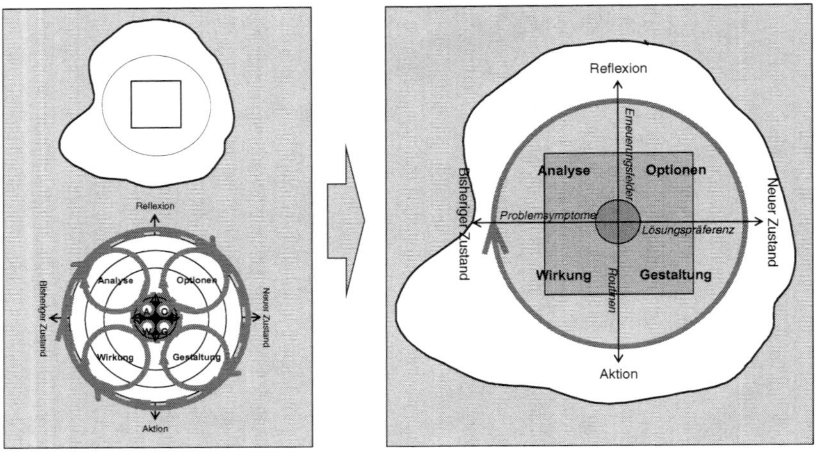

Abbildung 52: Grundlogik der MPA-Transformation

des Forschers, Stimmigkeit (»Ziel/Methoden-Fit«), Adäquatheit (»Resultat/Frage-Fit«), relevante Neuartigkeit und praktische Problemlösungskraft.

Abbildung 52 fasst die wichtigsten Überlegungen zur Interpretation der untersuchten MPA-Transformation aus Sicht des *Model of Circular Processes* zusammen. Dabei wird die sachlogische Unterscheidung in die *Funktionslogik des Metasystems* und in die *Grundstruktur des Geschäfts* in der Logik des Viable System Model als Quadrat und Kreis umgeben von der Umwelt dargestellt.

Aufbauend auf dieser Grundlogik des Transformationsprozesses lassen sich die fünf zeitlich-linearen Phasen der Transformation der Management-Prozess-Architektur anschaulich in der nachfolgenden Abbildung 53 darstellen.

In *Phase 1* wirkten die bisherige Grundstruktur und das bisherige Metasystem. Ab *Phase 2* wurde ein aktives Prozessmanagement im Rahmen eines Projekts durchgeführt (gekennzeichnet durch den kleinen ausgefüllten Kreis in der Mitte). Im Fokus stand in Phase 2 insbesondere die Analyse sowie die Erarbeitung von und die Entscheidung zu Optionen der Grundstruktur des Geschäfts. Dies immer in Abhängigkeit zu bisherigen und potenziell zukünftigen Aspekten der Umwelt und des Metasystems. In *Phase 3* startete bereits die Umsetzung der Grundstruktur, und auf dadurch erzielten Wirkungen konnten Anforderungen an das Metasystem analysiert, definiert und in Optionen berücksichtigt werden. *Phase 4* ist gekennzeich-

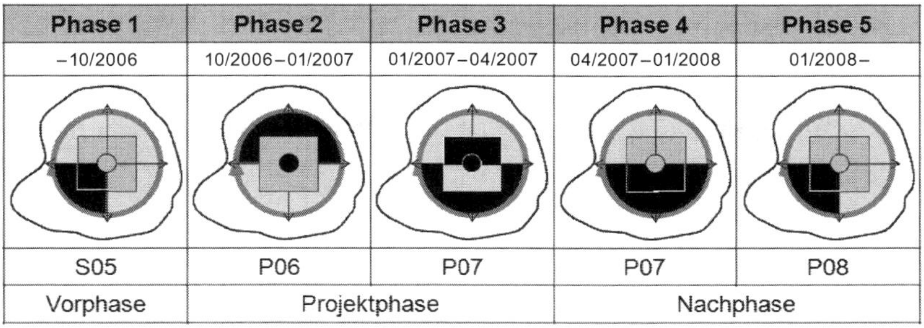

Abbildung 53: Zeitliche Phasen der MPA-Transformation dargestellt anhand der zirkulären Grundlogik

net durch die Umsetzung des neuen Metasystems und den Wegfall des Prozessmanagements durch das Projektteam. *Phase 5* zeigt schließlich den eingeschwungenen Wirkungs-Zustand in der Phase P08.

Dieser, wenn auch schematische Überblick verdeutlicht vier Kernpunkte der am Malik MZSG durchgeführten MPA-Transformation:

1. Das neue Unternehmen wurde *vom Kunden her durchdacht* und aufgebaut, das heißt von außen nach innen.
2. Der gesamte Transformationsprozess war ein zirkulär-evolutiver Prozess, bei dem das *Metasystem auf Basis der umgesetzten neuen Grundstruktur konfiguriert* wurde.
3. Um in angemessener Zeit tiefgreifende Veränderungen der gesamten Management-Prozess-Architektur zu erzielen, war ein *wirksames Prozessmanagement* erforderlich.
4. Bis neue metasystemische Verantwortungen zugewiesen waren, musste das Prozessmanagement primär durch ein *durchdacht besetztes Projektteam* gewährleistet werden. Über Auftragserteilungen (Assignments) konnten mit zunehmendem Projektfortschritt auch Personen außerhalb des Projektteams beigezogen werden.

Wirksame Managementprozesse setzen eine an Lebensfähigkeit orientierte Grundstrukturierung voraus. Viele Managementprozesse werden bereits während der Grundstrukturierung geprägt, und Managementprozesse ihrerseits können ein Überdenken und gegebenenfalls Anpassen der Grundstrukturierung hervorrufen. Die Management-Prozess-Architektur verbindet dieses Phänomen als *Syntegrat von Organisation und Management*. Wirksame Organisation braucht Management, und wirksames Management braucht Organisation. Das eine existiert nicht ohne das andere.

Die Interpretation der Aktionsforschungsergebnisse mit Fokus auf das *Integrated Management Model* ergab, dass im Zuge der MPA-Transformation insbesondere in der P07-Nachphase wesentliche Policy-Rules für Managementprozesse erarbeitet und in Kraft gesetzt wurden. Dies verdeutlicht, dass eine Neugliederung des Geschäfts immer auch eine Neukonfiguration der Managementprozesse zur Folge hat.

Das *MPA-Transformationsprojekt* am Malik MZSG gab – an einem Einzelfall aufgezeigte – *praktisch-konkrete Antworten auf die »Wie«-, »Was«- und »Wo«-Frage der Management-Prozess-Architektur.* Letztere verfolgt keinen Selbstzweck, sondern dient der Erhöhung der Total System Performance. Nachfolgend sollen daher mit Bezug auf das *Model of Pre-controlled Success* die wichtigsten Erkenntnisse zusammengefasst werden: Trotz dem parallel zum Tagesgeschäft laufenden, intensiven MPA-Transformationsprozess wurden weder die Mitarbeitenden bei der Leistungserbringung noch die Kunden beim Leistungsbezug beeinträchtigt. Im Gegenteil: Die neue Management-Prozess-Architektur und die damit verbundene Grundstruktur ließen die Mitarbeiter so nah wie noch nie beim Kunden sein (mental und physisch), vereinfachten die Bedienung des Kunden mit kombinierten Leistungen, förderten die Innovationsleistung durch einen eigenständig dafür verantwortlichen Unternehmensbereich, erhöhten die Produktivität durch eine Verringerung des administrativen Aufwands, boten attraktive Entwicklungsmöglichkeiten für richtige und gute Leute und konnten auch zu finanziellen Rekordergebnissen in der Firmengeschichte des Malik MZSG beitragen.

Sodann wurde nach Projektabschluss die Verantwortung für das *Management der Managementprozesse* auf Gesamtunternehmensebene bezüglich *Lenkungsmaßnahmen* dem Vorsitzenden des Operative Management Board zugeteilt, während das Strategic Management Board für *Gestaltungsmaßnahmen* zur Verfügung steht. Der Verwaltungsrat wurde als zuständig erklärt für das Monitoring der durch Lenkungs- und Gestaltungsmaßnahmen resultierenden Entwicklung respektive für die eigenständige Einleitung von *Entwicklungsmaßnahmen.* Die Managementprozesse wurden im Malik MZSG zudem rekursiv angelegt, wodurch in jeder ergebnisverantwortlichen Einheit sowohl das *Management 1. Ordnung* (Ausführung der Managementprozesse) als auch das *Management 2. Ordnung* (Management der Managementprozesse) verantwortet wird und Letzteres somit nicht einer organisations-hierarchisch übergeordneten Lenkung, sondern einer Selbstlenkung entspricht.

Alle drei Komponenten der Total System Performance des Malik MZSG – Customer Value Performance, Business System Performance und

Management Process Performance – wurden durch den MPA-Transformationsprozess positiv beeinflusst. Man könnte somit im Sinne eines Wortspiels von TRANSFORMANCE sprechen, einer umfassenden TRANSFORmation mit überzeugender Auswirkung auf die perFORMANCE.

7.2 Unternehmerbank mit ganzheitlichem Ratingansatz

Die Finanzindustrie hat in den letzten Jahren weltweit große Veränderungen erfahren. Davon ist auch die Schweiz nicht ausgenommen. Neben den Großbanken UBS und Credit Suisse sowie den Raiffeisen-Banken wird der Finanzplatz Schweiz insbesondere durch die Kantonalbanken geprägt. Gerade in der aktuellen Wirtschafts- und Systemkrise bietet sich den regional stark verankerten Kantonalbanken die Chance, sich gegenüber den Großbanken positiv abzuheben. Eine Kantonalbank, der das besonders gut gelungen ist, ist die Luzerner Kantonalbank.

Die *Luzerner Kantonalbank (LUKB)* wurde 1850 gegründet und verfügt über eine Staatsgarantie der Einlagen. Über 50 Prozent aller Luzernerinnen und Luzerner unterhalten in irgendeiner Form eine Geschäftsbeziehung zur LUKB. Aufgrund ihrer Kundennähe und Leistungsfähigkeit ist die LUKB im Kanton Luzern unbestrittene Marktführerin. Mit einem Eigenkapital von derzeit rund 1685 Milliarden Franken, einer Bilanzsumme von knapp 22 Milliarden Franken und ihren rund 1000 Arbeitsplätzen gehört die LUKB zu den zehn größten Schweizer Banken. Die LUKB ist eine klassische Universalbank und bietet sämtliche Dienstleistungen einer modernen Bank an. Besonderes Augenmerk legt die LUKB auf die *Stärkung der regionalen Wirtschaft* durch die Betreuung von kleinen und mittelgroßen Unternehmen (KMU).[371]

Im KMU-Segment hatte sich die LUKB den gleichen Herausforderungen zu stellen wie andere Banken auch: Dies bietet eine historisch einmalige Möglichkeit, Neugeschäft zu gewinnen. Die »strapazierte Loyalität« der Firmen erfordert aber auch gezielte Maßnahmen zur Sicherung des Kundenbestands. Die richtige und frühzeitige Einschätzung des Erfolgs- beziehungsweise Risikopotenzials von Unternehmen hat an Bedeutung gewonnen. Gängige und herkömmliche Ansätze haben jedoch ihre Grenzen zur Steuerung des Kunden- respektive Risikoportfolios.

Entscheidend ist, dass die richtigen Unternehmen Kredite erhalten, denn nur das fördert eine unternehmerisch und somit nachhaltig orientierte

Wirtschaft. Im Kern bleibt stets die Frage: Wie kann man herausfinden, welche Kredite man vergeben kann, damit man diese bei Fälligkeit auch zurückbekommt?

Mit Blick auf die dargelegte Ausgangslage und Problemstellung wurde eine Zusammenarbeit der Luzerner Kantonalbank mit dem *Malik Management Zentrum St. Gallen (Malik MZSG)* aufgebaut. Dabei war es wichtig, das herkömmliche vergangenheitsorientierte Kreditratingverfahren um zukunftsgerichtete Komponenten zu ergänzen.

Das herkömmliche Ratingverfahren fokussierte sehr stark auf operative Finanzgrößen, die bestenfalls den Erfolg der Vergangenheit abbilden. Oder anders formuliert: Autofahren mit Blick in den Rückspiegel. Der Unternehmenserfolg der Vergangenheit ist aufgrund der Dynamik der Wirtschaft kein verlässlicher Indikator für den Unternehmenserfolg der Zukunft. Analog der Tatsache, dass nach fünf Tagen Sonnenschein nicht unbedingt ein sechster Sonnentag folgen muss. Die operativen Finanzgrößen wurden bisher zwar ansatzweise um zukunftsgerichtete Aspekte ergänzt, es fehlte jedoch an empirisch gestützten Beurteilungsgrößen mit entsprechender Validität.

Mit Überlegungen, wie sie im Model of Pre-controlled Success – als Bestandteil der Management-Prozess-Architektur – dargelegt wurden, lässt sich das herkömmliche Ratingverfahren entscheidend ergänzen. Dank den Erkenntnissen aus dem weltweit größten Strategieforschungsprogramm

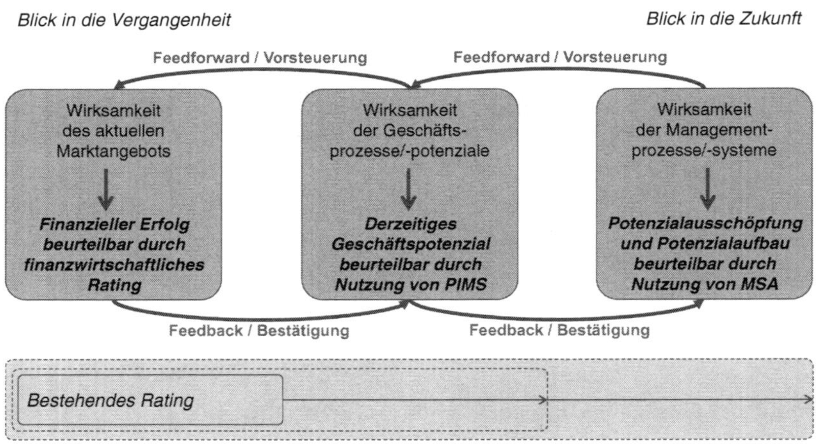

Abbildung 54: Erweiterung des bestehenden Ratings um PIMS- und MSA-Erkenntnisse

»Profit Impact of Market Strategies« (PIMS) lässt sich das Geschäftspotenzial eines Unternehmens quantitativ beurteilen.[372] Mit den Erkenntnissen aus einem *»Management System Audit« (MSA)* lässt sich zudem die Managementqualität und somit die Umsetzungsstärke des betrachteten Unternehmens zielgenau beurteilen.[373] Es wird somit nicht nur die Höhe des derzeitigen Potenzials ermittelt, sondern auch beurteilt, ob das Unternehmen in der Lage ist, dieses Potenzial wirksam *auszuschöpfen* und neue Potenziale *aufzubauen*. Abbildung 54 fasst diese Überlegungen zusammen.

Das Wissen über diesen erweiterten Rating-Ansatz muss dort vorhanden sein, wo die wesentlichen Kundengespräche und Einschätzungen zur Kreditvergabe stattfinden. Entsprechend war es naheliegend, eine vertriebs- respektive marktnahe Schulung zu konzipieren, die Firmenkundenbetreuern und ausgewählten Personen aus den weiteren Funktionen (Führungsteam, Kredit- und Risikomanagement et cetera) das relevante Wissen vermittelt und auch eine gezielte Unterstützung in der Wissensanwendung bietet. Ein entsprechendes Qualifizierungsprogramm besteht aus sechs ein- bis zweitägigen Impulsen und erstreckt sich erfahrungsgemäß über ein Jahr hinweg. Abbildung 55 zeigt die Verzahnung von Wissensvermittlung und -anwendung und gibt einen Überblick über das Qualifizierungsprogramm.

Die Luzerner Kantonalbank orientiert sich an den in diesem Buch vorgestellten Grundsätzen der Unternehmensführung. So strebt die LUKB nicht eine Gewinnmaximierung, sondern eine Gewinnoptimierung mit

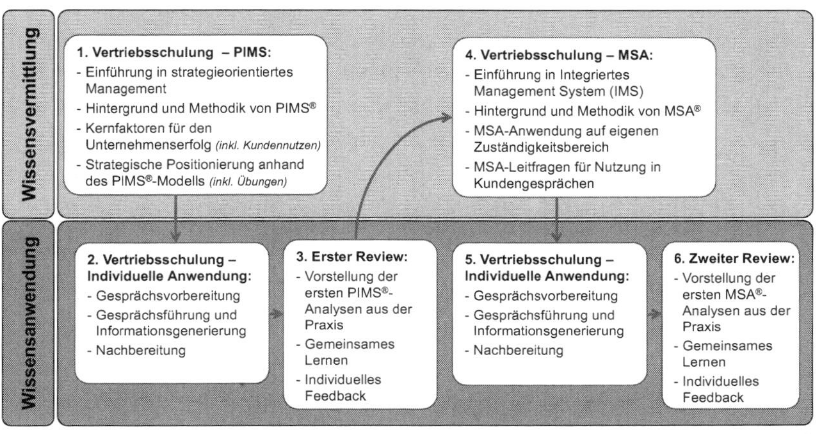

Abbildung 55: Vorgehen zur Qualifizierung von Firmenkundenbetreuern und weiteren Personen

Blick auf die langfristige Lebensfähigkeit des Unternehmens an. Als Bank mit ausgezeichneter regionaler Verankerung und entsprechenden Kenntnissen orientiert sie sich an einer kundennahen, beständigen und sozialverträglichen Unternehmenspolitik.[374]

Die LUKB konnte sich im Segment der kleinen und mittelgroßen Unternehmen (KMU) im Lauf der letzten Jahre als »DIE UNTERNEHMERBANK« positionieren. Durch die dargelegte Ergänzung des bestehenden Kredit-Ratings um Erkenntnisse aus PIMS und MSA gelang eine entscheidende *Differenzierung gegenüber der Konkurrenz*. Es resultierte eine Stärkung der regionalen Wirtschaft und ein *nutzenstiftender Service für Klein- und Mittelunternehmen*.

Durch die hohe Differenzierung gegenüber der Konkurrenz konnte die LUKB 2008 Neukundengeschäfte in Höhe eines dreistelligen Millionenbetrages generieren, dies bei einem gleichzeitig reduzierten Kreditausfallrisiko. Die LUKB beweist damit, dass es eine richtige Antwort auf die Frage nach der optimalen Kreditvergabe gibt. Sie kann aus guten Gründen Kreditanträge annehmen, wo sie früher aufgrund vergangenheitsorientierter Ratingmethoden den Kredit nicht gesprochen hätte. Genauso gut fundiert kann sie aber auch Kreditanträge ablehnen, wo sie früher aufgrund konventioneller ratingbezogener Beurteilung noch Mittel zur Verfügung gestellt hätte.

Die Management-Prozess-Architektur (MPA) schafft die Voraussetzungen für anhaltenden und umfassenden Unternehmenserfolg, indem Managementprozesse (basierend auf MSA) so gestaltet, gelenkt und entwickelt werden, dass sie die Funktionsfähigkeit des Unternehmens erhöhen respektive erhalten und den Kundennutzen maximieren (beurteilbar mittels PIMS). Oberstes Ziel der MPA ist somit die Maximierung der Lebensfähigkeit des Unternehmens mittels Vorsteuerung des langfristigen Erfolgs. Die MPA ist sowohl für die Luzerner Kantonalbank selbst als auch für ihre bestehenden und neuen Kunden ein weiterhin verfolgenswerter Ansatz, wie sich aus dem Geschäftsbericht 2008 der LUKB ergibt: »[Die Luzerner Kantonalbank] klassiert Unternehmen nicht aufgrund eines [herkömmlichen] Kreditratings, sondern identifiziert Unternehmen, die sich durch ihre strategische Positionierung und ihre Führungsqualität auszeichnen. Beides sind Garanten, dass eine bankseitige Unternehmensfinanzierung überhaupt Wirkung zeigt.«[375]

7.3 TÜV-Zertifizierung für wirksame Managementprozesse

TÜV SÜD wurde 1866 als Technischer Überprüfungs-Verein gegründet und hat sich seither vom Prüfer von Dampfkesselanlagen zu einem *international führenden Dienstleistungskonzern* mit Geschäftsaktivitäten in den Bereichen INDUSTRIE, MOBILITÄT und MENSCH entwickelt. Weltweit beschäftigt TÜV SÜD über 14.000 Mitarbeiter an über 600 Standorten. TÜV SÜD versteht sich als Prozesspartner, welcher mit Spezialistenteams für die Optimierung von Technik, Systemen und Know-how sorgt und dadurch seine Kunden wettbewerbsfähiger macht. Die Mission besteht darin, *mehr Sicherheit und mehr Wert* für die Kunden zu stiften. Beraten, Testen, Zertifizieren und Ausbilden sind die Kernkompetenzen von TÜV SÜD. Im Jahr 2008 wurde ein Konzernumsatz von 1,4 Milliarden Euro erzielt.[376]

Im Geschäftsfeld MENSCH geht es insbesondere um Themen wie *Umweltschutz, Arbeitssicherheit und Qualitätsmanagement*. Der Fokus liegt primär auf Geschäfts- und Unterstützungsprozessen, und *Total Quality Management* ist die oberste Maxime. Viele Unternehmen haben hinsichtlich Qualitätsmanagement in den letzten rund zehn Jahren große Fortschritte erzielt. Der erreichte Stand ist bereits hoch, die weiteren Verbesserungsmöglichkeiten gering. Trotz dem vielerorts vorzüglichen und zertifizierten Qualitätsmanagement waren zahlreiche Unternehmen weder auf die 2008 beginnende Krisensituation vorbereitet noch in der Lage, zeitnah richtig zu reagieren. Ein wesentlicher Grund dafür war die noch zu wenig ausgeprägte Managementqualität.

Total Management Quality ist eine unerlässliche Ergänzung von Total Quality Management. Diese Erkenntnis war der Auslöser für den Start einer *Kooperation zwischen TÜV SÜD und dem Malik Management Zentrum St. Gallen (Malik MZSG)*. TÜV SÜD ist Experte für Total Quality Management, das Malik MZSG Experte für Total Management Quality. Gemeinsam wurde der *Zertifizierungsstandard »Malik Management Excellence«* für eine wirksame kundenorientierte Unternehmens- und Mitarbeiterführung geschaffen. Die Analyse- und Gestaltungsmaßnahmen zur Verbesserung der Managementqualität beziehen sich primär auf Managementprozesse. In der nachfolgenden Abbildung 56 wird das Zusammenspiel von Qualitätsmanagement und Managementqualität zusammenfassend dargestellt.

Die Malik Management Excellence (MME) Methodik basiert auf dem in Kapitel 6 vorgestellten Ansatz zum MPA-Assessment (vgl. Abbildung 47 und 48) und sichert Unternehmen den langfristigen Erfolg: Die Durchfüh-

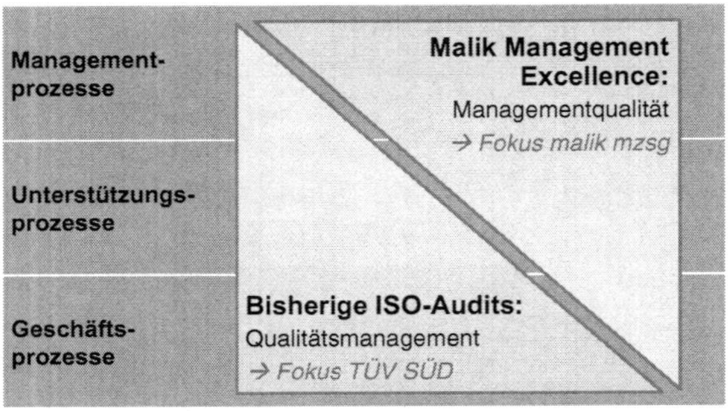

Abbildung 56: Verbindung von Total Quality Management und Total Management Quality

rung von MME-Projekten erfolgt gemeinsam durch Mitarbeiter von TÜV SÜD und Malik MZSG. Die MME-Methodik wurde für die Etablierung einer dreiteiligen Produktpalette genutzt. Je nach Bedarf des Kunden kann das passende MME-Produkt genutzt werden. Bei allen MME-Produkten – MME Review, MME Survey und MME Solution – geht es im Grundsatz darum, mit Managementwissen Managementprobleme erfolgreich zu lösen. Abbildung 57 zeigt die jeweiligen Schwerpunkte der MME-Produkte auf. Beim MME Review geht es insbesondere um die Identifikation der tatsächlichen Problemfelder (im Sinne von Ursachen statt Symptomen). Beim MME Survey wird darüber hinaus auch bereits ein wesentlicher Beitrag

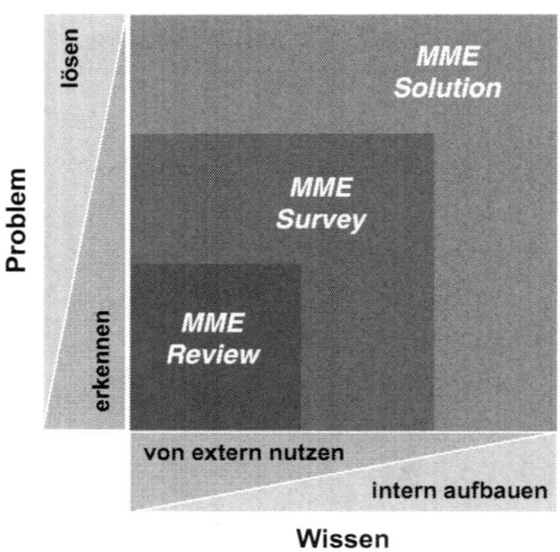

Abbildung 57: Malik Management Excellence Produktpalette mit Zertifizierungsmöglichkeit

zur Lösung der Probleme geleistet und durch den Einbezug von mehreren Personen auf Seiten des Kunden auch ein erhöhter Wissenstransfer sichergestellt. Der MME Survey bildet zudem die Basis für die MME-Zertifizierung. Die MME Solution zeichnet sich durch einen hohen Grad an Problemlösung und einen weitreichenden Aufbau von internem Managementwissen beim Kunden aus.

Die MME-Methodik führt zu einer WIN-WIN-WIN-Situation. TÜV SÜD kann sich mit dem MME-Angebot entscheidend von anderen in- und ausländischen Zertifizierungsunternehmen differenzieren. Und umgekehrt kann das Malik MZSG über MME-Zertifizierungen in noch kürzerer Zeit noch mehr Unternehmen darin unterstützen, sich selbst richtig und gut zu führen. Am wichtigsten an der Kooperation ist aber der konkrete Nutzen für die Kunden. Die Anwendungsfelder und Nutzenaspekte sind zahlreich und sollen nachfolgend exemplarisch dargelegt werden.

Die Anwendungsfelder von Malik Management Excellence sind insbesondere:

1. Erfolgreiche Strategieentwicklung und -umsetzung
2. Verbesserung von Organisationsstrukturen und Abläufen
3. Erhöhung der Wirksamkeit von Instrumenten zur Mitarbeiterführung
4. Verbesserung von Controlling und operativer Steuerung
5. Erleichterte Führung dezentraler Einheiten (Profit Center, Tochtergesellschaften, …)
6. Gemeinsames Führungsverständnis und Alignement zwischen Konzern und Tochtergesellschaften
7. Pragmatische Unternehmens- und Mitarbeiterführung für Klein- und Mittelunternehmen
8. Begleitung von Unternehmen in allen Entwicklungsphasen (Start-up, Wachstumsphase, Konsolidierungsphase, Neuorientierungsphase).

Das Resultat der Anwendung respektive der Nutzen lässt sich wie folgt beschreiben:

1. Überleben (in der Krise) und langfristige Lebensfähigkeit (gestärkt aus der Krise kommen und auf neue Krisen vorbereitet sein)
2. Erhöhte Entwicklungsfähigkeit und Vorsteuerung des zukünftigen Erfolgs
3. Präzise Orientierung, indem MME als Relevanzfilter in der heutigen Informationsüberflutung dient
4. Richtige Entscheidungen und effektives Handeln: Das Management setzt mit den richtigen Prioritäten an den richtigen Hebeln an

5. Geschwindigkeit in der Umsetzung von Ideen (Effizienz)
6. Wirksame Führungskräfte
7. Gemeinsame Managementsprache und nachhaltige Managementqualität
8. Zuverlässiges Funktionieren des Unternehmens
9. Gesteigerter Kundennutzen und erhöhte Wettbewerbsfähigkeit

Ergänzend zu diesen Nutzenaspekten bietet die MME-Zertifizierung je nach der Entwicklungsphase des Unternehmens noch ergänzende spezifische Vorteile. Diese werden in Abbildung 58 zusammenfassend dargestellt.

Entwicklungsphase	Start-up-Phase	Wachstums-Phase	Konsolidierungs-Phase	Neuorientierungs-Phase
Innen-gerichteter Nutzen	MME ermöglicht die Validierung und Verbesserung von **Business-Plänen**. Von Beginn weg wird an den richtigen Hebeln angesetzt.	MME ermöglicht Wachstum, indem Strategien zielgerichtet in Resultate umgesetzt werden und **Wachstum organisatorisch bewältigbar** wird.	MME ermöglicht **Produktivitäts-gewinne** in Management-prozessen und als Folge davon auch in Geschäfts-/Unterstützungs-prozessen.	MME ermöglicht wirksame **Kooperationen**, Allianzen, Fusionen, Unternehmens-nachfolge und Börsengänge.
Außen-gerichteter Nutzen	MME-zertifizierte Unternehmen finden leichter **Zugang zu Start-up-Finanzierun-gen** (Banken, Investoren).	MME-zertifizierte Unternehmen finden am **Arbeitsmarkt** einfacher richtige und gute Leute.	MME-zertifizierte Unternehmen sind **vorbereitet auf Krisensituationen** (Marktsättigung, Rezession etc.).	MME-zertifizierte Unternehmen werden als **verlässliche Partner** wahrgenommen und geschätzt.

Abbildung 58: Innen- und außengerichteter Nutzen einer MME-Zertifizierung – exemplarisch dargestellt anhand von klassischen Entwicklungsphasen von Unternehmen

7.4 Fazit: Je früher, desto besser

Mit der MPA-Theorie und dem MPA-Konzept ist es gelungen, den *Bauplan des Managements* eines Unternehmens kognitiv-bewusst und dadurch gestaltbar, lenkbar und entwicklungsfähig zu machen. Dies beinhaltet die Möglichkeit des *Managements der Managementprozesse* und somit einer größtmöglichen *Vorsteuerung des Unternehmenserfolgs*. Die Konkretisierung des MPA-Konzepts in sieben Konzeptmodule brachte unter anderem mit dem *MPA-Beauftragten* ein neues Funktions- und Berufsbild hervor, zeigte mit der *MPA-Syntegration* die wohl wirksamste Arbeitsweise hinsichtlich des Umgangs mit Managementprozessen auf und macht mit dem *MPA-Assessment* die Management Process Performance konkret beurteilbar.

Die Management-Prozess-Architektur ist eine strukturelle Detaillierung des Subsystems »Management« des malik management system® und sorgt für Ordnung respektive sogenannte *Fließgleichgewichte* zwischen Umwelt und Unternehmen. Während der Wortbestandteil »Architektur« der Management-Prozess-Architektur eher auf *Gleichgewicht respektive Stabilität* durch materielle und immaterielle Strukturen hindeutet, steht der Wortbestandteil »Prozess« insbesondere für *Dynamik respektive Problemlösungsereignisse.* Zwischen beiden besteht eine *zirkuläre Beziehung*: Problemlösungsereignisse finden unter Rückgriff auf materielle und immaterielle Strukturen (zum Beispiel Werte, Problemlösungsroutinen) statt, und Letztere werden über Problemlösungsereignisse gebildet respektive verändert.

Wie *weitreichend und positiv* sich eine richtige Umsetzung der MPA-Theorie im Unternehmen auswirkt, konnte anhand der dargelegten Praxisanwendungen aufzeigt werden. Die praktischen Erkenntnisse daraus sind *äußerst ermutigend für andere Unternehmen*, die ebenfalls eine Orientierung an ihrer Lebensfähigkeit (statt an kurzfristigen Renditen) verfolgen oder aber in Zukunft verfolgen möchten.

Wie für die Wissenschaft ist auch für die Praxis der *Begriff der »Management-Prozess-Architektur«* neu. Seine Bedeutung wird in diesem Buch geklärt. Es handelt sich um etwas komplett anderes, als man von den drei Begriffsbestandteilen her meinen könnte. In der Praxis wird »Management« häufig als etwas Abstraktes und Nicht-Systematisierbares wahrgenommen. Von »Prozessen« ist zwar heutzutage viel die Rede, allerdings fast ausschließlich im Zusammenhang mit Geschäftsprozessen. Unter »Architektur« wird im Unternehmenskontext oft ein positions-hierarchisches Gebilde verstanden. Die Management-Prozess-Architektur macht jedoch Management verständlich und konkret, fokussiert ausschließlich auf Managementprozesse und lässt diese in einer rekursiven funktions-heterarchischen Architektur wirksam zusammenspielen.

Die Entwicklungen der letzten Jahrzehnte haben in den Unternehmen zu einer rasant gestiegenen Komplexität geführt, welche die Führungskräfte vor Probleme stellt, die mit herkömmlichen Denk- und Handlungsweisen nicht mehr lösbar sind. Im heutigen Komplexitätszeitalter wird es daher die *wichtigste Aufgabe von Führungskräften* sein, eine Management-Prozess-Architektur aufzubauen, mithilfe derer die anstehenden Herausforderungen gemeistert werden können. Mit der MPA-Theorie und dem MPA-Konzept ist es gelungen, systemtheoretisch-kybernetische Grundlagen und darauf aufbauende Modelle so zu kombinieren und zu konkretisieren, dass sie von Praktikern in *konkrete Resultate* umgesetzt werden können. Damit wird dem Praktiker erspart, sich selbst mit grundlagentheoretischer Literatur auseinanderzusetzen oder aber die immer wieder neuen und gleichermaßen kurzlebigen Managementkonzepte auszuprobieren in der Hoffnung, dass eines von ihnen dann auch funktionieren würde.

Das MPA-Konzept dient als *Relevanzfilter* für Führungskräfte, indem ihre Aufmerksamkeit darauf gerichtet wird, auf was es im Management wirklich ankommt: Auf *Wettbewerbsfähigkeit, Funktionsfähigkeit und Entwicklungsfähigkeit* und somit in Summe auf die *Lebensfähigkeit* des Unternehmens. Dabei bleiben diese Begriffe nicht abstrakt, sondern werden konkretisiert durch die *Customer Value Performance*, die *Business System Performance*, die *Management Process Performance* und in ihrer Gesamtheit durch die *Total System Performance.* Auch sind konkrete Beurteilungsverfahren für diese drei Performance-Komponenten vorhanden. Es sind dies die *Kundennutzen-Analyse* (bezüglich der Customer Value Performance), die *sechs Central Performance Controls* (bezüglich der Business System Performance) und das *MPA-Assessment* (bezüglich der Management Process Performance). Mit Letzterem lässt sich die Managementqualität konkret beurteilen, was wiederum Anlass zur Verbesserung respektive Neuschaffung einer Management-Prozess-Architektur auf Basis des MPA-Konzepts sein kann.

Der Zweck eines Systems ist, was es tut[377] – ein System ist, wie es ist. Führungskräfte haben dabei drei Möglichkeiten, mit dieser Situation umzugehen, nach dem Motto: *love it, change it or leave it.* Nicht überall wird immer alles im »grünen Bereich« sein (love it), jedoch wird man als verantwortungsvolle Führungskraft selten einfach davonlaufen (leave it). Somit ist die Veränderung respektive das aktive Gestalten des System (change it) ein häufiges Szenario – auch bezüglich der Frage, wie ein Unternehmen geführt wird. Nicht alles ist jederzeit veränderbar. Es braucht eine gewisse Weisheit, um zu erkennen, wann was veränderbar ist.[378] Da die Management-Prozess-Architektur jedoch in der Verantwortung jeder einzelnen ergebnisverantwortlichen Einheit liegt und nicht bloß auf Gesamtunternehmensebene zur Anwendung kommt, können mehr Personen zur Initiierung und Gestaltung einer Management-Prozess-Architektur beitragen, als gemeinhin angenommen wird.

Die Einführung des MPA-Konzepts hat *evolutionär* zu erfolgen, indem die sieben Konzeptmodule für das Management der Managementprozesse mehrfach und in Kombination durchgespielt respektive angewandt werden.

Ziel des Managements der Managementprozesse ist *zu lenken, was lenkt.* Das genaue Vorgehen zur Gestaltung respektive Veränderung einer Management-Prozess-Architektur hat mit direktem Bezug zur konkreten Praxissituation zu erfolgen.[379] Es gibt demnach nicht ein detailliertes lineares Vorgehensprogramm. Stattdessen können als *Starthilfe* nachfolgende vier Phasen genannt werden. Diese folgen dem Parallelitäts-, Rekursivitäts- und Informationsprinzip des Model of Circular Processes. Sie dürfen daher nicht als rein sequenzielle Schrittfolge missverstanden werden:

1. *Analyse-Phase:* Nutzen Sie ein MPA-Assessment als erste Bestandsaufnahme hinsichtlich der Performance der Managementprozesse 1. und 2. Ordnung Ihres Unternehmens respektive Ihrer ergebnisverantwortlichen Einheit.
2. *Optionen-Phase:* Überlegen Sie sich gestützt darauf, welche Optionen für die Verbesserung von Managementprozessen 1. und 2. Ordnung bestehen, und wählen Sie nach Aufwand/Nutzen-Überlegungen die präferierte(n) Option(en).
3. *Gestaltungsphase:* Definieren Sie Gestaltungsschritte für die präferierte(n) Optionen(en), setzen Sie Ihr Vorhaben in die Tat um und bestimmen Sie einen MPA-Beauftragten[380], welcher den gestarteten MPA-Prozess in Schwung hält.
4. *Wirkungsphase:* Der MPA-Beauftragte ist dafür besorgt, dass die Wirkung bisheriger Maßnahmen überprüft und eine erneute Phase der Analyse eingeleitet wird. Damit ist der zirkulär-evolutive MPA-Prozess in Gang gesetzt.

Um in einem Unternehmen schnell und auf breiter Basis ein Verständnis für die Management-Prozess-Architektur zu schaffen, bietet es sich unter Umständen an, die obigen Punkte 1 bis 3 (Analyse, Optionen und die Vorbereitung der Gestaltung) im Rahmen einer *MPA-Syntegration* durchzuführen.

Eine Beschäftigung mit der Management-Prozess-Architektur heißt nicht »Arbeiten *im* Unternehmen«, sondern »Arbeiten *am* Unternehmen«. Letzteres ist die eigentliche Kernaufgabe von Führungskräften, doch genau dazu fehlt ihnen in der Hektik des Tagesgeschäfts oft die Zeit. Genauso wie Leute Holz mit stumpfen Sägeblättern sägen, weil sie vor lauter Sägen nie Zeit haben, das Sägeblatt zu ersetzen, wird es viele Leute geben, die sich aus angeblicher Zeitnot nicht um das Thema der Management-Prozess-Architektur kümmern. Doch irgendwann ist es zu spät. Eine wirksame Management-Prozess-Architektur kann nicht gekauft und von einem Tag auf den anderen installiert werden. Eine wirksame Management-Prozess-Architektur muss sich über Jahre in Schwung bringen. Dazu sind initial gestaltende Maßnahmen notwendig.

Die Umsetzung des hier vorgestellten MPA-Bauplans führt zu einer *Erhöhung der Managementqualität* und schafft die *Voraussetzung für umfassenden Unternehmenserfolg*. Es wäre daher wünschbar, dass in der Praxis ein eigentlicher Wettbewerb um die schnellere und bessere Umsetzung des MPA-Konzepts entstünde. Was dann zählen würde, wären nicht mehr primär Kapital und Arbeit, sondern Wissen und Zeit respektive das *richtige Wissen* und die *höhere Geschwindigkeit in der Transformation* von diesem Wissen in Nutzen. Je früher man mit dem Schaffen einer wirksamen Management-Prozess-Architektur beginnt, desto schneller wird im Unternehmen diese Transformationsfähigkeit wachsen und die Managementqualität sich erhöhen.

Literatur

Die verwendeten Literaturquellen werden in den Anmerkungen jeweils mit Name des Autors, Kurztitel, Erscheinungsjahr und Seitenzahl zitiert (bei Internetquellen wird die Internetadresse inklusive Datum des Zugriffs angegeben). In diesem Literaturverzeichnis werden mehrere Werke vom gleichen Autor chronologisch geordnet. Eine nachvollziehbare Chronologie ist sichergestellt, indem bei diesen Werken vor dem Jahr der verwendeten Auflage auch noch das Jahr der Erstauflage angegeben wird (zum Beispiel 1974/2001).

Ackoff, Russell L. (Problem Solving, 1978): *The art of problem solving.* New York: Wiley, 1978.

Albert, Hans (Rationale Praxis, 1978): *Traktat über rationale Praxis.* Tübingen: Mohr, 1978.

Andersson, Per (Coupling, 1992): »Analysing Distribution Channel Dynamics: Loose and Tight Coupling in Distribution Networks.« *European Journal of Marketing* Vol. 26, No. 2, 1992: 47–68.

Ansoff, H. Igor und Edward J. McDonnell (Strategic Management, 1990): *Implanting strategic management.* 2nd ed. New York u. a.: Prentice-Hall, 1990.

Argyris, Chris und Donald A. Schön (Theory in Practice, 1976/1992): *Theory in Practice: Increasing Professional Effectiveness.* San Francisco, Calif.: Jossey-Bass, 1976/1992.

Ashby, W. Ross (Brain, 1952/1972): *Design for a Brain – The Origin of Adaptive Behaviour.* London: Chapman and Hall, 1952/1972.

Ashby, W. Ross (Cybernetics, 1956): *An Introduction to Cybernetics.* London: Chapman and Hall, 1956.

Bateson, Gregory (Ecology of Mind, 1972): *Steps to an ecology of mind: Collected Essays in Anthropology, Psychiatry, Evolution, and Epistemology.* New York: Ballantine Books, 1972.

Beer, Stafford (Decision, 1966): *Decision and Control: the Meaning of Operational Research and Management Cybernetics.* London: Wiley, 1966.

Beer, Stafford (Brain, 1972/1988): *Brain of the Firm. The Managerial Cybernetics of Organization.* 2nd ed. Chichester u. a.: Wiley, 1972/1988.

Beer, Stafford (Freedom, 1974/1994): *Designing freedom.* Chichester u. a.: Wiley, 1974/1994.

Beer, Stafford (Platform, 1975/1978): *Platform for Change.* Chichester u. a.: Wiley, 1975/1978.

Beer, Stafford (Heart, 1979/1994): *The Heart of Enterprise.* Chichster u. a.: Wiley, 1979/1994.

Beer, Stafford (Diagnosing, 1985/1988): *Diagnosing the System for Organizations.* Chichester u. a.: Wiley, 1985/1988.

Beer, Stafford (Beyond Dispute, 1994): *Beyond dispute: the invention of team syntegrity.* Chichester u. a.: Wiley, 1994.

Bleicher, Knut (Unternehmensführung, 1995): »Aufgaben der Unternehmensführung.« *Handbuch Unternehmensführung. Konzepte – Instrumente – Schnittstellen.* Hrsg. Hans Corsten und Michael Reiss. Wiesbaden: Gabler, 1995. 19–32.

Bögel, Rudolf (Unternehmenskultur, 1999): »Organisationsklima und Unternehmenskultur.« *Führung von Mitarbeitern: Handbuch für erfolgreiches Personalmanagement.* Hrsg. Lutz von Rosenstiel, Erika Regnet und Michel E. Domsch. 4. überarbeitete und erweiterte Auflage. Stuttgart: Schäffer-Poeschel, 1999. 729–743.

Bortz, Jürgen (Forschung, 1984): *Lehrbuch der empirischen Forschung für Sozialwissenschaftler.* Berlin; Heidelberg; New York; Tokyo: Springer-Verlag, 1984.

Bortz, Jürgen und Nicola Döring (Forschungsmethoden, 2006*): Forschungsmethoden und Evaluation für Human- und Sozialwissenschaftler.* 4., überarbeitete Auflage. Heidelberg: Springer Medizin Verlag, 2006.

Büttner, Stephan Lothar (Kybernetisch-intelligente Unternehmung, 2001): *Die kybernetisch-intelligente Unternehmung: Strukturen, Prozesse und »Brainpower« im Lichte der organisationalen Komplexitätsbewältigungs-, Anpassungs-, Lern- und Innovationsfähigkeit.* Bern/Stuttgart/Wien: Haupt, 2001 (zugl. Diss. Univ. St. Gallen, 2001).

Buzzell, Robert D. und Bradley T. Gale (PIMS-Programm, 1989): *Das PIMS-Programm. Strategien und Unternehmenserfolg.* Wiesbaden: Gabler, 1989.

Christ, Philipp (Organisation, 2006): *Organisation der Verantwortung der Organisation.* Bamberg, 2006 (zugl. Diss. Univ. St. Gallen, 2006).

Collins, Jim (Good to Great, 2001): *Good to great: why some companies make the leap … and others don't.* New York: HarperBusiness, 2001.

Conant, Roger C. und W. Ross Ashby (Regulator, 1970): »Every good regulator of a system must be a model oft that system.« *International Journal of Systems Science* Vol. 1, No. 2, 1970: 89–97.

Dittrich-Brauner, Karin, u. a. (Großgruppenverfahren, 2008): *Großgruppenverfahren: Lebendig lernen – Veränderung gestalten.* Heidelberg: Springer, 2008.

Dörner, Dietrich (Logik, 1989): *Die Logik des Misslingens: Strategisches Denken in komplexen Situationen.* Reinbek/Hamburg: Rowohlt, 1989.

Drexel, Gerhard (Geschäftsfelder, 1987): »Organisatorische Verankerung strategischer Geschäftsfelder.« *Die Unternehmung* Nr. 2, 1987: 148–162.

Drucker, Peter F. (Future, 1992): *Managing for the future.* Oxford: Butterworth-Heinemann, 1992.

Dubs, Rolf, u. a. (Managementlehre, 2004): *Einführung in die Managementlehre.* Bd. II. Bern/Stuttgart/Wien: Haut, 2004.

European Foundation for Quality Management (EFQM) (Assessing, 2003): *Assessing for excellence: a practical guide for successfully developing, executing and reviewing a self-assessment strategy for your organisation.* Brüssel: EFQM, 2003.

European Foundation for Quality Management (EFQM): *The EFQM Excellence Model.* <http://www.efqm.org/Default.aspx?tabid=35>. 10.05.2008.

Espejo, Raul und John Watt (Information Management, 1988): »Information Management, Organization and Managerial Effectiveness.« *The Journal of the Operational Research Society* Vol. 39, No. 1, 1988: 7–14.

Fiedler, Rudolf. *Controlling von Projekten: Projektplanung, Projektsteuerung und Risikomanagement.* Braunschweig: Vieweg, 2001. 173–214.

Frankl, Viktor E. (Sinn, 2006): *Der Mensch vor der Frage nach dem Sinn.* 19. Auflage. München: Piper, 2006.

Gälweiler, Aloys (Unternehmensführung, 1990): *Strategische Unternehmensführung.* 2. Auflage. Frankfurt/New York: Campus Verlag, 1990.

Gomez, Peter (Denken, 2004): »Einführung in das vernetzte Denken.« *Einführung in die Managementlehre: Band 5.* Hrsg. Rolf Dubs, u. a. Bern/Stuttgart/Wien: Haupt, 2004. 91–115.

Gomez, Peter (Vereinfachung, 2005): »Die Kunst der optimalen Vereinfachung im Management – The Law of Requisite Variety Revisited.« *Richtiges und gutes Management: vom System zur Praxis. Festschrift für Fredmund Malik.* Hrsg. Walter Krieg, Klaus Galler und Peter Stadelmann. Bern/Stuttgart/ Wien: Haupt, 2005. 23–33.

Gomez, Peter und Gilbert Probst (Praxis, 1995): *Die Praxis des ganzheitlichen Problemlösens: Vernetzt denken, unternehmerisch handeln, persönlich überzeugen.* Bern/Stuttgart/Wien: Haupt, 1995.

Gomez, Peter und Tim Zimmermann (Unternehmensorganisation, 1999): *Unternehmensorganisation: Profile, Dynamik, Methodik.* 4. Auflage. Frankfurt/New York: Campus Verlag, 1999.

Gust, Mario und Uwe G. Seebacher (Workshop-Konzepte, 2004): *Innovative Workshop-Konzepte: Erfolgsrezepte für Unternehmen, Manager und Trainer.* Europa/ USA: USP Publishing, 2004.

Hammer, Michael und James Champy (Reengineering, 1994): *Business Reengineering: Die Radikalkur für das Unternehmen.* Übers. Patricia Künzel. Frankfurt/ New York: Campus Verlag, 1994.

Heron, John und Peter Reason (Co-operative Inquiry, 2002): »The Practice of Co-operative Inquiry: Research ›with‹ rather than ›on‹ People.« *Handbook of Action Research: Participative Inquiry and Practice.* Hrsg. Peter Reason und Hilary Bradbury. London, Thousand Oaks, New Delhi: SAGE Publications, 2002. 179–188.

Hetzler, Sebastian (Entscheidungsumfelder, 2008): *»Brain supporting environments« für Entscheide in komplexen Systemen – Ein kybernetischer Ansatz für die Gestaltung wirksamer Entscheidungsumfelder.* Schesslitz: Rosch-Druck, 2008 (zugl. Diss. Univ. St. Gallen, 2008).

Heylighen, Francis (Principles, 1992): »Principles of systems and cybernetics: an evolutionary perspective.« *Cybernetics and Systems* 1992: 3–10.

Heylighen, Francis und Cliff Joslyn: *Cybernetics and Second-Order Cybernetics.* 2001, Principa Cybernetica Web. <http://pespmc1.vub.ac.be/Papers/Cybernetics-EPST.pdf>. 02.05.2008.

Heylighen, Francis und Cliff Joslyn: *Buffering, feedback, feedforward: mechanisms of control.* 31.08.2001, Principa Cybernetic Web. <http://pespmc1.vub.ac.be/MECHCONT.html>. 02.05.2008.

Holman, Peggy und Tom Devane (Großgruppen-Methoden, 2002): *Change Handbook: Zukunftsorientierte Großgruppen-Methoden.* Übers. Astrid Hildenbrand. Heidelberg: Carl-Auer-Systeme, 2002.

Ibe, Florian (Alignment, 2006): *The Alignment of Management Systems.* Tönning/Lübeck/Marburg: Der Andere Verlag, 2006 (zugl. Diss. Univ. St. Gallen, 2006).

International Group of Controlling (Controller-Wörterbuch, 2001): *Controller-Wörterbuch: Die zentralen Begriffe der Controllerarbeit mit ausführlichen Erläuterungen.* 2. überarbeitete und erweiterte Auflage. Stuttgart: Schäffer-Poeschel, 2001.

Jackson, Peter und David Ashton (ISO-Zertifizierung, 1995): *ISO 9000: Der Weg zur Zertifizierung.* 2. Auflage. Landsberg/Lech: Verlag Moderne Industrie, 1995.

Jäger, Silvio Jörg (Koordinationsstrukturen, 2004): *Koordinationsstrukturen in virtuellen Dienstleistungsunternehmen.* Bamberg: Difo-Druch GmbH, 2004 (zugl. Diss. Univ. St. Gallen, 2004).

Jensen, Stefan (Erkenntnis, 1999): *Erkenntnis – Konstruktivismus – Systemtheorie: Einführung in die Philosophie der konstruktivistischen Wissenschaft.* Opladen: Westdeutscher Verlag, 1999.

Käfer, R. (ISO-Prozessmodell, 2006): »ISO 9000:2000-Prozessmodell.« *PQM – Prozessorientiertes Qualitätsmanagement: Leitfaden zur Umsetzung der ISO 9001:2000.* Hrsg. Karl W. Wagner. 3., vollständig überarbeitete und erweiterte Auflage. München/Wien: Hanser, 2006. 107–121.

Kaplan, Robert S. und David P. Norton (Balanced Scorecard, 1997): *Balanced Scorecard: Strategien erfolgreich umsetzen.* Übers. Péter Horváth, Beatrix Kuhn-Würfel und Claudia Vogelhuber. Stuttgart: Schäffer-Poeschel, 1997.

Kaplan, Robert S. und David P. Norton (Strategien umsetzen, 2006): »Strategien (endlich) umsetzen.« *Harvard Business Manager* Januar 2006: 22–35.

Kasper, Helmut und Peter Heimerl-Wagner (Struktur und Kultur, 1996): »Struktur und Kultur in Organisationen.« *Personalmanagement, Führung, Organisation.* Hrsg. Helmut Kasper und Wolfgang Mayrhofer. 2. Auflage. Wien: Ueberreuter, 1996. 9–107.

Kirsch, Werner (Planung, 1990): »Planung – Kapitel einer Einführung.« *Managementsysteme: Planung und Kontrolle.* Hrsg. Werner Kirsch und Hartmut Maassen. 2., unveränderte Auflage. Herrsching: Verlag Barbara Kirsch, 1990. 23–125.

Kirsch, Werner und Hartmut Maassen (Einleitung Managementsysteme, 1990): »Einleitung: Managementsysteme.« *Managementsysteme: Planung und Kontrolle.* Hrsg. Werner Kirsch und Hartmut Maassen. 2., unveränderte Auflage. Herrsching: Verlag Barbara Kirsch, 1990. 1–20.

Kirsch, Werner, u. a. (Gesamtarchitektur, 1990): »Ein Denkmodell der Gesamtarchitektur von Planungs- und Kontrollsystemen.« *Managementsysteme: Planung und Kontrolle.* Hrsg. Werner Kirsch und Hartmut Maassen. 2., unveränderte Auflage. Herrsching: Verlag Barbara Kirsch, 1990. 127–170.

Klauser, Marius (Management-Prozess-Architektur, 2009): *Management-Prozess-Architektur (MPA) als Voraussetzung für Unternehmenserfolg – Grundlagen, Theoriemodell und Anwendungskonzept.* Schaan: Gutenberg AG, 2009 (zugl. Diss. Univ. St. Gallen, 2008).

Klauser, Marius, Thorsten Lips und Caroline Wicky (Studie Managementprozesse, 2007): *Von der Strategie zum Resultat: Die Wirksamkeit von Managementprozessen. Studienresultate einer Befragung von über 200 Top-Führungskräften.* St. Gallen, Malik MZSG, 2007.

Klauser, Marius, Thorsten Lips und Caroline Wicky: *Konzeptlos: Manager führen oft nicht zukunftsfähig.* 08.11.2007, www.business-wissen.de. <http://www.business-wissen.de/fuehrung/leadership/fachartikel/konzeptlos-manager-fuehren-oft-nicht-zukunftsfaehig.html>. 05.05.2008.

Klauser, Marius und Arnold Löw (Produktivität, 2006): »So erhöhen Sie die Produktivität.« *Harvard Business Manager* Juni 2006: 8–11.

Krieg, Walter (Unternehmensgestaltung, 1971): *Kybernetische Grundlagen der Unternehmensgestaltung.* Bern/Stuttgart: Haupt, 1971 (zugl. Diss. Hochschule St. Gallen, 1971).

Krieg, Walter, Klaus Galler und Peter Stadelmann (Management, 2005): *Richtiges und gutes Management – vom System zur Praxis: Festschrift für Fredmund Malik.* Bern/Stuttgart/Wien: Haupt, 2005.

Link, Jörg (Führungssysteme, 2004): *Führungssysteme.* 2., überarbeitete und erweiterte Auflage. München: Vahlen, 2004.

Löbel, Jürgen, Heinz-Albert Schröger und Heiko Closhen (Managementsysteme, 2005): *Nachhaltige Managementsysteme: Sustainable Development durch ganzheitliche Führungs- und Organisationssysteme – Vorgehensmodell und Prüflisten.* 2., neu bearbeitete Auflage. Berlin: Erich Schmidt Verlag, 2005.

Malik, Fredmund (Strategie des Managements, 1977): *Strategie des Managements komplexer Systeme – Ein Beitrag zur Management-Kybernetik evolutionärer Systeme.* 8., unveränderte Auflage. Bern/Stuttgart/Wien: Haupt, 1984/2003 (zugl. Habil-Schr., Hochsch. St. Gallen, 1977).

Malik, Fredmund (Management-Systeme, 1981/1994): »Management-Systeme.« *Die Orientierung* 1981/1994.

Malik, Fredmund (Systemisches Management, 1993/2000): *Systemisches Management, Evolution, Selbstorganisation: Grundprobleme, Funktionsmechanismen und Lösungsansätze für komplexe Systeme.* 2. Auflage. Bern/Stuttgart/Wien: Haupt, 1993/2000.

Malik, Fredmund (Kundennutzen, 1994): »Kundennutzen.« *Malik on Management* Juli 1994: 45–62.

Malik, Fredmund (Management-Qualität, 1996): »Management-Qualität: Schlüssel zur Konkurrenzfähigkeit.« *Malik on Management* Januar 1996: 1–16.

Malik, Fredmund (Irreführung, 1998): »Strategische Irreführung durch operative Daten.« *Malik on Management* Januar 1998: 1–17.

Malik, Fredmund (Unternehmer, 2000): »Investor oder Unternehmer?« *Malik on Management* November 2000: 161–175.

Malik, Fredmund (Führen, 2000/2006): *Führen, Leisten, Leben. Wirksames Management für eine neue Zeit.* Vollst. überarb. Neuausg. Frankfurt/New York: Campus Verlag, 2000/2006.

Malik, Fredmund (Corporate Governance, 2002): *Die neue Corporate Governance: Richtiges Top-Management – wirksame Unternehmensaufsicht.* 3., erweiterte Auflage. Frankfurt: Frankfurter Allemeine Buch, 2002.

Malik, Fredmund (Leitbild Malik MZSG, 2003): Leitbild des Malik Management Zentrum St. Gallen. St. Gallen: Malik MZSG, 2003.

Malik, Fredmund (Handwerk, 2005/2007): *Management. Das A und O des Handwerks.* 2., akt. Fassung. Frankfurt/New York: Campus Verlag, 2005/2007.

Malik, Fredmund (Unternehmenspolitik, 2008): *Unternehmenspolitik und Corporate Governance. Wie sich Organisationen von selbst organisieren.* Frankfurt/New York: Campus Verlag, 2008.

Malik, Fredmund (Kundennutzen-Seminardokumentation, 2009): *Kundennutzen-Seminardokumentation.* St. Gallen: Malik MZSG, 2009.

Malik Management Zentrum St. Gallen (Malik MZSG): *Chronik.* <http://www.malik-mzsg.ch/corporate/htm/583/de/Corp_Unternehmen_Chronik. htm>. 27.02.2008.

Malik Management Zentrum St. Gallen (Malik MZSG): *malik management system®.* <www.malik-mzsg.ch>. 16.04.2008.

Manella, Jürg (Mensch, 2003): *Der relationale Mensch.* Zürich: Verlag Industrielle Organisation, 2003.

Manella, Jürg (Führung, 2005): »Richtige und falsche Führung.« *Richtiges und gutes Management: vom System zur Praxis.* Hrsg. Walter Krieg, Klaus Galler und Peter Stadelmann. Bern/Stuttgart/Wien: Haupt, 2005. 369–380.

Marchetti, Cesare (Society, 1981): *Society as a learning system: discovery, invention, and innovation cyles revisited.* Laxenburg: International Institute for Applied Systems Analysis, 1981.

McClelland, Sam (Development, 1994): »Gaining Competitive Advantage through Strategic Management Development (SMD).« *Journal of Management Development* Vol. 13, No. 5, 1994: 4–13.

McNiff, Jean und Jack Whitehead (Need, 2006): *All you need to know about action research.* London: Sage, 2006.

Menz, Wolf-Dieter (Profit Center, 1973): *Die Profit Center Konzeption: Theoretische Darstellung und praktische Anwendung.* Bern/Stuttgart: Haupt, 1973 (zugl. Diss. Univ. Zürich, 1973).

Morrison, Elizabeth Wolfe und Francis J. Milliken (Silence, 2000): »Organizational Silence: A Barrier to Change and Development in a pluralistic World.« *Academy of Management Review* Vol. 25, No. 4, 2000: 706–725.

Moser, Heinz (Instrumentenkoffer, 2003): *Instrumentenkoffer für die Praxisforschung.* Zürich: Verlag Pestalozzianum, 2003.

Neumann, Stefan, Christian Probst und Clemens Wernsmann (Prozessmanagement, 2002): »Kontinuierliches Prozessmanagement.« *Prozessmanagement: Ein Leitfaden zur prozessorientierten Organisationsgestaltung.* Hrsg. Jörg Becker, Martin Kugeler und Michael Rosemann. 3., vollst. neubearb. u. erw. Auflage. Berlin/Heidelberg/New York: Springer, 2002. 297–323.

Oetinger, Friedrich Christoph: *Weisheit.* <http://www.mm.hs-heilbronn.de/seite2/sprueche.htm>. 03.07.2008.

Orton, J. D. und K. E. Weick (Loosely Coupled, 1990): »Loosely Coupled Systems: A Reconceptualization.« *Academy of Managements Review* 1990: 203–223.

Österle, Hubert (Engineering, 1995): *Business Engineering: Prozess- und Systementwicklung. Band 1. Entwurfstechniken.* Berlin/Heidelberg/New York: Springer, 1995.

Osterloh, Margit und Jetta Frost (Prozessmanagement, 1998): *Prozessmanagement als Kernkompetenz.* 2., aktualisierte und erweiterte Auflage. Wiesbaden: Gabler, 1998.

Parra-Luna, Francisco (Performance, 2000): *The Performance of Social Systems: Perspectives and Problems.* New York: Kluwer Academic/Plenum Publishers, 2000.

Pfiffner, Martin (Syntegration, 2005): »Der genetische Code wirksamer Kommunikation: Vom Workshop zur Syntegration.« *Richtiges und gutes Management: vom Sytem zur Praxis.* Hrsg. Walter Krieg, Klaus Galler und Peter Stadelmann. Bern/Stuttgart/Wien: Haupt, 2005. 101–114.

Picot, Arnold und Markus Böhme (Controlling, 1999): *Controlling in dezentralen Unternehmensstrukturen.* München: Vahlen, 1999.

Probst, Gilbert (Organisation, 1992): *Organisation: Strukturen, Lenkungsinstrumente, Entwicklungsperspektiven.* Übers. Gaby Krause und Barbara Vaccaro. Landsberg am Lech: Verlag Moderne Industrie, 1992.

Probst, Gilbert und Sebastian Raisch (Gleichgewicht, 2005): »Das Unternehmen im Gleichgewicht.« *Richtiges und gutes Management: vom System zur Praxis. Festschrift für Fredmund Malik.* Hrsg. Walter Krieg, Klaus Galler und Peter Stadelmann. Bern/Stuttgart/Wien: Haupt, 2005. 233–251.

Probst, Gilbert und Steffen Raub (Managementforschung, 1995): »Action Research – Ein Konzept angewandter Managementforschung.« *Die Unternehmung* Nr. 1 1995: 3–19.

Pruckner, Maria (Komplexitätsfalle, 2005): *Die Komplexitätsfalle: Wie sich Komplexität auf den Menschen auswirkt: vom Informationsmangel bis zum Zusammenbruch.* Norderstedt: Books on Demand GmbH, 2005.

Reglin, Bettina (Managementsysteme, 1993): *Managementsysteme: eine organisationstheoretische Fundierung.* Herrsching: Verlag Barbara Kirsch, 1993.

Riedl, Rupert (Begriff, 1987): *Begriff und Welt: Biologische Grundlagen des Erkennens und Begreifens.* Berlin/Hamburg: Parey, 1987.

Riemenschneider, Frank (Implementierung, 2001): *Implementierung integrierter Managementsysteme: Erfolgsfaktoren für die Unternehmenspraxis.* Wiesbaden: Deutscher Universitäts-Verlag, 2001 (zugl. Diss. Univ. Oldenburg, 2000).

Ringlstetter, Max (Konzernentwicklung, 1995): *Konzernentwicklung: Rahmenkonzept zu Strategien, Strukturen und Systemen.* München: Verlag Barbara Kirsch, 1995.

Rosemann, Sabina (Managementinformationssystem, 2001): »Implementierung eines Managementinformationssystems für Unternehmen mit Projektleistungstätigkeit.«

Rüegg-Stürm, Johannes (Controlling, 1996): *Controlling für Manager: Was Nicht-Controller wissen müssen.* Frankfurt/New York: Campus Verlag, 1996.

Rüegg-Stürm, Johannes (Management-Modell, 2004): »Das neue St. Galler Management-Modell.« *Einführung in die Managementlehre: Band 1.* Hrsg. Rolf Dubs, u. a. Bern/Stuttgart/Wien: Haupt, 2004. 65–141.

Rüegg-Stürm, Johannes (Theory of the Firm, 1998): »Neuere Systemtheorie und unternehmerischer Wandel. Skizze einer systemisch-konstruktivistischen ›Theory of the Firm‹.« *Die Unternehmung* 52, Nr. 1, 1998: 3–17.

Ruthekolck, Thomas (Informations-Controlling, 1996): *Strategische Ausrichtung des Informations-Controlling: Ein Konzept zur Einbindung der Informationsverarbeitung in die strategischen Managementprozesse einer Unternehmung.* Lohmar/Köln: Verlag Josef Eul, 1997 (zugl. Diss. Univ. Köln, 1996).

Sander, Gudrun, Johannes Rüegg-Stürm und Christina E. Wyss (Wissenschaft, 2004): »Wissenschaft und Wissenschaftlichkeit: Grundlagen wissenschaftlichen Arbeitens und ihre Implikationen.« *Einführung in die Managementlehre.* Hrsg. Rolf Dubs, u. a. Bern/Stuttgart/ Wien: Haupt, 2004. 167–221.

Schmid, Wilhelm (Glück, 2007): *Glück: Alles, was Sie darüber wissen müssen, und warum es nicht das Wichtigste im Leben ist.* Frankfurt: Insel Verlag, 2007.

Schön, Donald A. (Reflective Practitioner, 1983): *The reflective practitioner: how professionals think in action.* New York: Basic Books, 1983.

Schulte-Zurhausen, Manfred (Organisation, 2005): *Organisation.* 4. Auflage. München: Vahlen, 2005.

Schulz von Thun, Friedemann (Reden, 2001): *Miteinander reden. Band 1. Störungen und Klärungen.* 34. Auflage. Hamburg: Rowohlt, 2001.

Schwaninger, Markus (Unternehmensplanung, 1989): *Integrale Unternehmensplanung.* Frankfurt/New York: Campus Verlag, 1989 (zugl. Habil.-Schr., Univ. St.Gallen, 1989).

Schwaninger, Markus (Managementsysteme, 1994): *Managementsysteme.* Frankfurt/New York: Campus Verlag, 1994.

Schwaninger, Markus (Distributed Control, 2000): »Distributed control in social systems.« *The Performance of Social Systems: Perspectives and Problems.* Hrsg. Francisco Parra-Luna. New York: Kluwer Academic/Plenum Publishers, 2000. 147–173.

Schwaninger, Markus (Theorie, 2005): »Eine Theorie optimaler Organisation.« *Richtiges und gutes Management: vom System zur Praxis.* Hrsg. Walter Krieg und Klaus, Stadelmann, Peter Galler. Bern/Stuttgart/Wien: Haupt, 2005. 71–85.

Schwaninger, Markus (Viable Organizations, 2006): »Design for viable organizations: The diagnostic power of the viable system model.« *Kybernetes* Vol. 35, No. 7/8, 2006: 955–966.

Seghezzi, Hans Dieter und Dirk Caduff (Führungssysteme, 1997): *Aufbau integrierter Führungssysteme.* Zürich: Credit Suisse, 1997.

Siegwart, Hans (Kennzahlen, 1998): *Kennzahlen für die Unternehmensführung.* 5., aktualisierte und erweiterte Auflage. Bern/Stuttgart/Wien: Haupt, 1998.

Siegwart, Hans (Erfolgsrechnung, 2001): *Marktorientierte Erfolgsrechnung.* München: Vahlen, 2001.

Spender, John-Christopher und Chris Grevesen (Multinational Enterprise, 1999): »The multinational enterprise as a loosely coupled system: the global integration – local responsiveness dilemma.« *Managerial Finance* Vol. 25, No. 2, 1999: 63–84.

Steinbrunner, John D. (Theory of Decision, 1974): *The cybernetic theory of decision: new dimensions of political analysis.* Princeton: NJ Princeton University Press, 1974.

Stöger, Roman (Geschäftsprozesse, 2005): *Geschäftsprozesse erarbeiten – gestalten – nutzen: Qualität, Produktivität, Konkurrenzfähigkeit.* Stuttgart: Schäffer-Poeschel, 2005.

Stöger, Roman (Strategieentwicklung, 2007): *Strategieentwicklung für die Praxis: Kunde – Leistung – Ergebnis.* Stuttgart: Schäffer-Poeschel, 2007.

Sussland, Willy A. (Effectiveness, 2003): »Align your management processes for effectiveness.« *The TQM Magazine* Vol. 15, No. 2, 2003: 108–116.

Türke, Ralf-Eckhard (eGovernance, 2007): *eGovernance: Foundation and Framework.* Bamberg: Difo-Druck GmbH, 2007 (zugl. Diss. Univ. St. Gallen, 2007).

Uehlinger, Kurt und Werner von Allmen (Quality, 2001): *Total Quality Management in der Praxis: der Weg zur Business Excellence.* 2., akt. u. erw. Auflage. Kilchberg: SmartBooks, 2001.

Ulrich, Hans (Unternehmung, 1968/2001): *Die Unternehmung als produktives soziales System.* Bd. I. Bern/Stuttgart/Wien: Haupt, 1968/2001. V Bde.

Ulrich, Hans (Unternehmenspolitik, 1978/2001): »Unternehmenspolitik.« Ulrich, Hans. *Das St. Galler Management-Modell.* Bern/Stuttgart/ Wien: Haupt, 1978/2001. 171–460.

Ulrich, Hans (Praxisbezug, 1998/2001): »Praxisbezug und wissenschaftliche Fundierung einer transdisziplinären Managementlehre.« Ulrich, Hans. *Management: Aufsätze 1981–1998.* Bern/Stuttgart/Wien: Haupt, 2001. 459–468.

Ulrich, Hans (Management-Modell, 2001): *Das St. Galler Management-Modell.* Bd. II. Bern/Stuttgart/Wien: Haupt, 2001. V Bde.

Ulrich, Hans (Aufsätze, 2001): *Management: Aufsätze 1981–1998.* Bd. V. Bern/Stuttgart/Wien: Haupt, 2001. V Bde.

Ulrich, Hans und Walter Krieg (Management-Modell, 1972/2001): »Das St. Galler Management-Modell.« Ulrich, Hans. *Das St. Galler Management-Modell.* Bern/Stuttgart/Wien: Haupt, 1972/2001. 7–55.

Ulrich, Hans und Gilbert Probst (Anleitung, 1988/2001): *Anleitung zum ganzheitlichen Denken und Handeln.* Bd. III. Bern/Stuttgart/Wien: Haupt, 1988/2001. V Bde.

Vester, Frederic (Kunst, 2002): *Die Kunst, vernetzt zu denken: Ideen und Werkzeuge für einen neuen Umgang mit Komplexität.* 2. Auflage. Frankfurt: Deutsche Verlags-Anstalt, 1999/2002.

von Foerster, Heinz und Bernhard Poerksen (Understanding Systems, 2002): *Understanding Systems: Conversations on Epistemology and Ethics.* Übers. Karen Leube. New York: Kluwer Academic/Plenum Publishers, 2002.

von Hayek, Friedrich A. (Human Action, 1967): »The Results of Human Action but Not of Human Design.« Hayek, Friedrich August von. *Studies in philosophy, politics and economics.* London: Routledge, 1967. 96–105.

von Rosenstiel, Lutz, Erika Regnet und Michel E. Domsch (Personalmanagement, 1999): *Führung von Mitarbeitern: Handbuch für erfolgreiches Personalmanagement.* 4. überarbeitete und erweiterte Auflage. Stuttgart: Schäffer-Poeschel, 1999.

Wallmüller, Ernest (Informationsverarbeitung, 1995): *Ganzheitliches Qualitätsmanagement in der Informationsverarbeitung.* München/Wien: Hanser, 1995.

Warnecke, Hans-Jürgen (Unternehmenskultur, 1992/1993): *Revolution der Unternehmenskultur: Das fraktale Unternehmen.* 2. Auflage. Berlin/Heidelberg/New York: Springer-Verlag, 1993.

Wiener, Norbert (Kybernetik, 1948/1963): *Kybernetik: Regelung und Nachrichtenübertragung im Lebewesen und in der Maschine.* 2., revidierte und ergänzte Auflage. Düsseldorf/Wien: Econ-Verlag, 1948/1963.

Wiener, Norbert (Mensch, 1952/1966): *Mensch und Menschmaschine: Kybernetik und Gesellschaft.* 4., unveränderte Auflage. Frankfurt: Alfred Metzner Verlag, 1952/1966.

Wyder, Andreas M. (Change, 2006): *Change Absorption Measurement: A Case Study of a Global Business Transformation.* Bamberg: Difo-Druck GmbH, 2006 (zugl. Diss. Univ. St. Gallen, 2006).

Anmerkungen

1 Vgl. zum Beispiel die Lufthansa und die ehemalige Swissair in der Airline-Industrie.
2 Vgl. Malik, Handwerk, 2005/2007, S. 33.
3 Ansoff und McDonnell bezeichnen Managementsysteme (im Sinne eines Zusammenspiels von Managementprozessen) als systematischen Ansatz, um Unvorhersehbarkeit, Neuigkeit und Komplexität zu bewältigen. Vgl. Ansoff und McDonnell, Strategic Management, 1990, S. 12 ff.
4 Die Begriffe Management und Führung werden im gesamten Buch als Synonyme verwendet, Gleiches gilt entsprechend für Begriffe wie Managementsysteme und Führungssysteme sowie Management-Prozess-Architektur und Führungs-Prozess-Architektur.
5 In der Politik werden für die Begriffe direkte und indirekte Führung oft die Begriffe interventionistisch und ordnungspolitisch verwendet.
6 Je komplexer Unternehmen (und ihre Umwelt) sind, desto weniger ist direktes Einwirken zielführend. Vgl. Probst und Raisch, Gleichgewicht, 2005, S. 237.
7 Vorteile der strukturellen Führung sind insbesondere ihre hohe Akzeptanz, die Möglichkeit des organisationalen Lernens respektive das Nutzen der Intelligenz der Organisation, die hohe Effizienz sowie die Entlastung von Führungskräften respektive die Beschleunigung von Entscheidungen. Vgl. Link, Führungssysteme, 2004, S. 20 ff.
8 Malik, Unternehmenspolitik, 2008, S. 65.
9 Vgl. Kaplan und Norton, Strategien umsetzen, 2006, S. 25.
10 Assignments sind Schlüsselaufträge für Mitarbeiter für die nächste überschaubare Zeit. Sie leiten sich aus der Strategie ab und sind die Individualisierung der Strategie sowie ein bedeutendes dynamisches Organisationsinstrument.
11 Dabei handelt es sich um Tätigkeiten im Sinne eines »Controller-Dienstes«. Das eigentliche Controlling, nämlich das »Unter-Kontrolle-Halten« eines Systems, ist eine undelegierbare Managementverantwortung.
12 Vgl. u. a. Löbel, Schröger und Closhen, Managementsysteme, 2005, S. 91 ff., Käfer, ISO-Prozessmodell, 2006, S. 121, und Wallmüller, Informationsverarbeitung, 1995, S. 42 ff.
13 Vgl. Ulrich und Probst, Anleitung, 1988/2001, S. 223 f.
14 Malik, Handwerk, 2005/2007, S. 213.
15 Österle, Engineering, 1995, S. 62.

16 Vgl. Österle, Engineering, 1995, S. 61 ff.

17 Kybernetik ist die Wissenschaft von der (Selbst-)Lenkung (im Sinne von Steuerung und Regulierung) in komplexen Systemen durch Information und Kommunikation. Kybernetik kommt vom griechischen »kybernetes«, zu Deutsch Steuermann. Kybernetik ist somit die Steuermannskunst respektive die Kunst der Steuerung. Präzise genommen müsste man von der Kunst der Steuerung *und* Regulierung sprechen. Im Sprachgebrauch wird mit »Steuerung« implizit oft beides gemeint, zum Beispiel wenn man von Unternehmenssteuerung spricht.

18 Klauser, Management-Prozess-Architektur, 2009, S. 7.

19 Mit formellen Kompetenzen sind Kompetenzen wie Entscheiden, Informieren, Ausführen, Verantworten gemeint. Die formellen Kompetenzen definieren somit, wer was darf, also das »Dürfen«.

20 Mit materiellen Kompetenzen sind die Fähigkeiten zur effektiven und effizienten Wahrnehmung der formellen Kompetenzen im Interesse des Unternehmens gemeint. Die materiellen Kompetenzen definieren somit, wer was kann, also das »Können«.

21 Klauser, Management-Prozess-Architektur, 2009, S. 7.

22 Vgl. Malik, Unternehmenspolitik, 2008, S. 61 ff., sowie Beer, Platform, 1975/1978, S. 15.

23 Malik, Unternehmenspolitik, 2008, S. 19.

24 Vgl. Malik, Unternehmenspolitik, 2008, S. 37.

25 Zu den wissenschaftstheoretischen und forschungsmethodischen Überlegungen siehe Klauser, Management-Prozess-Architektur, 2009, S. 8 ff.

26 Vgl. Bortz und Döring, Forschungsmethoden, 2006, S. 50.

27 Probst und Raub, Managementforschung, 1995, S. 5.

28 Vgl. McNiff und Whitehead, Need, 2006, S. 1 und 45.

29 Zur »optimalen Vereinfachung« siehe auch Gomez, Vereinfachung, 2005, S. 23 ff.

30 Vgl. Malik, Strategie des Managements, 1984/2003, S. 9.

31 Ulrich und Probst, Anleitung, 1988/2001, S. 16.

32 Vgl. Malik, Unternehmenspolitik, 2008, S. 20 f.

33 Vgl. Malik, Unternehmenspolitik, 2008, S. 18 f.

34 Vgl. Malik, Strategie des Managements, 1984/2003, S. 14 f.

35 Vgl. Ulrich und Probst, Anleitung, 1988/2001, S. 31 f.

36 Vgl. Ulrich und Probst, Anleitung, 1988/2001, S. 36 f.

37 Zur Mustererkennung siehe auch Vester, Kunst, 2002, S. 54 f., sowie Gomez, Denken, 2004, S. 95.

38 Vgl. Ulrich und Probst, Anleitung, 1988/2001, S. 61.

39 Ulrich und Probst, Anleitung, 1988/2001, S. 66.

40 Ashby, Cybernetics, 1956, S. 207.

41 Beer, Heart, 1979/1994, S. 89.

42 Umwelt wird hier in »Abgrenzung« zur Inwelt verstanden und ist nicht rein ökologisch zu verstehen. Eine Umwelt umfasst neben der ökologischen Sphäre weitere Sphären. Gemäß dem St. Galler Management-Modell sind dies die techno-

logische, die ökonomische und die soziale Sphäre. Vgl. Ulrich und Krieg, Management-Modell, 1972/2001, S. 24.

43 Auch Ulrich verwendet diese sprachliche Vereinfachung, indem er von der »Unternehmung als produktives soziales System« spricht; vgl. Ulrich, Unternehmung, 1968/2001.

44 Hat zum Beispiel ein Unternehmen nicht ausreichende Varietät, dann wird die relevante Umwelt automatisch auch eine kleinere Varietät aufweisen. Bildlich gesprochen: Wenn an der Zürcher Bahnhofstraße über die Mittagszeit in einem Schuhladen nur ein Verkäufer arbeitet, dann ist die Varietät (vereinfacht als Anzahl Verkäufer) relativ gering. Potenzielle Kunden werden nach einer gewissen Wartezeit den Schuhladen verlassen, weil sie nicht zeitgerecht bedient werden. Die relevante Umwelt (vereinfacht als Anzahl potenzieller Kunden) hat sich entsprechend verkleinert. Dieses stark vereinfachte Beispiel lässt sich um weitere Komplexitätstreiber erweitern, wie zum Beispiel nachgefragte und angebotene Bedienungs-Sprache, nachgefragte und angebotene Schuhgrößen etc.

45 Vgl. Rüegg-Stürm, Theory of the firm, 1998, S. 4 ff.

46 Vgl. Rüegg-Stürm, Theory of the firm, 1998, S. 13.

47 Vgl. Ulrich und Probst, Anleitung, 1988/2001, S. 73 f.

48 Ulrich und Probst, Anleitung, 1988/2001, S. 75.

49 Vgl. Ulrich und Probst, Anleitung, 1988/2001, S. 223 f.

50 Vgl. Malik, Handwerk, 2005/2007, S. 15 f.

51 Bleicher, Unternehmensführung, 1995, S. 20.

52 So ist zum Beispiel bei einem Start-up-Unternehmen das neue System dergestalt zu konfigurieren, dass schnell eine zweckgerichtete Geschäftstätigkeit möglich wird. Bei einer Fusion von zwei Systemen ist das neue Gesamtsystem insbesondere so zu konfigurieren, dass Mitglieder der bisherigen Institutionen neu auf ein gemeinsames Ziel hin wirken.

53 Ulrich und Probst, Anleitung, 1988/2001, S. 63.

54 Ulrich und Probst, Anleitung, 1988/2001, S. 76.

55 Mit *»unter Kontrolle halten«* ist nicht ein technomorphes vollständiges Beherrschen eines Systems gemeint, sondern die Beeinflussung eines Systems dahingehend, dass es sich *innerhalb gewisser Bandbreiten* verhält.

56 Bleicher, Unternehmensführung, 1995, S. 20.

57 Krieg spricht in diesem Zusammenhang auch von Mischlenkung, da in der realen Welt von sozialen Systemen die Kombination von Lenkungstypen der Normalfall ist. Vgl. Krieg, Unternehmensgestaltung, 1971, S.78.

58 Ulrich und Probst, Anleitung, 1988/2001, S. 87.

59 Vgl. Ulrich und Probst, Anleitung, 1988/2001, S. 86 f.

60 Bleicher, Unternehmensführung, 1995, S. 20.

61 Ulrich und Probst, Anleitung, 1988/2001, S. 88.

62 Der von Ulrich/Probst angesprochene Wille fehlt bei Entwicklungsmöglichkeiten von *biologischen* Systemen, die mehr nach einem Versuchs-Irrtums-Prozess ablaufen. Noch eingeschränkter sind die Entwicklungsmöglichkeiten bei *technischen* Systemen.

63 Die Kategorisierungsart ist abhängig von dem Untersuchungsinteresse. Die reine biologische Überlebensfähigkeit (»Survival«) des Menschen kann studiert werden, indem man den Menschen als *lebendes* System betrachtet. Die »Viability beyond Survival« kann studiert werden, wenn der Mensch darüber hinaus als *psychisches* System verstanden wird.
64 Zur Frage des Sinns vgl. insb. Frankl, Sinn, 2006, und Schmid, Glück, 2007.
65 Vgl. Beer, Decision, 1966, S. 242. Ableitung von Beer aus Hegels »Axiom of Internal Relations«.
66 Vgl. Manella, Mensch, 2003, S. 86.
67 Bateson, Ecology of Mind, 1972, S. 381.
68 Beer, Heart, 1979/1994, S. 337.
69 Ein umfassendes und doch pragmatisches Kommunikationsmodell ist jenes von Schultz von Thun, vgl. Schulz von Thun, Reden, 2001.
70 Dies wird in der Fachsprache als »Embedding« bezeichnet. Embedding ist konstitutiv für Systeme und bedeutet einen Abschied vom klassischen Hierarchiedenken – durch Einbetten statt Einreihen. Vgl. Malik, Unternehmenspolitik, 2008, S. 128 f.
71 Vgl. Ulrich und Probst, Anleitung, 1988/2001, S. 255 (Managementprozesse) und S. 258 (Managementfunktionen).
72 Vgl. Ulrich und Probst, Anleitung, 1988/2001, S. 255.
73 Vgl. Ulrich und Krieg, Management-Modell, 1972/2001, S. 22 ff.
74 Vgl. Ulrich und Krieg, Management-Modell, 1972/2001, S. 26 f.
75 Vgl. Ulrich und Krieg, Management-Modell, 1972/2001, S. 32.
76 Vgl. Ulrich, Unternehmenspolitik, 1978/2001, S. 415.
77 Vgl. Drexel, Geschäftsfelder, 1987, zur organisatorischen Verankerung solcher Einheiten im Sinne von strategischen Geschäftsfeldern.
78 »Zentral« ist im Sinne von logisch übergeordnet zu verstehen und weniger als geografisch zentral. Es ist zum Beispiel möglich, dass eine dezentrale Einheit auch gewisse übergeordnete Aufgaben für das Unternehmen als Ganzes und für die anderen dezentralen Einheiten wahrnimmt. Dies im Sinne einer internen Dienstleistungsfunktion.
79 Vgl. Ulrich, Unternehmenspolitik, 1978/2001, S. 415.
80 Vgl. Ulrich, Unternehmenspolitik, 1978/2001, S. 416.
81 Vgl. Ulrich, Unternehmenspolitik, 1978/2001, S. 416 f.
82 Vgl. Beer, Brain, 1972/1988.
83 Vgl. Ulrich, Unternehmenspolitik, 1978/2001, S. 417 ff.
84 Ulrich, Unternehmenspolitik, 1978/2001, S. 421.
85 Vgl. Malik, Unternehmenspolitik, 2008. Im Unterschied zu Bleicher (und dessen »Managementkonzept«) blieb Malik den zirkulären Wirkungszusammenhängen im Management-Modell in Herleitung und Darstellung des malik management system® treu. Anders als Rüegg-Stürm (mit dessen »Neuem St. Galler Management-Modell«) hat Malik nicht vermehrt ein Unternehmens-Modell, sondern ein fundiertes Management-Modell entwickelt.

86 Vgl. hierzu Ulrich, Praxisbezug, 1998/2001, S. 464, und Malik, Handwerk, 2005/2007, S. 62, inklusive seinen Verweis auf Hans Albert (siehe auch Albert, Rationale Praxis, 1978).

87 Malik, Leitbild Malik MZSG, 2003, S. 3.

88 Vgl. Malik, Handwerk, 2005/2007, S. 57. Dass beide Dimensionen (richtig/falsch bzw. gut/schlecht) wichtig sind, lässt sich am Beispiel eines 100-Meter-Läufers erkennen, der nach dem Startschuss zwar extrem gut (schnell/effizient), aber leider in die falsche Richtung rennt. Richtiges Management ist nach Malik allgemeingültig, das heißt das »Was« ist überall gleich. Das »Wie« ist demgegenüber durchaus abhängig zum Beispiel von Landeskultur und Art der Institution.

89 Vgl. Malik, Handwerk, 2005/2007, S. 56f.

90 »Richtig« steht jeweils für richtungsweisend, zielbestimmend oder entscheidend. Demgegenüber bezieht sich »gut« auf die Durchführung respektive den Weg zur Zielerreichung innerhalb der richtig oder falsch gesetzten Rahmenbedingungen.

91 Zum Konzept der Invarianz vgl. Beer, Brain, 1972/1988, S. 87.

92 Vgl. Malik, Führen, 2000/2006, S. 385ff.

93 Vgl. Malik, Corporate Governance, 2002, S. 117.

94 In leichter Abweichung zu den Begriffen gemäß Malik wird von einem technomorphen (statt technomorph-konstruktivistischen) und einem systemischen (statt systemisch-evolutionären) Managementverständnis gesprochen. Dies um zu verhindern, dass »konstruktivistisch« mit dem in seiner Bedeutung diametral entgegenstehenden Begriff des ›sozial-psychologischen Konstruktivismus‹ in Beziehung gebracht wird. »Evolutive« und »kybernetische« Aspekte erachte ich implizit im Begriff »systemisches Management« enthalten. »Systemisch« verstehe ich zudem als Synonym zu »systemorientiert«.

95 Vgl. Malik, Systemisches Management, 1993/2000, S. 119.

96 In Abweichung der Begriffe gemäß Malik wird von Lenkbarkeit statt Steuerbarkeit gesprochen. Dies vor dem Hintergrund der unter Kapitel 1.3 (Umdenken mit Systemdenken) dargelegten Charakterisierung von Lenkung als Steuerung und Regelung.

97 Vgl. Malik, Systemisches Management, 1993/2000, S. 119.

98 Malik, Systemisches Management, 1993/2000, S. 36.

99 Vgl. Malik, Führen, 2000/2006, S. 383.

100 Zur Erinnerung: Der Begriff Führungskräfte wird synonym zu Manager verwendet (analog zu Führung und Management).

101 Vgl. Malik, Führen, 2000/2006, S. 73.

102 Malik, Führen, 2000/2006, S. 73.

103 Malik, Führen, 2000/2006, S. 73.

104 Vgl. Malik, Führen, 2000/2006, S. 70ff.

105 Vgl. Malik, Unternehmenspolitik, 2008, S. 58.

106 Das malik management system® wurde daher vom Malik Management Zentrum St. Gallen in ein Web-Modell umgesetzt. Für eine Kurzversion dieses Web-Modells: vgl. www.malik-mzsg.ch (06.12.2009).

107 Vgl. Malik, Unternehmenspolitik, 2008, S. 245, sowie Malik, Handwerk, 2005/2007, S. 117 ff.

108 Vgl. Malik, Führen, 2000/2006, S. 378, sowie Malik, Handwerk, 2005/2007, S. 67 ff.

109 Die Grundsätze wirksamer Führung sind: Resultatorientierung, Beitrag zum Ganzen, Konzentration auf Weniges, Stärken nutzen, Vertrauen und positiv denken. Vgl. Malik, Führen, 2000/2006, S. 75 ff.

110 Die Aufgaben und Werkzeuge kommen sowohl beim Management von Bekanntem als auch beim Management von Neuem zum Einsatz. Ist der Anwendungskontext das Neue, ist jedoch eine umso höhere Professionalität im Umgang mit den Aufgaben und Werkzeugen gefordert. Vgl. Malik, Führen, 2000/2006, S. 379 f.

111 Das People Management Model kann nicht nur auf Mitarbeiter, sondern auch auf die eigene Person (Selbstmanagement), auf den eigenen Chef, auf Kollegen und auf externe Dritte (Kunden, Lieferanten etc.) angewandt werden. Vgl. Malik, Führen, 2000/2006, S. 383 ff.

112 Vgl. Malik, Handwerk, 2005/2007, S. 98 ff.

113 IMS steht im ISO-Kontext für ein **i**ntegriertes **M**anagement **S**ystem, das ein Qualitätsmanagementsystem (QMS), Umweltschutzmanagementsystem (UMS) und Arbeitsschutzmanagementsystem (AMS) umfasst. Vgl. Löbel, Schröger und Closhen, Managementsysteme, 2005, S. 42 f.

114 Dies entspricht einem interpretativen Kulturansatz, der Kultur nicht als direkt steuerbares Phänomen versteht. Vgl. Kasper und Heimerl-Wagner, Struktur und Kultur, 1996, S. 81 f. und 106 f. Aufgabe des Managements ist es, sich die Kultur bewusst zu machen (»Aufklärung«) und sie im Zusammenhang mit zum Beispiel strategischen und strukturellen Entscheidungen zu berücksichtigen. Zu diesem »Aufklärungs-Aspekt« vgl. Bögel, Unternehmenskultur, 1999, S. 738.

115 Vgl. Ulrich und Krieg, Management-Modell, 1972/2001, S. 19.

116 Der »emerging purpose« eines sozialen Systems ist zwar das Resultat von *menschlichem Handeln*, jedoch nicht zwingend von *menschlicher Absicht*. Vgl. hierzu von Hayek, Human Action, 1967, S. 96 ff.

117 Beer, Diagnosing, 1985/1988, S. 99.

118 Vgl. Beer, Diagnosing, 1985/1988, S. 99.

119 Beer, Diagnosing, 1985/1988, S. 8.

120 Vgl. Schwaninger, Distributed Control, 2000, S. 153.

121 Vgl. hierzu auch die Überlegungen von Christ zu kybernet(h)ischem Management im Allgemeinen und zu den ethisch-normativen Metakriterien »Lebensdienlichkeit« und »Legitimität« im Speziellen. Christ, Organisation, 2006, S. 44 ff.

122 Das Forschungsprojekt »Profit Impact of Market Strategies« (PIMS) hat seine Ursprünge in den 1970er Jahren. Seither wurden Daten von über 3 000 strategischen Geschäftsfeldern untersucht und dadurch universelle strategische Prinzipien abgeleitet. Vgl. Buzzell und Gale, PIMS-Programm, 1989, S. V ff.

123 Zu diesen strategischen Prinzipien gehört zum Beispiel die Erkenntnis, dass die relative Qualität auf lange Sicht der wichtigste strategische Einzelfaktor ist, dass Marktanteil und Rentabilität eng mit einander verbunden sind, dass jedoch eine hohe Investmentintensität ein Hemmschuh ist für die Rentabilität. Weiter konnte nachgewiesen werden, dass »Poor Dogs« und »Question Marks« nach dem Portfolio-Ansatz der Boston Consulting Group in über 50 Prozent einen positiven Cashflow bringen und daher zum Beispiel die Normstrategie »Desinvestieren bei Poor Dogs« keine robuste Empfehlung ist. Vgl. Buzzell und Gale, PIMS-Programm, 1989, S. 7 ff.

124 Faktoren bzgl. Wettbewerbsposition sind: Marktanteil, relativer Marktanteil, relativer Kundennutzen, Innovationsrate, relative Kostenposition.

125 Faktoren bzgl. Kapital- und Kostenstruktur sind: Investmentintensität, Kapitalbindung in Anlagevermögen, Produktivität, Kapazitätsauslastung, vertikale Integration.

126 Faktoren bzgl. der Marktattraktivität sind: Marktwachstum, Marktkonzentration, Kundenverhandlungsmacht, Kundenkonzentration, Marketingintensität.

127 Vgl. Buzzell und Gale, PIMS-Programm, 1989, S. 45 ff., sowie Malik, Handwerk, 2005/2007, S. 205 ff.

128 Vgl. Malik, Unternehmenspolitik, 2008, S. 172 ff.

129 Drucker, Future, 1992, S. 277.

130 Vgl. Gomez und Zimmermann, Unternehmensorganisation, 1999, S. 16.

131 Vgl. Gomez und Zimmermann, Unternehmensorganisation, 1999, S. 16 ff., und Schulte-Zurhausen, Organisation, 2005, S. 1 ff.

132 Vgl. hierzu auch Beer, Decision, 1966, S. 425.

133 Syntegrat verwende ich als Bezeichnung für den Output eines Syntegrationsprozesses, also der Kombination von Synergie und Integration.

134 Die Komplexität der relevanten Umwelt ist aufgrund des Fließgleichgewichts gleich der Komplexität des Unternehmens. Die vertikale und horizontale Achse stehen ihrerseits auch in einem gegenseitigen Beeinflussungsverhältnis, das heißt eine wirksame Management-Prozess-Architektur hat logischerweise Einfluss auf die Varietät des Unternehmens (und dessen Umwelt), und umgekehrt wirkt dieses auf die Management-Prozess-Architektur.

135 Vgl. hierzu auch Probst und Raisch, Gleichgewicht, 2005, S. 233 ff.

136 Intra- und interorganisationale Netzwerke bieten wirksame Koordinationsformen im Spannungsfeld von Markt und Hierarchie. Vgl. Jäger, Koordinationsstrukturen, 2004, S. 126, sowie im Kontext der Konzernentwicklung Ringlstetter, Konzernentwicklung, 1995, S. 137 ff.

137 Vgl. Schulte-Zurhausen, Organisation, 2005, S. 286.

138 Vgl. Beer, Brain, 1972/1988, S. 167 ff.

139 Vgl. Warnecke, Unternehmenskultur, 1992/1993, S. 9 ff.

140 Vgl. Menz, Profit Center, 1973, S. 1 und 8 f.

141 Vgl. Klauser, Management-Prozess-Architektur, 2009, S. 110 ff.

142 Bei den Bewertungen handelt es sich um eine Einschätzung aufgrund der in der Dissertation zitierten und studierten Literatur.

143 Stellt man sich die Frage, weshalb denn das Viable System Model, in Theorie und Praxis bisher nicht weitere Verbreitung gefunden hat, dann findet sich die Antwort in Grundprinzipien des Viable System Model selbst, nämlich dem Variety Engineering. Das Modell ist zu komplex, als dass es von einer Vielzahl von Personen schnell ausreichend tief verstanden werden könnte. Die Verbreitung des Viable System Model kann daher mit Maßnahmen zweier unterschiedlicher Kategorien vorangetrieben werden. Einerseits sind möglichst viele heutige und zukünftige Manager anhand des Viable System Model auszubilden, was zu einer Varietätserhöhung bei den Anwendern des Viable System Model führt. Anderseits ist das Viable System Model in Visualisierung und Anwendungs-Instrumentierung noch zu verbessern.

144 Richtig verstanden und angewendet ist das Viable System Model eine äußerst wirksame Diagnose-Methode, die x-fach erfolgreich angewandt wurde und dabei sowohl für die Diagnose als auch für das Design von Organisationen wertvolle Impulse brachte. Hinsichtlich praktischer Anwendungen siehe auch Schwaninger, Viable Organizations, 2006, S. 955 ff.

145 Vgl. Malik, Handwerk, 2005/2007, S. 41.

146 Beer, Decision, 1966, S. 357.

147 Vgl. Beer, Brain, 1972/1988, S. 119 ff.

148 Unternehmen werden dabei nicht gleichgesetzt mit lebenden Organismen. Es geht »lediglich« darum aufzuzeigen, was Organisationen von lebenden Organismen respektive der Biologie lernen können. Vgl. Malik, Corporate Governance, 2002, S. 174.

149 Vgl. Beer, Brain, 1972/1988, S. 99 und 130 f., und die dortigen Erläuterungen zur Übertragung der Funktionseinheiten/-weisen des Zentralnervensystems auf die Funktionseinheiten/-weisen im Viable System Model.

150 Vgl. Beer, Brain, 1972/1988, S. 167 ff.

151 Malik, Strategie des Managements, 1984/2003, S. 97 f.

152 Vgl. Malik, Strategie des Managements, 1984/2003, S. 96.

153 Vgl. Beer, Diagnosing, 1985/1988, S. 27 und 47.

154 Beer, Heart, 1979/1994, S. 97.

155 Beer, Heart, 1979/1994, S. 99.

156 Beer, Heart, 1979/1994, S. 101.

157 Beer, Heart, 1979/1994, S. 258.

158 Der Begriff der ergebnisverantwortlichen Einheit (EVE) geht auf Arbeiten am Malik Management Zentrum St. Gallen zurück und findet sich zum Beispiel auch in Publikationen von Malik und Stöger. Vgl. Malik, Handwerk, 2005/2007, S. 101, und Stöger, Strategieentwicklung, 2007, S. 55.

159 Vgl. hierzu auch Beer, Diagnosing, 1985/1988, S. 12.

160 Vgl. hierzu auch Malik, Strategie des Managements, 1984/2003, S. 502.

161 Vgl. Beer, Diagnosing, 1985/1988, S. 81 ff.
162 Beer, Heart, 1979/1994, S. 217.
163 Vgl. Beer, Diagnosing, 1985/1988, S. 101.
164 Lässt man die Verteilung der Lenkungsvarietät auf die sechs Kanäle durch Personen der 1er-Systeme sowie durch Personen des Corporate Managements schätzen, nennen erstere insbesondere Interventionen und Ressourcenallokation als wesentliche Kanäle, während zweitere angeben, dass sie insbesondere über System 2 lenken. Vgl. bezüglich dieser kognitiven Dissonanz Beer, Diagnosing, 1985/1988, S. 96.
165 Für die Lösung von Konflikten zwischen System 3 und System 4 wurde von Beer eine Methodik namens *Syntegration* entwickelt. Mittels des optimalen Kommunikationsdesigns einer Syntegration kann eine Vielzahl von Personen auf wirksame Weise an komplexen Fragestellungen arbeiten. Vgl. Beer, Beyond Dispute, 1994, S. 3 ff.
166 Beer, Heart, 1979/1994, S. 298.
167 Vgl. Beer, Diagnosing, 1985/1988, S. 130.
168 Beer, Heart, 1979/1994, S. 298.
169 Beer, Heart, 1979/1994, S. 298.
170 Vgl. Heylighen, Principles, 1992, S. 8 f., sowie Heylighen und Joslyn, Cybernetics and Second-Order Cybernetics, S. 18 f., http://pespmc1.vub.ac.be/Papers/Cybernetics-EPST.pdf (02.05.2008).
171 Vgl. Beer, Decision, 1966, S. 368 f.
172 Algedonisch ist abgeleitet aus den griechischen Wörtern für Schmerz und Genuss. Vgl. Beer, Diagnosing, 1985/1988, S. 134.
173 Beer, Heart, 1979/1994, S. 118.
174 Malik, Strategie des Managements, 1984/2003, S. 101.
175 Vgl. Beer, Heart, 1979/1994, S. 317 ff.
176 Beer, Diagnosing, 1985/1988, S. 4.
177 Beer, Diagnosing, 1985/1988, S. 6.
178 Beer, Heart, 1979/1994, S. 567, weiter ausgeführt von Beer auf S. 354 f. im gleichen Werk.
179 »The sum of horizontal variety disposed by n operational elements equals the sum of vertical variety disposed on the six vertical components of corporate cohesion«.
180 Vgl. Klauser, Management-Prozess-Architektur, 2009, S. 119 ff.
181 Lebensfähige Systeme bestehen gemäß Viable System Model aus folgenden fünf Systemfunktionen: »Werte setzen« (System 5), »Aufklären« (System 4), »Optimieren« (System 3), »Koordinieren« (System 2), »Operieren« (System 1).
182 Vgl. Malik, Handwerk, 2005/2007, S. 218. In Abweichung zum Original spreche ich von Führungskräften (statt von Firmenspitze und Top-Management). Dies, um dem Management als über mehrere Personen und Ebenen verteilter Funktion bestmöglich gerecht zu werden.
183 Vgl. Beer, Diagnosing, 1985/1988.

184 Aufgrund einer lange Zeit fehlenden systematischen Beschäftigung mit dem Thema Managementsysteme wurden jeweils situationsspezifische Prinzipien aufgestellt und das Rad oft neu erfunden. Einzelprinzipien (Management by Objectives, Management by Delegation etc.) und deren Vertiefung respektive Kombination bildeten die ersten Entwicklungsstufen von Managementsystemen, gefolgt von funktionalen Ansätzen (Planungsprozess, Entscheidungsprozess etc.). Erst später wurde eine vermehrte Integration von unternehmens- und mitarbeiterbezogenen Aspekten hin zu integrierten Managementsystemen erreicht. Vgl. Malik, Management-Systeme, 1981/1994, S. 10 ff.

185 Vgl. Klauser, Management-Prozess-Architektur, 2009, S. 143 ff.

186 Vgl. Malik, Handwerk, 2005/2007, S. 101 ff.

187 Vgl. EFQM, The EFQM Excellence Model, http://www.efqm.org/Default.aspx? tabid=35 (10.05.2008), sowie EFQM, Assessing, 2003.

188 Vgl. Kaplan und Norton, Balanced Scorecard, 1997, S. 9.

189 Vgl. Klauser, Management-Prozess-Architektur, 2009, S. 157 f.

190 Bei den Bewertungen handelt es sich um eine Einschätzung aufgrund der in der Dissertation zitierten und studierten Literatur.

191 Zur Erinnerung: Malik spricht in seinen Publikationen vom Integrierten Management-System. Ich habe mich in diesem Buch bewusst für den Namen Integrated Management Model entschieden, um einerseits die Herleitung aus Corporate und People Management Model noch stärker zu verdeutlichen und anderseits die Verwechslungsgefahr mit dem Integrierten Management-System der International Organization for Standardization (ISO) zu beseitigen.

192 Führung kann als informationsverarbeitendes Lenkungssystem verstanden werden. Vgl. hierzu auch Ulrich und Krieg, Management-Modell, 1972/2001, S. 32.

193 Vgl. Malik, Handwerk, 2005/2007, S. 101.

194 Vgl. Malik, Management-Systeme, 1981/1994, S. 26 ff.

195 Mitarbeiter und Führungskräfte sind zwei Gruppen, die rein definitorischer Natur sind und in Tat und Wahrheit sich zunehmend vermischen. Bezüglich seiner selbst, Kollegen und Vorgesetzten sollte nämlich auch ein »Mitarbeiter« (Selbst-)Managementaufgaben wahrnehmen und könnte daher auch als »Führungskraft« bezeichnet werden.

196 Vgl. Malik, Management-Systeme, 1981/1994.

197 Vgl. Malik, Unternehmenspolitik, 2008, S. 240.

198 Vgl. Malik, Handwerk, 2005/2007, S. 101 und 104. Die Darstellungen von Malik auf Seite 101 und 104 wurden kombiniert und die Begrifflichkeiten leicht angepasst respektive erweitert. Alle in der Abbildung aufgeführten Elemente können als einzelne Managementprozesse verstanden werden, mit Ausnahme des Elements »Resultate«, welches das Resultat des Zusammenspiels der Managementprozesse ist (daher kursiv hervorgehoben).

199 Dieses Verständnis der Führungskräfte- und Mitarbeiterentwicklung ermöglicht eine Verbindung der Strategieentwicklung mit der Managemententwick-

lung, wie sie zum Beispiel auch von McClelland gefordert wird. Vgl. McClelland, Development, 1994, S. 6 ff.

200 Die Detailtiefe der Dokumentation ist insbesondere von der Unternehmensgröße und der Anzahl der in die Managementprozesse involvierten Personen abhängig.

201 Zum Thema Zusammenspiel und Mustererkennung statt isolierte Details vgl. Vester, Kunst, 2002, S. 54 f., und den dort erwähnten Begriff »Fuzzy Logic«.

202 Vgl. Dubs, Euler und Rüegg-Stürm, Managementlehre, 2004, S. 7 ff.

203 Schwaninger, Managementsysteme, 1994, S. 61.

204 Vgl. Jensen, Erkenntnis, 1999, S. 367 f.

205 Österle, Engineering, 1995, S. 62.

206 Vgl. Rüegg-Stürm, Management-Modell, 2004, S. 110 f.

207 Christ, Organisation, 2006, S. 165.

208 Schulte-Zurhausen, Organisation, 2005, S. 61.

209 Zum Thema Schulung als gleichermaßen bekannte und wirksame Methode zur Produktivitätssteigerung vgl. Klauser und Löw, Produktivität, 2006.

210 Deshalb sind »Involvierte Personen« eine wesentliche Betrachtungsperspektive bei der Beurteilung von Managementprozessen. Vgl. Kapitel 6.7 (Managementqualität beurteilen mittels MPA-Evaluation).

211 Es gibt heutzutage eine Vielzahl von Problemlösungsmethodiken. Ihnen gemeinsam ist das Problemlösen in einer bestimmten Schrittfolge. Siehe zum Beispiel auch Gomez und Probst, Praxis, 1995.

212 Vgl. Ulrich und Probst, Anleitung, 1988/2001, S. 112 ff.

213 Ulrich und Probst, Anleitung, 1988/2001, S. 194.

214 Vgl. Malik, Unternehmenspolitik, 2008, S. 270 f.

215 Vgl. Schwaninger, Unternehmensplanung, 1989, S. 207, bezugnehmend auf mündliche Aussagen von Malik.

216 Zum vertikalen Alignment siehe auch Beer, Diagnosing, 1985/1988, S. 135. Beer verwendet in diesem Zusammenhang den Begriff der »cross-recursion linkages«.

217 Die *Echtzeit-Notwendigkeit* besteht insofern, als bei jeder Führungskraft die Bereitschaft vorhanden sein muss, sich ad hoc mit relevanten Fragen zu Managementprozessen zu beschäftigen.

218 Eine *periodische Beschäftigung* mit einzelnen Managementprozessen stellt sicher, dass eine gewisse *Routine* im Umgang mit Managementprozessen entsteht. Eine Management-Prozess-Architektur besteht aus Denk- und Handlungswerkzeugen, die durch ihre regelmäßige Anwendung zu *Ordnung* und zu *Problemlösungsroutinen* führen. Ordnung kann dabei als *Gesetz mal Anwendung* verstanden werden. Vgl. Riedl, Begriff, 1987, S. 48, sowie Malik, Unternehmenspolitik, 2008, S. 246. Ein weiterer wichtiger Aspekt der *Periodizität* ist die Möglichkeit, eine Vielzahl von Managementprozessen unterschiedlicher ergebnisverantwortlicher Einheiten und rekursiven Ebenen zu *synchronisieren*.

219 Vgl. Malik, Strategie des Managements, 1984/2003, S. 297 ff., sowie Steinbrunner, Theory of Decision, 1974, S. 88 ff.

220 Vgl. Schwaninger, Unternehmensplanung, 1989, S. 207.

221 Zur Notwendigkeit einer gemeinsamen Managementsprache siehe auch Sussland, Effectiveness, 2003, S. 116.

222 Zur Wichtigkeit, dass Informations- und nicht nur Entscheidungsträger sich zu Wort melden, siehe auch Morrison und Milliken, Silence, 2000, S. 709 und 718. Das Kernproblem im Zustand von »organizational silence« beschreiben Morrison/Milliken wie folgt: »Everyone understands that it is risky to speak the truth, but this fact itself is *undiscussable.*« Morrison und Milliken, Silence, 2000, S. 721.

223 Vgl. hierzu auch Heron und Reason, Co-operative Inquiry, 2002, S. 179, Argyris und Schön, Theory in Practice, 1976/1992, sowie Schön, Reflective Practitioner, 1983.

224 Zu Abschirmung, Vorwärtskopplung und Rückkoppelung vgl. Krieg, Unternehmensgestaltung, 1971, S. 71 ff.

225 Heylighen und Joslyn, Buffering, feedback, feedforward: mechanisms of control, http://pespmc1.vub.ac.be/ MECHCONT.html (02.05.2008), sowie Heylighen und Joslyn, Cybernetics and Second-Order Cybernetics, S. 14 f., http://pespmc1.vub.ac.be/Papers/Cybernetics-EPST.pdf (02.05.2008).

226 Segmentierungsvarianten aus dem klassischen Prozessmanagement sind die Segmentierung nach Funktionen, nach Problemhaltigkeit und nach Kundengruppen. Vgl. Osterloh und Frost, Prozessmanagement, 1998, S. 50 ff.

227 Diese Zirkularität ist analog zum kontinuierlichen Prozessmanagement (vgl. Neumann, Probst und Wernsmann, Prozessmanagement, 2002, S. 307 f.) und zum zirkulären Ablauf der Stationen des Denkens und Handelns (vgl. Dörner, Logik, 1989, S. 67 ff.) zu sehen. Von Foerster bezeichnet die Zirkularität als das Grundprinzip der Kybernetik. Vgl. von Foerster und Poerksen, Understanding Systems, 2002, S. 102.

228 Problemsymptome werden in der Wirkungsphase durch die Aktivitäten »controlling solutions« und »identifying and anticipating problems« erkannt. Vgl. Ackoff, Problem Solving, 1978, S. 190. Problemlösungsprozesse (i. w. S.) umfassen somit neben der Problemlösung i. e. S. (Analyse, Optionen, Gestaltung) auch ein Lösungs-Controlling und eine Problem-Identifikation/Antizipation (Wirkung).

229 Das hier vorgestellte Prozessmodell eignet sich von seiner zirkulären Grundlogik her nicht nur für die Betrachtung von Managementprozessen, sondern auch für Leistungsprozesse. Bisher wurde der Leistungsprozess zum Beispiel grob in Leistungsentwicklung, Leistungserbringung und Leistungsveräußerung unterteilt und als linearer Prozess dargestellt. Man könnte diesen Prozess aber auch im dargelegten zirkulären Prozessmodell verankern. Dazu wäre die horizontale Achse treffender mit außen (statt bisheriger Zustand) und innen (statt neuer Zustand) zu umschreiben. Es ergäbe sich dann ein Kreislauf startend rechts oben mit Leistungsentwicklung, Leistungserbringung, Leistungsveräußerung und Reflexion der Leistungsnutzung. Aufgrund dieser Art der Darstellung würde sofort klar, dass wesentlicher Input für die Leistungsentwicklung

die nach außen gerichtete Reflexion der Leistungsnutzung ist. Viele – gerade auch technologieorientierte – Unternehmen hätten mit diesem Leistungsprozess-Verständnis wesentlich präziser auf den eigentlichen Kundennutzen hin tätig werden können (statt zum Beispiel »over-engineerte« Produkte zu entwickeln).

230 Schwaninger streicht die Notwendigkeit der Managementprozesse 2. Ordnung ebenfalls hervor. Er spricht in diesem Zusammenhang von einem Managementsystem 2. Ordnung zum übergeordneten Management der Managementsystemkomponenten. Vgl. Schwaninger, Managementsysteme, 1994, S. 46ff. und 250.

231 Die Grundidee und den Begriff des »Managements der Managementprozesse« habe ich erstmals in einem Artikel am 08.11.2007 publiziert. Vgl. Klauser, Lips und Wicky, Konzeptlos (Manager führen oft nicht zukunftsfähig), http://www.business-wissen.de/fuehrung/leadership/fachartikel/konzeptlos-manager-fuehren-oft-nicht-zukunftsfaehig.html (05.05.2008).

232 Conant und Ashby, Regulator, 1970, S. 89.

233 Vgl. Klauser, Management-Prozess-Architektur, 2009.

234 Beim Induktionsschluss wird vom Besonderen zum Allgemeinen geschlossen. Vgl. Bortz und Döring, Forschungsmethoden, 2006, S. 300f.

235 Bei der Abduktion wird aufgrund von vorliegenden Fakten nicht auf weitere ähnliche Fakten geschlossen, sondern es werden die allgemeinen Prinzipien gesucht, welche die Fakten erklären können. Vgl. Bortz und Döring, Forschungsmethoden, 2006, S. 301.

236 Die MPA-Theorie ist als »vorläufige« Theorie zu bezeichnen und wird wissenschaftlich gesehen erst zu einer bewährten Theorie, wenn durch Deduktion abgeleitet statistische Hypothesen und deren Prüfung auf breiterer Datenbasis die Theorie bestätigen. Vgl. Bortz, Forschung, 1984, S. 217. Bezüglich eines theorieprüfenden Vorgehens wäre ein breit angelegtes Forschungsprojekt anzustreben. Ziel eines derartigen Forschungsprojekts wäre der quantitativ-empirische Nachweis des Einflusses der Management-Prozess-Architektur auf den umfassenden Erfolg eines Unternehmens (Total System Performance) – also der »Success Impact of the Management-Process-Architecture« (SIMPA). In einer anwendungsorientierten Wissenschaft wie der Managementlehre ist neben der streng wissenschaftlichen Bewährung insbesondere auch die Nützlichkeit in der Praxis ein wichtiges Regulativ von Theorien. Hinsichtlich der Nützlichkeit in der Praxis konnten seit der Erstellung der Dissertation 2008 diverse Praxisanwendungen durchgeführt werden, die ausnahmslos sehr erfolgreich waren. Beispiele dazu finden sich in Kapitel 7 (Die Zukunft ist jetzt).

237 Die hier vereinfacht linear dargestellte Beziehung beinhaltet auch eine gewisse entgegengesetzte Beeinflussung: Je höher der Kundennutzen, desto mehr Marktanteilsgewinne; und je mehr Marktanteilsgewinne, desto besser die Markstellung und damit die Business System Performance. Nicht nur bei dieser, sondern auch bei vielen der weiteren Thesen wird man bei genauem Hinsehen erkennen, dass es sich nicht um eine strikt lineare Beziehung handelt,

sondern um eine Wechselwirkung. Die Thesen versuche ich jeweils so zu formulieren, dass sie argumentativ die jeweils stärkere und originäre Beeinflussungsrichtung hervorheben.

238 Vgl. hierzu auch die Überlegungen von Wiener zur »Programmierung aus Erfahrung«; Wiener, Kybernetik, 1948/1963, S. 252.

239 An dieser Stelle sei nochmals darauf hingewiesen, dass es sich bei Managementprozessen um Prozesse des Subsystems »Management« handelt, welche Informationen (Input) aus den Subsystemen »Umwelt« und »Operation« (Leistungssystem) zu Entscheidungen (Output) transformieren. Diese Entscheide beeinflussen ihrerseits die »Operation« und (dadurch) auch die »Umwelt«. Input, Throughput und Output stellen in diesem Kontext entsprechende Informationsflüsse dar. Jeder Managementprozess ist somit offen für Informationen vom Subsystem »Management« (das heißt von anderen Managementprozessen), vom Subsystem »Operation« und vom Subsystem »Umwelt« des eigenen Systems respektive von rekursiv »über-/untergeordneten« Systemen.

240 Die Qualitätsbeurteilung umfasst somit nicht nur formell-strukturelle, sondern auch materiell-inhaltliche Aspekte. Dadurch werden sach-, chrono- und psycho-logische Aspekte berücksichtigt. Zu den vier Throughput-bezogenen Betrachtungsperspektiven (involvierte Personen, Inhalte/Grundsätze, Systematik/Instrumente, Anwendung/Umsetzung) siehe auch Türke, der im Kontext von »Governing Elements« von Actors, Images, Instruments und Actions spricht. Vgl. Türke, eGovernance, 2007, S. 57f.

241 Zur Notwendigkeit der Beurteilung von Input, Throughput und Output von Prozessen vgl. auch Wyder, Change, 2006, S. 71ff., sowie in ähnlicher Weise den RADAR-Ansatz des EFQM Excellence Model, vgl. EFQM, Assessing, 2003, S. 25, und Uehlinger und von Allmen, Quality, 2001, S. 53ff.

242 Vgl. Beer, Diagnosing, 1985/1988, S. 135f.

243 Vgl. hierzu auch das erste Organisationsprinzip von Beer; Beer, Heart, 1979/1994, S. 565.

244 Vgl. hierzu auch das Prinzip der »Verantwortung der Unternehmensleitung« für Qualitätsmanagementsysteme nach der ISO 9001:2000; Löbel, Schröger und Closhen, Managementsysteme, 2005, S. 98f.

245 Die Honorierbarkeit respektive die Sanktionierbarkeit ist ein Kernelement der Institutionalisierung von Aufgaben, Funktionen und entsprechenden Verhaltens- und Ergebniserwartungen. Vgl. Reglin, Managementsysteme, 1993, S. 182.

246 Zum Effekt von Schulungsmaßnahmen als Varietätsverstärkung im Management vgl. Beer, Brain, 1972/1988, S. 231.

247 Zum Effekt von verbesserter Managementinformation als Varietätsverstärkung vgl. Beer, Brain, 1972/1988, S. 231.

248 Falsch verstandenes, das heißt technokratisches statt systemisches Management führt zumeist zu einer übermäßigen Zentralisierung. Mit der Forderung vermehrter Dezentralisierung soll aber nicht der Eindruck erweckt werden, dass ein Unternehmen entweder komplett zentralisiert oder dezentralisiert sei. Viel-

mehr geht es darum, eine wirksame Balance zwischen diesen zwei Extremen zu finden im Sinne des richtigen Grads an Autonomie. Vgl. Beer, Heart, 1979/1994, S. 424.

249 Vgl. Beer, Heart, 1979/1994, S. 217.

250 Vgl. Beer, Freedom, 1974/1994, S. 74.

251 Bortz und Döring, Forschungsmethoden, 2006, S. 363.

252 Vgl. Malik, Strategie des Managements, 1984/2003, S. 346 ff.

253 Die gleiche Darstellungslogik lässt sich natürlich auch bezüglich der Elemente der Detailversion des Integrated Management Model anwenden; zwecks Übersichtlichkeit wurde jedoch hier die Übersichtversion des Integrated Management Model gewählt.

254 Vgl. hierzu auch die Überlegungen von Beer zur Schließung des Gesamtsystems durch System 5 im Sinne der »completion from without«; Beer, Decision, 1966, S. 288.

255 Statt von Management(prozessen) 2. Ordnung kann auch von Meta-Management(prozessen) gesprochen werden. Vgl. Schwaninger, Managementsysteme, 1994, S. 249 ff. Von einem Meta-Management-System (MMS) als zusätzliche Organisationsschicht spricht in diesem Kontext Kirsch. Vgl. Kirsch, Planung, 1990, S. 57 ff.

256 Conant und Ashby, Regulator, 1970, S. 89 ff.

257 Entsprechend liegt auch nicht eine komplette Trennschärfe bezüglich der Managementprozesse 1. und 2. Ordnung vor, und die Aspekte können – gerade in der Praxis – ineinander übergehen respektive verschmelzen. So werden zum Beispiel für oberste Führungskräfte bei der Jahreszielvereinbarung neben Leistungszielen auch Führungsziele 1. und 2. Ordnung vereinbart, ohne dass dazu zwei verschiedene Gespräche notwendig wären.

258 Der »MPA-Würfel« veranschaulicht die Managementprozesse eines Standardsubsystems. Zum Begriff des Standardsubsystems vgl. Krieg, Unternehmensgestaltung, 1971, S. 78 ff. Es sei an dieser Stelle daran erinnert, dass der »MPA-Würfel« sich auf Managementprozesse fokussiert, diese jedoch stets mit Bezug auf Leistungsprozesse (Leistungssystem) und unter Nutzung von Informationen aus Umwelt und Operation (Leistungssystem) erfolgen.

259 Hierbei handelt es sich um eine horizontale und eine vertikale Abstimmung der Managementprozesse. Bezüglich der horizontalen Ausprägung ist die Abstimmung von *verschiedenen* Managementprozessen der gleichen ergebnisverantwortlichen Einheit am wichtigsten (zum Beispiel Strategie mit Organisation und Führungskräftebedarf). Bezüglich der vertikalen Ausprägung ist die Abstimmung von *gleichen* Managementprozessen über mehrere Rekursionsebenen am bedeutsamsten (etwa Strategie auf den Ebenen Gruppe, Unternehmensbereich, Geschäftseinheit). Vgl. Ibe, Alignment, 2006, S. 205.

260 Schwaninger weist darauf hin, dass diese Verbindungen sich auf jeweils benachbarte Rekursionsebenen beschränken sollen, da sich nur so Autonomie und Eigenverantwortung ausreichend entwickeln können. Entsprechend gibt es

keine Verbindungen von R+1-Komponenten mit R-1-Komponenten. Vgl. Schwaninger, Managementsysteme, 1994, S. 293.

261 Nach Orton/Weick zeichnen sich *loosely coupled systems* sowohl durch Responsiveness als auch Distinctiveness aus. *Tightly coupled systems* stehen nur für Responsiveness (aber nicht Distinctiveness), während *decoupled systems* nur für Distinctiveness (aber nicht Responsiveness) stehen. Vgl. Orton und Weick, Loosely Coupled, 1990, S. 205.

262 Analog zur erwähnten Kopplung zwischen Managementprozessen ist auch eine Kopplung zwischen den Managementprozessen und den Leistungsprozessen einer ergebnisverantwortlichen Einheit vorhanden. Auch diese Kopplung sollte einem »loose coupling« entsprechen, da ein »decoupling« Managementprozesse im Extremfall zu nutzlosen Ritualen verkommen lässt und anderseits ein »tight coupling« im Extremfall in der operativen Geschäftshektik zu einem Untergang der Managementprozesse führt. Der Forderung nach dem »loose coupling« wird mit der rekursiven Ausprägung der Management- und Leistungsprozesse sowie den nachfolgenden MPA-Konzeptmodulen Rechnung getragen.

263 So müssen beispielsweise im Rahmen der MPA-Organisation Funktions-Verantwortlichkeiten und im Rahmen des MPA-Jahreszielprozess Jahresziele für sämtliche Managementprozesse 1. Ordnung vereinbart werden.

264 Vgl. hierzu u. a. Malik, Kundennutzen, 1994, S. 49.

265 Malik, Unternehmer, 2000, S. 172.

266 Vgl. Malik, Corporate Governance, 2002, S. 135 ff.

267 Malik, Kundennutzen, 1994, S. 49.

268 Vgl. hierzu auch Buzzell und Gale, PIMS-Programm, 1989, S. 89 ff.

269 Vgl. Buzzell und Gale, PIMS-Programm, 1989, S. 97.

270 Vgl. Buzzell und Gale, PIMS-Programm, 1989, S. 73 und S. 92.

271 Buzzell und Gale, PIMS-Programm, 1989, S. 97.

272 Vgl. Malik, Kundennutzen-Seminardokumentation, 2009.

273 Vgl. Malik, Führen, 2000/2006, S. 238 ff.

274 Vgl. hierzu auch Malik, Irreführung, 1998, S. 13.

275 Die Basis für die Überlegungen von Malik bildeten insbesondere der Ansatz des Navigationssystems von Gälweiler (vgl. Gälweiler, Unternehmensführung, 1990, S. 34), das weltweit größte Strategieforschungsprojekt PIMS (vgl. Buzzell und Gale, PIMS-Programm, 1989, S. V ff.), der Performance-Ansatz von Beer (vgl. Beer, Brain, 1972/1988, S. 162 ff.) sowie das Konzept der »Essential Variables« von Ashby (vgl. Ashby, Brain, 1952/1972, S. 41 ff., 58 ff., 80 ff.).

276 Vgl. Malik, Unternehmenspolitik, 2008, S. 172 ff.

277 Eine detaillierte Darlegung findet sich bei Malik, Corporate Governance, 2002, S. 149 ff., Malik, Handwerk, 2005/2007, S. 176 ff., und Malik, Unternehmenspolitik, 2008, S. 175 ff.

278 Zum Kernerfolgsfaktor »Mensch« vgl. auch Collins, Good to Great, 2001, S. 17 ff. und 41 ff.

279 *Cash-Ratio* = Zahlungsmittel x 100 / kurzfristiges Fremdkapital, *Quick-Ratio* = ((Zahlungsmittel + Forderungen) x 100) / kurzfristiges Fremdkapital, *Current-*

Ratio = Umlaufvermögen x 100 / kurzfristiges Fremdkapital. Vgl. Siegwart, Kennzahlen, 1998, S. 65 ff., und Rüegg-Stürm, Controlling, 1996, S. 103.

280 Die cashflow-orientierte Erfolgsrechnung bezieht sich üblicherweise auf Veränderungen des Nettoumlaufvermögens, während sich die liquiditätsorientierte Erfolgsrechnung auf Geldzuflüsse und -abflüsse mit Auswirkung auf Konten des Geldvermögens bezieht. Vgl. Siegwart, Erfolgsrechnung, 2001, S 81 ff., und International Group of Controlling, Controller-Wörterbuch, 2001, S. 32 ff.

281 Vgl. Malik, Unternehmenspolitik, 2008, S. 176.

282 Peter F. Drucker zitiert in Malik, Irreführung, 1998, S. 12.

283 Insofern ist der häufig verwendete Satz »Only what gets measured gets done« zu relativieren respektive in den Satz überzuführen: »Only what gets monitored gets done.«

284 Vgl. Klauser, Lips und Wicky, Studie Managementprozesse, 2007.

285 Vgl. Klauser, Lips und Wicky, Studie Managementprozesse, 2007, S. 6 f.

286 Die Logik der Informationszusammenhänge brachte Beer in ähnlichem Kontext wie folgt auf den Punkt: »(…) a control system (…) consists of a structure, that is some kind of network through which information is passed, and a set of parameters that characterize this network – each of which determines (for instance) the transfer function governing the transmission of information at each mode.« Beer, Decision, 1966, S. 260 f.

287 Vgl. Malik, Handwerk, 2005/2007, S. 113.

288 Für eine detaillierte Darlegung der inhaltlichen Dimension sei auf die Publikationen von Malik verwiesen, insb. auf Malik, Führen, 2000/2006, Malik, Handwerk, 2005/2007, und Malik, Unternehmenspolitik, 2008.

289 Vgl. Malik, Management-Systeme, 1981/1994, S. 26 ff., Malik, Handwerk, 2005/2007, S. 98 ff., und Malik, Unternehmenspolitik, 2008, S. 239 ff.

290 *Unternehmenspolitik* bestimmt das Unternehmensgeschehen in die Zukunft hinein auf längere Frist in den wesentlichen Grundlinien. Vgl. Ulrich, Unternehmenspolitik, 1978/2001, S. 179, sowie Malik, Unternehmenspolitik, 2008, S. 96 und 276. *Corporate Governance* wird in der Praxis teilweise als Synonym für Unternehmenspolitik und teilweise als Teilmenge mit Fokus auf rechtliche Aspekte verwendet, jedoch leider erst selten als umfassendes Konstrukt bestehend aus *Corporate Policy*, *Bestimmung Modus Operandi* (Change, Normalbetrieb, Wachstum etc.), *Corporate Issues* und *Aufgaben der Top-Management-Organe* (Aufsichtsrat/Verwaltungsrat und oberstes Exekutivorgan). Vgl. Malik, Unternehmenspolitik, 2008, S. 42 f. und S. 276.

291 Zu diesen Grundregeln zählen insbesondere: a) wenige, aber große Ziele, b) erkennbarer Beitrag der Ziele zum Ganzen, c) Ziele als vorweggenommene Resultate formuliert (im Perfekt), d) Ziele konkret und messbar respektive zumindest beurteilbar, e) Ziele herausfordernd und gleichwohl realitätsnah, f) Ziele sind nicht zwingend widerspruchsfrei und auch nicht rechnerisch zu Gesamtziel addierbar (Wichtigkeit der Balancierung). Vgl. hierzu auch Malik, Führen, 2000/2006, S. 179 ff.

292 Eine Fixierung lediglich auf messbare Ziele respektive Größen wirkt sich negativ aus.

293 Die Einschätzung erfolgt zum Beispiel durch den nächsthöheren Vorgesetzten, Kollegen oder durch ein Gremium. Relevant sind insbesondere die führungstechnische, fachliche, methodische, soziale und persönliche Kompetenz.

294 Zu bisherigen Resultaten als wichtigstem Anhaltspunkt für zukünftig zu erwartendes Handeln siehe auch Manella, Führung, 2005, S. 373.

295 Laufbahnlinien stellen eine bestimmte »horizontale« oder »vertikale« Stellen-/Funktionsfolge dar. Die *Fach- und die Projektlaufbahn* beschreiben eine horizontale Stellenfolge (auf derselben Führungsstufe), ohne dass ein formeller Kompetenzzuwachs im engeren Sinne damit verbunden ist. Bei einer *Führungslaufbahn* steigt der Mitarbeiter vertikal hinsichtlich der Führungsstufen auf und seine formellen Kompetenzen werden erweitert.

296 Als wesentliche Kompetenzen werden zum Beispiel unterschieden: I (informiert), i (wird informiert), A (Ausführung), E (entscheidet). Eine Aufgabe mit entsprechender Kompetenzzuteilung sollte im Normalfall immer von jemandem verantwortet werden, der auch (mit)entscheidet.

297 U. a. zwecks Controlling der Strategieentwicklung und -umsetzung. Ein Controlling der Strategieumsetzung besteht aus Prämissen- (haben sich Annahmen geändert?), Eckwerte- (Zielgrößen) und Maßnahmencontrolling.

298 Vgl. Beer, Decision, 1966, S. 342.

299 Vgl. Pruckner, Komplexitätsfalle, 2005, S. 220.

300 Vgl. Malik, Handwerk, 2005/2007, S. 184.

301 Zum Thema »Geplante Evolution« siehe auch Kirsch und Maassen, Einleitung Managementsysteme, 1990, S. 16, sowie Reglin, Managementsysteme, 1993, S. 169.

302 Vgl. Schwaninger, Managementsysteme, 1994, S. 302.

303 Schwaninger weist in ähnlichem Zusammenhang darauf hin, dass bei Managementsystemen immer die Möglichkeit für Modifikationen vorzusehen ist und Managementsysteme kontinuierlich revidiert werden müssen. Vgl. Schwaninger, Managementsysteme, 1994, S. 303.

304 Vgl. hierzu auch Kapitel 2.11 (Evolutive Veränderung durch zirkuläre Prozesse).

305 Zur Erinnerung: Die Total System Performance besteht aus Customer Value-, Business System- und Management Process-Performance. Vgl. hierzu Kapitel 2.3 (Vorsteuerung bringt Erfolg).

306 Die Dauer einer Transformation von einem IST- zu einem SOLL-Zustand ist abhängig vom jeweiligen Unternehmen und der jeweiligen Situation. Schwaninger nennt als groben Richtwert für die Dauer einer umfassenden Transformation eines Managementsystems circa fünf Jahre. Vgl. Schwaninger, Managementsysteme, 1994, S. 310 f.

307 Zum Phänomen von S-Kurven-Verläufen (anstelle von linearen Entwicklungen) vgl. insb. Marchetti, Society, 1981.

308 Die richtige und gute Planung von Projekten ist erfolgskritisch für deren Durchführung. Hammer/Champy nennen personelle Fehlbesetzungen und zu

knapp kalkulierte Ressourcen als wesentliche Gründe für das Scheitern von Projekten. Vgl. Hammer und Champy, Reengineering, 1994, S. 270 f.

309 Zieldefinition, Ressourcenausstattung und Projektcontrolling zählt Riemenschneider zu den wesentlichen Erfolgsfaktoren bei der Implementierung eines Managementsystems. Vgl. Riemenschneider, Implementierung, 2001, S. 101.

310 »Organisatorische Direttissima« meint den schnellsten Weg zur richtigen Organisation; in Anlehnung an den im Alpinismus gebräuchlichen Begriff »Direttissima« für die Direktdurchsteigung einer Wand.

311 Siehe hierzu den von Wiener angestellten Vergleich zwischen der Lernfähigkeit einer demokratischen Gemeinschaft und jener einer »Ameisengemeinschaft«. Vgl. Wiener, Mensch, 1952/1966, S. 55 ff. Ähnlich argumentiert Büttner, der das Strukturmodell des Viable System Model als Idealmodell einer kybernetisch-intelligenten Organisation bezeichnet. Vgl. Büttner, Kybernetisch-intelligente Unternehmung, 2001, S. 139 ff.

312 Vgl. Schulte-Zurhausen, Organisation, 2005, S. 267 f.

313 Vgl. Schwaninger, Unternehmensplanung, 1989, S. 316.

314 Vgl. Schwaninger, Unternehmensplanung, 1989, S. 319 f.

315 Vgl. Osterloh und Frost, Prozessmanagement, 1998, S. 135.

316 Vgl. Neumann, Probst und Wernsmann, Prozessmanagement, 2002, S. 317 ff.

317 Vgl. Neumann, Probst und Wernsmann, Prozessmanagement, 2002, S. 317 f.

318 Bei Managementprozessen ist der Prozessverantwortliche (zum Beispiel der Strategie-Verantwortliche) meistens Mitglied des obersten Leitungsteams. Bei Geschäfts- und Supportprozessen wird der Prozessverantwortliche hingegen gemäß Neumann/Probst/Wernsmann jeweils aus der zweiten oder dritten Führungsebene rekrutiert. Vgl. Neumann, Probst und Wernsmann, Prozessmanagement, 2002, S. 318.

319 Vgl. Neumann, Probst und Wernsmann, Prozessmanagement, 2002, S. 319 f.

320 Vgl. Osterloh und Frost, Prozessmanagement, 1998, S. 320 f.

321 Dies wird in ähnlicher Weise im Geschäftsprozess-Management von Hammer/Champy mit Bezeichnungen wie Lenkungsausschuss (für MPA-Gremium) sowie Leader und Reengineering-Zar (für MPA-Beauftragten) thematisiert. Vgl. Hammer und Champy, Reengineering, 1994, S. 149 ff.

322 Zur MPA-Education vgl. Kapitel 6.6 (Menschen stärken mittels MPA-Education).

323 Vgl. Löbel, Schröger und Closhen, Managementsysteme, 2005, S. 22.

324 Zu Total Quality Management vgl. Löbel, Schröger und Closhen, Managementsysteme, 2005, S. 119.

325 Zu Total Management Quality vgl. Malik, Management-Qualität, 1996, S. 1 ff.

326 Vgl. Probst, Organisation, 1992, S. 95 ff., Schulte-Zurhausen, Organisation, 2005, S. 515 ff., Stöger, Geschäftsprozesse, 2005, S. 148 ff.

327 Analog gibt es zum Beispiel auch einen spezifischen »Jahreskalender für Controller-Arbeiten«. Vgl. International Group of Controlling, Controller-Wörterbuch, 2001, S. 50 ff.

328 Vgl. hierzu Klauser, Management-Prozess-Architektur, 2009, S. 343 ff.

329 Vgl. hierzu u. a. Dittrich-Brauner, Dittmann und List, Großgruppenverfahren, 2008, Gust und Seebacher, Workshop-Konzepte, 2004, sowie Holman und Devane, Großgruppen-Methoden, 2002.

330 Vgl. Beer, Beyond Dispute, 1994, S. 3 ff.

331 Vgl. Pfiffner, Syntegration, 2005, S.112.

332 Vgl. Beer, Beyond Dispute, 1994, 16 ff.

333 Vgl. Pfiffner, Syntegration, 2005, S. 107 f., sowie bezüglich der Syntegration als optimale Organisation für die Erfüllung komplexer Aufgaben: Schwaninger, Theorie, 2005.

334 Vgl. Beer, Beyond Dispute, 1994, S. 79 ff.

335 Das Thema »Management der Managementprozesse« umfasst auch wesentliche Aspekte des Managementprozesses »Unternehmenspolitik und Corporate Governance«, allen voran die Klärung der Frage, in wessen Interesse das Unternehmen zu führen ist.

336 Vgl. Orton und Weick, Loosely Coupled, 1990, S. 205.

337 Loose coupling wird zum Beispiel auch als Funktionsprinzip im Zusammenhang mit multinationalen Unternehmen und Distributionsnetzwerken empfohlen. Vgl. Spender und Grevesen, Multinational Enterprise, 1999, S. 68 ff., sowie Andersson, Coupling, 1992, S. 57 ff.

338 Der Begriff Architektur (als Bestandteil der hier vertretenen Management-Prozess-Architektur) eignet sich gut, um loosely coupled systems zu beschreiben. Vgl. Kirsch, Geiger und Grebenc, Gesamtarchitektur, 1990, S. 165.

339 Vgl. Schwaninger, Managementsysteme, 1994, S. 286.

340 Schwaninger spricht in diesem Zusammenhang von kontextunabhängigen Gestaltungsprinzipien. Vgl. Schwaninger, Managementsysteme, 1994, S. 298.

341 Vgl. Malik, Unternehmenspolitik, 2008, S. 246, mit dem Verweis auf Riedls Gesetz »Ordnung ist Gesetz mal Anwendung«. Zu diesem Gesetz vgl. Riedl, Begriff, 1987, S. 48.

342 Zur Wichtigkeit der Zielgruppenorientierung in der Managementausbildung siehe auch Ulrich und Krieg, Management-Modell, 1972/2001, S. 49 ff.

343 Vgl. Malik, Unternehmenspolitik, 2008, S. 248.

344 Zur Bedeutung der Kombination von Wissensvermittlung und -anwendung siehe auch Ulrich und Krieg, Management-Modell, 1972/2001, S. 49 ff.

345 Das MPA-Handbuch umfasst in benutzerorientierter Sprache Grundsätze, Regeln, Vorgehensweisen, Begriffsdefinitionen etc., wie man es für die Planung vom Planungshandbuch her vielerorts kennt. Vgl. Reglin, Managementsysteme, 1993, S. 124.

346 Der MPA-Beauftragte ist somit für das Informations-Controlling zuständig. Das Informations-Controlling ermöglicht eine Einbindung der Informationsverarbeitung in die Managementprozesse einer Unternehmung. Vgl. hierzu auch Ruthekolck, Informations-Controlling, 1996, S. 96 ff.

347 Zu »Information Management« als individuelle Aufgabe der Komplexitätsbewältigung vgl. Espejo und Watt, Information Management, 1988, S. 7 f.

348 Schwaninger spricht in diesem Zusammenhang von Online-Datenbanken als »Enabling Technologies«. Vgl. Schwaninger, Managementsysteme, 1994, S. 270.

349 Zwecks geringerem Aktualisierungs- und Verwaltungsaufwand kann teilweise oder ganz auf eine physische Version des MPA-Handbuchs verzichtet werden.

350 Zu Grundlagen und Funktionalitäten eines Operations Room vgl. Beer, Brain, 1972/1988, S. 181 und 268 ff., sowie Hetzler, Entscheidungsumfelder, 2008, S. 276 ff.

351 Zum Multiprojektcontrolling vgl. u. a. Rosemann, Managementinformationssystem, 2001, S. 180 ff.

352 Zu Grundalternativen der organisatorischen Gestaltung des Controllings vgl. Ruthekolck, Informations-Controlling, 1996, S. 298 ff.

353 Die Controlling-Funktion hat den (dezentralen) Unternehmensstrukturen Rechnung zu tragen. Das Prinzip der »Indirekten Führung« verändert auch die Controlling-Funktion und die Rollen im Führungsprozess. Vgl. Picot und Böhme, Controlling, 1999, S. 7 und 10 ff.

354 Der Aspekt »Anwendung/Umsetzung« fokussiert auf die Frage, ob vorhandene Grundsätze, Instrumente etc. auch wirklich gelebt werden und Managementprozesse somit eine Konsistenz von formellen Managementsystemen mit informellen Managementpraxen (konkrete Verhaltensweisen der involvierten Personen) aufweisen. Nur so kann sichergestellt werden, dass zum Beispiel entsprechende Management-Veranstaltungen nicht zu reinen Alibi-Übungen verkommen. Zu den Begriffen Managementsysteme und Managementpraxen vgl. Reglin, Managementsysteme, 1993, S. 146 ff.

355 Zur notwendigen Beurteilung von In-/Through-/Output von Prozessen vgl. auch Wyder, Change, 2006, S. 71 ff.

356 Klauser, Management-Prozess-Architektur, 2009.

357 Statt von Management Process Performance wird zum Beispiel auch von Management Excellence oder von Total Management Quality (als Ergänzung zu Total Quality Management) gesprochen. Zu Total Management Quality vgl. Malik, Management-Qualität, 1996, S. 1 ff.

358 Seghezzi/Caduff weisen darauf hin, dass Kunden und Gesetzgeber zunehmend Transparenz über die von einem Unternehmen angewandten Führungssysteme verlangen. Vgl. Seghezzi und Caduff, Führungssysteme, 1997, S. 9.

359 Zum Thema Marketingeffekt vgl. Seghezzi und Caduff, Führungssysteme, 1997, S. 18, sowie Jackson und Ashton, ISO-Zertifizierung, 1995, S. 239 ff.

360 P06 steht als Abkürzung für Perfektionierung2006 und Projekt2006.

361 P07 steht als Abkürzung für Projekt2007 und Programm2007.

362 Perfektionierung war das »Jahresmotto 2006« des Malik MZSG und war somit in Phase 2 auch namensgebend für das Transformationsprojekt.

363 Weil das Transformationsprojekt nicht mehr bloß eine Perfektionierung im Kleinen, sondern eine Veränderung im Großen war, änderte das Projektteam zum Jahreswechsel 06/07 den Projektnamen auf P07 im Sinne von Projekt07 respektive Programm07. Programm sollte auf die neue Struktur beziehungs-

weise auf die neue Management-Prozess-Architektur verweisen, welche »programmiert« wurde als »Evolutions-Algorithmus«, der in Zukunft selbstorganisierend immer wieder von neuem wirksame Strukturen respektive eine wirksame Management-Prozess-Architektur hervorbringen soll.

364 PRECEPT steht für Program for REvolutionizing our Cybernetical Expertise, Practice and Technique. PRECEPT bildet die gemeinsame Basis und somit die Leitplanken für eigenverantwortliches Denken und Handeln analog dem im Transformationsprojekt häufig verwendeten Satz »Unity in the essentials, freedom in action, and in all trust«.

365 Vgl. Globalauswertung nach Legewie zitiert in Bortz und Döring, Forschungsmethoden, 2006, S. 331.

366 Vgl. Moser, Instrumentenkoffer, 2003, S. 20.

367 Solche Testgütekriterien beziehen sich insbesondere auf Objektivität, Reliabilität und Validität. Qualitative Sozialforschung kann jedoch *nicht objektiv* sein, da das Subjekt für den Interpretationsprozess erforderlich ist. Reliabilität im Sinne der *Wiederholbarkeit* des Tests ist bei Aktionsforschungsprojekten *per se nicht möglich*, da sich das Forschungsobjekt durch die Intervention der Aktionsforschung verändert hat. Validität ist hinsichtlich der *externen Validität*, also der Generalisierbarkeit, *nicht anwendbar*, da nicht vom Einzelfall auf die Allgemeinheit geschlossen werden darf.

368 Sander/Rüegg-Stürm/Wyss nennen intersubjektive Nachvollziehbarkeit, Allparteilichkeit des Forschers und relevante Neuartigkeit als wesentliche Gütekriterien. Vgl. Sander, Rüegg-Stürm und Wyss, Wissenschaft, 2004, S. 198.

369 Moser nennt Transparenz, Stimmigkeit, Adäquatheit und Anschlussfähigkeit als wesentliche Gütekriterien. Vgl. Moser, Instrumentenkoffer, 2003, S. 20ff.

370 Ulrich nennt die praktische Problemlösungskraft als primäres Forschungskriterium einer anwendungsorientierten Wissenschaft. Vgl. Ulrich, Praxisbezug, 1998/2001, S. 464.

371 Vgl. http://www.lukb.ch/DieLUKB/Portrait/unternehmensportraet.htm (07.08.2009).

372 Im Model of Pre-controlled Success werden PIMS-Erkenntnisse für die Durchführung des Customer Value Controlling und des Business System Controlling genutzt. Sämtliche Rechte und Daten am PIMS-Programm liegen beim Malik MZSG.

373 Im Model of Pre-controlled Success wird das MSA genutzt für die Durchführung des Management Process Controlling. Das MSA ist ein Angebot des Malik MZSG. Die aktuelle MSA-Methodik basiert auf den Grundlagen dieses Buches, vgl. MPA-Assessment in Kapitel 6.7 (Managementqualität beurteilen mittels MPA-Evaluation).

374 Vgl. http://www.lukb.ch/DieLUKB/Portrait/unternehmensportraet.htm (07.08.2009).

375 Geschäftsbericht 2008 der Luzerner Kantonalbank, S. 31.

376 Vgl. http://www.tuev-sued.de/tuev_sued_konzern/ueber_tuev_sued/wir_ueber_uns/kurz-profil (06.08.2009).

377 Vgl. Beer, Diagnosing, 1985/1988, S. 99.

378 Friedrich Christoph Oetinger sagte bezüglich der erwähnten Weisheit: »Gott gebe mir die Gelassenheit, Dinge hinzunehmen, die ich nicht ändern kann, den Mut, Dinge zu ändern, die ich ändern kann, und die Weisheit, das eine von dem anderen zu unterscheiden.« Vgl. http://www.mm.hs-heilbronn.de/seite2/sprueche.htm (03.07.2008).

379 Zur Notwendigkeit eines situativen Vorgehens mit Berücksichtigung des Besonderen und des Passenden vgl. Manella, Führung, 2005, S. 375.

380 Der MPA-Beauftragte kann in Anlehnung an Ulrich als »Spezialist für Ganzheiten« bezeichnet werden. Vgl. Ulrich und Probst, Anleitung, 1988/2001, S. 291.

Register